6G丛书

通算一体

6G时代通信与算力新融合

雷 波 赵倩颖 张 兴 杨 鲲 向路平◎著

人民邮电出版社

北 京

图书在版编目（CIP）数据

通算一体：6G 时代通信与算力新融合 / 雷波等著.

北京 : 人民邮电出版社，2025. -- (6G 丛书). -- ISBN

978-7-115-65888-3

Ⅰ. TN929.59

中国国家版本馆 CIP 数据核字第 20256W6T78 号

内 容 提 要

在即将到来的 6G 时代，通信技术与计算技术将成为推动社会数字化进程的主要力量。本书基于算力在 6G 时代的发展趋势，对 6G 网络的关键技术与特征，"通算一体"的概念、典型应用场景、理论、关键技术、系统、平台与应用进行了系统性的介绍。本书多数观点源自作者团队在工作中的总结与实践，希望能为相关领域的研究者、从业者提供参考和启示。

本书的读者对象主要是对通信技术、计算技术感兴趣的普通读者，以及从事相关领域研究工作的专业人士。

◆ 著　　　　雷 波　赵倩颖　张 兴　杨 鲲　向路平
责任编辑　李彩珊
责任印制　马振武

◆ 人民邮电出版社出版发行　　北京市丰台区成寿寺路 11 号
邮编　100164　　电子邮件　315@ptpress.com.cn
网址　https://www.ptpress.com.cn
固安县铭成印刷有限公司印刷

◆ 开本：700×1000　1/16
印张：17.5　　　　　　　　2025 年 6 月第 1 版
字数：295 千字　　　　　　2025 年 6 月河北第 1 次印刷

定价：139.80 元

读者服务热线：(010)53913866　印装质量热线：(010)81055316
反盗版热线：(010)81055315

6G 丛书（二期：关键技术）

编 委 会 名 单

编 委 会 主 任：崔铁军

编委会副主任：金　石

编 委 会 委 员：（按姓氏笔画排序）

丁海煜	王　成	王晓云	向路平
刘光毅	孙韶辉	李　龙	李　潇
李玲香	李廉林	杨　鲲	何　茜
张　兴	张　波	陈　智	陈山枝
赵倩颖	徐　晖	唐万恺	黄宇红
梅渭东	康绍莉	程　强	雷　波
缪德山	戴俊彦	戴凌龙	

前　言

4G 时代，云计算赋能移动互联网，使其迅速崛起；5G 时代，边缘计算支撑工业互联网等行业应用满足"数据不出场"的苛刻要求；而 6G 时代，强大的网络能力和新兴业务将对算力提出更加苛刻、精细化的要求，算力与通信环境之间的关系将变得更加紧密，因此"通算一体"成为 6G 网络中算力的发展方向。

作为 6G 网络的关键技术与特征，通算一体将通信资源和计算资源深度融合，以通信增强计算，以计算赋能通信，使 6G 网络不仅能够提供高速可靠的通信连接，还能够满足增强现实、虚拟现实、车联网等未来场景的通信与网络融合需求。当前，通算一体研究在产学研各界已经如火如荼地开展，但由于仍处于前期阶段，其概念、理论、产品及发展方向尚未有清晰的结论。

出于以上原因，我们编写了《通算一体：6G 时代通信与算力新融合》，尝试解释通算一体领域的困局，回答该领域的痛点、难点问题，包括但不限于通算一体的概念、典型应用场景、理论、关键技术、系统、平台与应用等。本书共 6 章。

第 1 章介绍了通信和计算融合的基本概念、发展趋势，探讨了通算一体发展对于 6G 时代的意义和挑战，并提出了解决方案。

第 2 章通过具体的应用场景案例，阐述了通算一体在不同领域的应用，如全息通信、数字孪生等，展示了其面对未来业务时，在提升效率和改善用户体验方面的巨大潜力。

第 3 章对通算一体的相关理论进行了深入探讨，包括通信和计算资源的共享与协同、通信和计算任务的调度与优化等，为通算一体的应用提供了理论基础。

第 4 章着重讨论了通算一体关键技术，包括算力度量、分级、感知、通告等，这些关键技术在提升系统性能和降低能耗方面具有重要作用。

第 5 章概述了通算一体系统，包括信道、协议、设备、管控、服务，为读者全面了解通算一体系统提供了指导。

第 6 章探讨了借助边缘智能技术实现的通算一体系统平台。

通过本书，读者可以全面了解通算一体的理论、应用和关键技术。本书作者来自国内知名运营商、高校，具有数十年的通信领域前瞻研究经验、网络实践经验、标准研制与理论研究经验，是多个国家级项目、省部级项目的牵头人，拥有广泛的研究基础。

本书希望通过介绍通算一体技术，补全 6G 系列图书中的关键一角，为通信行业的工程技术人员和专业研发人员、高校教师和学生提供相关技术参考，为 6G 的产业生态发展贡献力量。

作者

2024 年 10 月

目 录

第 1 章

通信与计算的一体化发展

历史上，通信和计算是两个相互独立的领域，但随着科技的不断进步和创新，这两个领域的边界日益模糊。本章将深入探讨通信与计算这两个领域的发展与融合趋势，从通信网络代际演进史、算力发展史、通算一体定义与产业行动等方面探讨通信与计算向一体化发展的趋势与现状。

/1.1 通信网络代际演进史 /

通信网络从 1G 已经发展到 5G，现在 6G 的研究已在如火如荼地展开。1G 开启了移动通信的先河，2G 推动了数字通信的普及，3G 催生了移动互联网时代，4G 大幅提升了网络速度和稳定性，5G 实现了超高速率、低时延和广连接，为智慧社会提供了坚实基础。6G 将实现更广泛和深入的万物互联，推动通信网络再次飞跃。整个通信网络的演进史展现了通信技术在连接世界、推动社会进步方面的巨大作用。

1.1.1 从 1G 到 5G：通信演进的里程碑

移动通信是指移动体之间的通信，或移动体与固定体之间的通信。移动体可以是人，也可以是汽车、火车、轮船等在移动状态中的物体。移动通信是进行无线通信的现代化技术，这种技术是电子计算机与移动互联网发展的重要成果之一。目前，移动通信已经进入第五代。用户通信需求提升和通信技术革新是移动通信系统演进的原动力。为了满足业务需求，移动通信系统经过了以下几个发展阶段。

1G：1G 于 20 世纪 80 年代开始商用，是模拟信号传输的移动通信系统。主要代表技术有类比式移动电话系统（Advanced Mobile Phone System，AMPS）（北美）、全接入通信系统（Total Access Communication System，TACS）（英国）、北欧移动电话（Nordic Mobile Telephone，NMT）（北欧）等。它使用频分多址（Frequency Division Multiple Access，FDMA）作为多路复用的信道技术，其中语音数据经过模拟编解码后通过无线电传输。1G 的主要特点是纯模拟语音通信、没有数据业务、系统容量小（最多只能容纳几十万个用户）、通话保密性较差（易被窃听）、无遍布服务（存在漫游限制）、手机功耗大（待机时间短）等。在 1G 下，最高传输速率为 2.4kbit/s。

2G：2G 技术标准开始制定于 20 世纪 80 年代末，最早于 1991 年在芬兰商用，主要有全球移动通信系统（Global System for Mobile Communications，GSM）、码分多址（Code Division Multiple Access，CDMA）两大技术路线。2G 采用数字技术，语音和数据被编码为数字信号来传输，其中 GSM 使用时分多址（Time Division Multiple Access，TDMA）作为多址接入方式。2G 的主要特点是提供数字化语音通信和低速率数据业务（短信、低速用户标志模块（Subscriber Identity Module，SIM）上网等）、系统容量大幅提升（可支持数百万个用户）、通信质量有较大提高（抗干扰能力强）、支持更好的语音加密（保密性更高）、支持移动性并提供广域覆盖、功耗较低（待机时间较长）等。2G 可以提供的主要服务包括数字语音通话、短消息业务（Short Message Service，SMS）、低速数据业务无线应用协议（Wireless Application Protocol，WAP）、基于卡的用户身份识别等。2G 虽然较 1G 有较大进步，但仍有许多不足，如传输速率较低、无法支持多媒体服务等，无法满足发展需求。在 2G 下，最高传输速率为 1Mbit/s。

3G：3G 技术标准开始制定于 20 世纪 90 年代中期，最早于 2001 年在日本和韩国商用，主要有三大技术路线，分别是通用移动通信业务（Universal Mobile Tele-communications Service，UMTS）、CDMA2000 和时分同步码分多址（Time Divi-sion-Synchronous Code Division Multiple Access，TD-SCDMA）。3G 采用更先进的编码和调制技术，如宽带码分多址（Wideband Code Division Multiple Access，W-CDMA）、CDMA2000 1x Ev-Do 等，可同时支持语音和数据传输，传输速率大幅提升。3G 的主要特点是最大理论下行速率达到 21Mbit/s（增强型高速分组接入（HSPA+））、支持多媒体音视频通信和高速数据业务、引入分组交换机制（更合理地利用网络资源）、移动性最高可达 350km/h 等。3G 的主要服务包括语音电话、视频电话、移动多媒体服务（音视频流）、移动上网等数据业务。然而，3G 的传输速率和系统容量仍然有限，无法满足不断增长的移动宽带需求。

4G：4G 技术标准制定工作始于 21 世纪初，最早于 2009 年在瑞典和挪威进行了商用部署，主要技术标准有长期演进（Long Term Evolution，LTE）技术和全球微波接入互操作性（World Interoperability for Microwave Access，WiMax）。4G 采用了正交频分复用（Orthogonal Frequency Division Multiplexing，OFDM）、多进多出（MIMO）等先进技术，可大幅度提高频谱利用率。LTE 使用正交频分多址（Orthogonal Frequency Division Multiple Access，OFDMA）/单载波频多分址（Single Carrier-FDMA，SC-FDMA）。4G 的主要特点包括系统时延大幅降低（端到端时延只有 10～20ms）、最高理论下行速率可达 1Gbit/s（上行 500Mbit/s）、更高的频谱利用率和系统容量、更精简高效的网络架构（降低了成本和时延）。4G 主要提供的服务包括高清视频通话、移动视频会议、高速移动上网、移动办公、各类移动互联网应用等。它的关键技术有提高频谱利用率的 OFDM/OFDMA、提升传输速率的 MIMO、简化部署运维的全 IP 网络架构，以及波束成形等先进天线技术。

5G：5G 标准在 2015 年开始制定，2018 年 6 月正式冻结第一版本。2019 年开始在多个国家商用部署，目前 5G 网络仍在快速建设和发展中。5G 的主要特点包括高数据速率（与 4G 相比提高十多倍，最高下行速率可达 20Gbit/s）、大容量连接（每平方千米可连接 100 万个终端）、低时延传输（空口时延为 1ms，端到端时延为 5ms）、精细覆盖（无处不在的移动宽带连接）等。5G 的关键技术有大规模 MIMO（Massive MIMO）和波束成形、新空口、毫米波和高频段、网络切片、软件化和虚拟化等技术。5G 逐渐渗透到垂直行业，把支持的传统增强型移动宽带业务（Enhanced Mobile Broadband，eMBB）场景延拓至海量机器类通信（Massive Machine Type Communications，mMTC）场景和超可靠低时延通信（Ultra-Reliable Low Latency Communications，URLLC）场景。目前 5G 网络正加速在全球范围内部署，2025 年将实现全球主要地区连续覆盖。5G 将为万物互联和数字经济注入新动能。

纵观上述演进历程，满足用户的通信需求是每代系统演进的首要目标，而新的通信技术则是每代系统演进的驱动。

移动通信系统的技术代际演进和相关性能如图 1-1 所示。

到目前为止，1G 到 5G 的设计遵循着网络侧和用户侧的松耦合准则。通过技术驱动，用户和网络的基本需求（如用户数据速率、时延、网络谱效和能效等）得到了一定的满足。在未来 6G 移动通信技术中，网络与用户将被看作一个整体。用户的智能需求将被进一步挖掘和实现，并以此为基准进行技术规划与演进布局。6G 的早期阶段将对 5G 进行扩展和深入，以 AI、边缘计算和物联网为基础，实现智能应用与网络的深度融合，实现虚拟现实（Virtual Reality，VR）、虚拟用户、智能网络等功能。进一步，在人工智能理论、新兴材料和集成天线相关技术的驱动下，6G 的长期演进将产生新突破，甚至构建新世界。

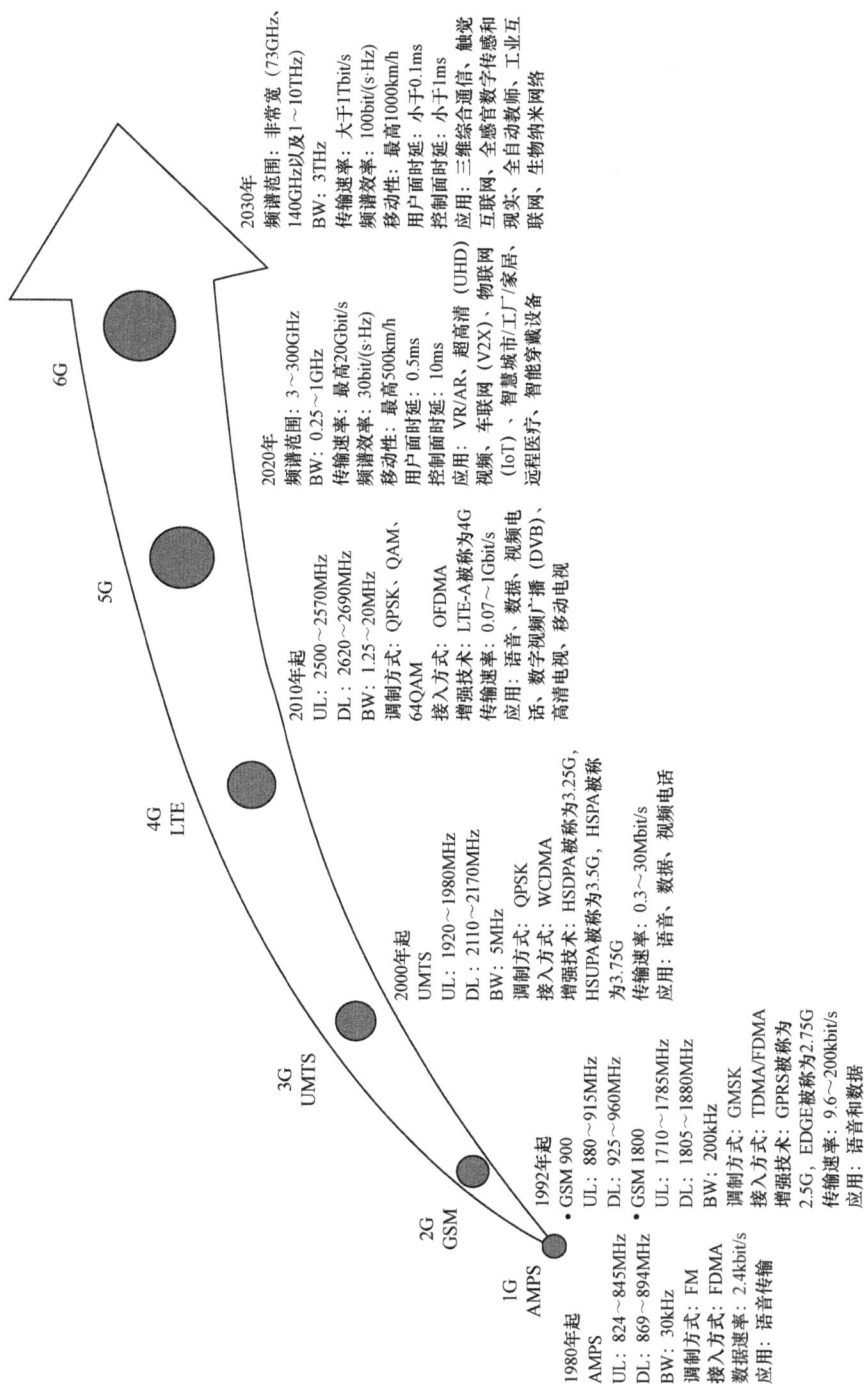

图 1-1　移动通信系统的技术代际演进和相关性能

2030年
频谱范围：非常宽（73GHz、
140GHz以及1～10THz）
BW：3THz
传输速率：大于1Tbit/s
频谱效率：100bit/(s·Hz)
移动性：最高1000km/h
用户面时延：小于0.1ms
控制面时延：小于1ms
应用：三维综合通信、触觉
互联网、全息数字传输和
现实、全自动教师、工业互
联网、生物纳米网络

2020年
频谱范围：3～300GHz
BW：0.25～1GHz
传输速率：最高20Gbit/s
频谱效率：30bit/(s·Hz)
移动性：最高500km/h
用户面时延：0.5ms
控制面时延：10ms
应用：VR/AR、超高清（UHD）
视频、车联网（V2X）、物联网
（IoT）、智慧城市/工厂/家居、
远程医疗、智能穿戴设备

2010年起
UL：2500～2570MHz
DL：2620～2690MHz
BW：1.25～20MHz
调制方式：QPSK、QAM、
64QAM
接入方式：OFDMA
增强技术：LTE-A被称为4G
传输速率：0.07～1Gbit/s
应用：语音、数据、视频广播（DVB）、
话、数字视频广播（DVB）、
高清电视、移动电视

2000年起
UMTS
UL：1920～1980MHz
DL：2110～2170MHz
BW：5MHz
调制方式：QPSK
接入方式：WCDMA
增强技术：HSDPA被称为3.5G，
HSUPA被称为3.5G，HSPA被称
为3.75G
传输速率：0.3～30Mbit/s
应用：语音、数据、视频电话

1992年起
• GSM 900
UL：880～915MHz
DL：925～960MHz
• GSM 1800
UL：1710～1785MHz
DL：1805～1880MHz
BW：200kHz
调制方式：GMSK
接入方式：TDMA/FDMA
增强技术：GPRS被称为2.5G，
2.5G，EDGE被称为2.75G
传输速率：9.6～200kbit/s
应用：语音和数据

1980年起
AMPS
UL：824～845MHz
DL：869～894MHz
BW：30kHz
调制方式：FM
接入方式：FDMA
数据速率：2.4kbit/s
应用：语音传输

1G AMPS　2G GSM　3G UMTS　4G LTE　5G　6G

1.1.2 6G：引领通信技术的下一波浪潮

随着人类社会不断发展，通信技术已成为人们生活中不可或缺的重要组成部分。从最初的 1G 到如今的 5G，每一代移动通信技术的推出都带来了巨大的变革，极大地改变了人们的生活方式、工作方式以及社会结构。然而，即使正在迎来 5G 的全面商用，通信技术的发展仍在不断加速，人们已经开始聚焦未来的 6G 通信。

本节将探讨 6G 通信技术所带来的潜在愿景、创新应用以及关键技术。6G 不仅仅是 5G 的升级版，它更是一场全新的技术革命，将引领通信技术的下一波浪潮。本节将深入探索 6G 如何重塑人们的未来生活和工作，以及它所带来的创新应用领域。同时，将剖析 6G 通信所依赖的关键技术，揭示其实现的挑战和可能的解决方案。随着技术的不断演进和创新的不断涌现，6G 通信将开启一个全新的数字化时代，为人类社会带来更加广阔的发展空间。

首先，未来 6G 网络将是继 5G 之后的新一代移动通信系统，除了提供极致的通信体验，还将具备丰富的服务能力。它将提供更高速率、更低时延、更高可靠性、更广覆盖、更密集连接和更高流量密度。此外，6G 将拥有感知、计算和智能等能力，成为连接物理世界和数字世界的重要通道及基础设施。为实现这一目标，我们提出 6G 愿景：全域泛在、瞬时极速、节能高效、虚实融合、沉浸全息、多维通感、智能普惠、安全可信、确定可靠和柔性开放。

未来 6G 网络将在 5G 网络基础上进一步拓展空间维度的覆盖，实现全域泛在，为用户提供无缝连续接入服务。瞬时极速将带来极低的时延和极高的数据速率，以满足 6G 多元化的业务类型和用户多样化的场景需求。在节能高效方面，6G 将制定明确的低碳减排目标，以绿色节能为原则，提升系统能量效率，实施生态运营，真正实现内生节能、内生智能和内生安全。虚实融合将创造一个不受时间和空间限制的"虚实孪生"世界，使虚拟场景与真实场景交融。沉浸全息将呈现高度一致的孪生数字世界，与现实世界相辅相成。多维通感将推动通信手段向更多感官信息传输发展。智能普惠将构建智慧世界，提供无处不在的智能服务，惠及全人类。安全可信是 6G 的基本特征，确保网络安全可信。确定可靠将满足工业智能制造、智能电网、车联网等对网络时延、可靠性和稳定性的高要求，丰富网络业务发展空间。柔性开放将实现用户流量的智能动态路由，以适配各种差异化需求，赋能各行各业。

　　未来 6G 通信系统将以应用需求为核心驱动，可以在远程全息、数字孪生、自动驾驶、扩展现实（Extended Reality，XR）应用、精准定位、智慧生产等领域发挥巨大作用。

　　远程全息将实现三维（Three Dimensional，3D）通信，通过实时捕捉、传输和渲染，将处于不同地理位置的人或物的 3D 全息影像传输到同一位置，应用于视频会议、远程医疗、教育和办公等领域，助力数字化转型。数字孪生通过全面信息采集和感知，在虚拟世界构建对应的映射，对现实世界进行实时计算模拟和预测，如实时跟踪人体状态和预测病变。自动驾驶将提高驾驶安全性和舒适度，减轻交通拥堵，降低尾气排放，预计 2030 年将有上百万联网的自动驾驶车协同运行，需要高速、低时延、可靠的数据交互支持。XR 应用将实现裸眼 3D、虚拟现实、增强现实（Augmented Reality，AR）等效果，为用户提供全新、身临其境的体验，服务于工作、娱乐和生活。精准定位将满足室内、室外定位需求，如自动驾驶、轨迹回访、精准营销等，6G 网络新的定位技术将提供厘米级精准定位支持。智慧生产将推动各行业向智慧化升级，应用数字孪生、纳米技术、人工智能等，需要全面覆盖的 6G 网络支撑。

　　针对 6G 网络潜在技术和关键能力方面，我们可以按照潜在架构类技术和潜在能力类技术进行分类。潜在架构类技术为网络架构和运行提供了创新性的支持。一方面，分布式网络技术是一项关键技术，它实现了集散共存和分布自治的特性，使得网络更加灵活和可靠；另一方面，空天地一体化组网技术对不同网络资源进行整合，实现了泛在连接和多网融合的目标，为用户提供了更加全面和强大的服务。此外，网络智慧内生实现了 AI 构建网络，网络赋能 AI；安全内生技术的应用则使得网络具备了自我学习和自我保护的能力，能够预测危险并抵御攻击，保障网络和用户数据的安全。在潜在能力类技术方面，可编程网络技术是一项革命性的技术，它实现了按需定制和敏捷灵活的网络运行模式，使得网络能够更好地适应不同的应用场景和需求。通信和信息感知融合网络技术则将通信和信息感知功能相结合，实现了多维感知和通信的双重增强，为用户提供更加丰富和多样化的体验。确定性网络技术为网络传输提供了极致的性能保障，确保数据的准确传输和实时处理。可信数据服务技术则建立了可信框架和智能增值机制，为用户提供了可靠的数据保障和智能化的增值服务。沉浸多感网络和语义通信技术将通信提升到了一个全新的层次，使得用户可以在通信中获得身临其境的体验，并且通过语义驱动和万物智联的方式实现了更加智能化的通信交互。这些潜在技术和关键能力的应用将极大地推动 6G 网络的发展，为未来通信领域带来更加广阔的前景。

总体来说，6G 的到来将为人类社会带来全新的通信体验和应用场景，加速数字化转型的步伐，促进社会经济的发展和人类生活的改善。我们期待 6G 以其强大的技术能力和广阔的应用前景，引领通信技术的蓬勃发展，为人类社会的美好未来不断贡献力量。

/1.2　算力发展史/

在数字经济时代，算力的地位和作用已被提升至前所未有的高度。它不仅是科技进步的核心引擎，更是推动行业数字化转型以及经济社会发展的新生产力。然而，全球算力发展面临着多种挑战，如应用多元化和供需不平衡等，同时，人工智能、数字孪生、元宇宙等新兴领域的涌现，使算力规模迅速扩大、计算技术多样化创新、产业格局迎来重构重塑的关键时刻。在通算一体技术中，算力充当着"心脏"，它提供了计算的基本能力，也是网络中各种计算任务的基础。随着算力的不断发展，它存在的形式及部署方式多种多样，包括支撑通用计算的基础算力、支撑人工智能任务的智能算力和支撑高性能科学计算的超算算力，并且部署的位置也从云发展到了边、端，变得更加泛在化。

1.2.1　算力的分类

在大数据和数字化的现代社会中，算力通常被用于描述智能设备的运算能力。在"比特币"网络中，算力指计算机计算哈希函数输出的速度；在边缘计算网络中，算力指 CPU、GPU 等多维的运算能力（通常以 FLOPS 或者 GOPS 表示）。但事实上，算力以计算作为基本属性，在人类社会发展进程中早已出现，算力的发展目前主要被划分为以结绳计算、算盘计算、机械计算和智能计算为代表的 4 个阶段。在远古时代，人们就使用绳结的数量、位置、样式以及绳子长度进行计数和运算，在古埃及，结绳计算曾被用于计算直角，并应用于建筑、数算等方面。结绳计算作为古老的计算方式之一，启发了人们计算思维的发展，为后续计算范式的发展打下了基础。结绳计算作为初级的计算方式，在数字表示、数字运算上都存在较高的复杂性和较大的限制。算盘计算作为第二阶段的代表，极大地提高了人们的运算能力。算盘计算起源于中国，迄今已有 2600 多年的历史，时至今日仍有许多人在使用。

从五珠算盘再到七珠算盘，算盘在中国的农业和商业发展过程中发挥了不可替代的作用，对生产力产生了重要影响。对于中国第一艘核潜艇建造过程中的运算，在当时缺乏科学设备的环境下，算盘承担了大部分工作，可见算盘计算的重要地位。机械计算机起源于 17 世纪，由杠杆、齿轮等机械部件而非电子部件构成，通过精巧的机械部件实现自动加减乘除，电子管的发明间接促进了电子计算机的产生。早期的机械计算机虽然体积比较大，运算速度较慢，但其作为第一个自动化运算的机器在算力发展史上仍然具有不可替代的地位。并且由于机械计算机极大地解放了人力和具有高可靠性，在一些复杂干扰、高可靠的场景仍能看到其身影。最后，以电子计算机为基础的智能计算真正地促进了劳动生产率的飞跃发展，推动了现代社会的数字化。1906 年，Lee De Forest 发明了电子管；1946 年，第一台真正意义上的数字电子计算机 ENIAC 诞生；再到之后的晶体管计算机、集成电路计算机、基于超大规模集成电路和微处理器的现代计算机，不到 100 年间，计算机从 60Hz 的时钟频率发展到了如今超级计算机（Supercomputer）亿亿次的计算频率。计算机的发展直接推动了云计算、边缘计算、算力网络等新的计算范式的诞生，并提供了大规模、分布式的计算资源，从而构建了现代数字社会。

如今，算力资源种类丰富，按照用途的不同，可分为基础算力、智能算力、超算算力和前沿算力。基础算力主要是基于 CPU 的服务器所提供的通用计算能力；智能算力主要是基于 GPU、FPGA、ASIC 等芯片的加速计算平台所提供的人工智能训练和推理的计算能力；超算算力主要是基于超级计算机等的高性能计算（High-Performance Computing）集群所提供的计算能力；近年来随着量子计算、光子计算的发展，还产生了前沿算力的概念。下面将对这 4 种算力类型进行详细介绍。

基础算力又称通用算力。基础数据中心以 CPU 芯片服务器为主，提供混合精度的基础通用算力，主要包含传统互联网数据中心（Internet Data Center）和云数据中心，并向新型数据中心（如边缘数据中心）扩展[1]。邬贺铨院士指出，现在基础算力的基础设施主要是互联网数据中心，发挥"存"的作用。

对于智能算力，国际数据公司 IDC 与浪潮信息联合发布的《2022—2023 中国人工智能计算力发展评估报告》[2]中指出，中国的智能算力水平继续保持快速增长，2022 年智能算力规模已达到每秒 268 百亿亿次浮点操作数（EFLOPS），超过通用算力规模。预计 2021—2026 年中国智能算力规模的年复合增长率将达 52.3%，大约是同期通用算力增速的 3 倍。随着人工智能技术快速进步和智慧城市、数字孪生等 AI 场景不断落地，人工智能已经渗透到人们生活的方方面面，并在不久的将来给日常生活带来巨大变化，提高智能算力已成为城市增长的破题点。以浙江青田为例，其在 2022 年建立了国内首个元宇宙智算中心，通过领先的"算力基础设施+全栈元宇宙"解决方案，为元宇宙的构建和运转提供核心原动力，并且每秒的算力性能超过 10 亿亿次；集结了 1000 多名生态开发者资源，吸引数十万名 AI、元宇宙产业精英和科技人才，共同实现元宇宙与边缘计算战略的落地。

超算算力是指由超级计算机构成的一种计算力极强的算力类型，学术界通常称这一领域为高性能计算。超级计算机作为科学研究领域前沿方向的计算支撑，组成了我国的技术命脉。超级计算机的运算速度以每秒千万亿次计算，国防科技大学的"银河""天河"系列，中国科学院的"曙光"系列，联想的"深腾"系列，无锡江南计算技术研究所的"神威"系列，以及 11 个国家超级计算中心等共同构成了我国超算力量。其中"天河""曙光""神威"等超级计算机的性能更是在 TOP500 排行榜中长期处于世界领先位置[3]。未来，超级计算机将进一步向着分布式和"类脑"方向不断发展，进一步支持前沿科学计算任务、拓展应用场景、促进超算算力增长。

面对 AI 时代对算力和大数据的巨量需求，传统的冯·诺依曼架构的电子芯片面临的挑战越来越严峻，使得人们逐渐关注下一代的新型计算技术，如量子计算和光子计算，二者统称为前沿算力。量子计算是一种遵循量子力学规律调控量子信息单元进行计算的新型计算模式，它利用量子力学的叠加性，能够基于量子算法解决许多传统计算机无法解决的问题。而光子计算则突破了利用电子来处理、传递信息的固有瓶颈，利用光子实现超高速、低能耗甚至零能耗计算。在前沿算力领域，许多先进的计算设备已经陆续走入人们的视野，如中国科学技术大学的"祖冲之二号"量子计算机、百度的"乾始"量子计算机、曦智科技与 Lightmatter 先后发布的光子计算芯片，在无形中深刻变革着计算方式。

至此，我们回顾了算力的分类、算力发展的重要转折点和关键时刻，以及它们如何塑造了今天的计算环境。接下来，将进一步探讨这一进化过程的后续发展，把焦点放在新兴的计算模式（云计算、边缘计算和端计算）上。这些领域的崛起，不仅将计算资源从中心化转向了分布式，也将计算能力从中心节点向外辐射。下面详细介绍这些新的计算模式，探讨它们的发展背景、关键技术和应用场景。

1.2.2　云计算发展史

如今，云计算服务是企业最先进的技术，各个云计算服务提供商之间的竞争持续升温。云计算后端具有非常庞大、可靠的云计算中心。对于云计算使用者来说，在付出少量成本的前提下，即可获得较高的用户体验。

当前，在"互联网+"时代背景下，云计算已然成为数字经济时代下的基础设备，中国加快实施大数据战略，大数据生态系统的日益完善为云计算发展奠定了重要基础，云计算也推动大数据在应用领域的"井喷"。

云计算是目前业内的热点概念，它以开放的标准和服务为基础，以互联网为中心，提供安全、快速、便捷的数据存储和网络计算服务，让互联网这片"云"上的各种计算机共同组成数个庞大的数据中心及计算中心。它可以被看作网格计算和虚拟化技术的融合，即利用网格分布式计算处理的能力，将信息技术（Information Technology，IT）资源构筑成一个资源池，再加上成熟的服务器虚拟化、存储虚拟化技术，以便用户可以实时地监控和调配资源。

云计算更多是指，通过千万台互联的计算机和服务器进行大量数据运算，为搜索引擎、金融行业建模、医药模拟等应用提供资源和超级计算能力[4]。例如，某用户想要建设一个网站，只需要租用运营商提供的虚拟服务器就可以了，网站压力过大时，可以瞬间请求更多的资源，压力变小时，可以将多余的资源释放。云计算方便了用户对计算资源的获取和管理，从而降低成本[5]。

追溯云计算的根源，它的产生和发展与并行计算、分布式计算等计算机技术密切相关，这些技术都促进着云计算的成长。但追溯云计算的历史，可以追溯到 1956 年，克里斯托弗·斯特雷奇（Christopher Strachey）发表了一篇有关虚拟化的论文，正式提出了虚拟化的概念。虚拟化是云计算基础架构的核心，是云计算发展的基础。而后网络技术的发展孕育了云计算的萌芽。20 世纪 90 年代，计算机网络出现了大爆炸，出现了以思科为代表的一系列公司，随即网络出现泡沫时代。2004 年，Web2.0 会议举行，Web2.0 成为当时的热点，这也标志着互联网泡沫破灭，计算机网络发展进入了一个新的阶段。在这一阶段，让更多的用户方便快捷地使用网络服务成为互联网发展亟待解决的问题。与此同时，一些大型公司也开始致力于开发大型计算能力的技术，为用户提供更加强大的计算处理服务。2006 年 8 月 9 日，埃里克·施密特（Eric Schmidt）在搜索引擎大会（SESSanJose2006）上首次提出"云计算"的概念。这是云计算发展史上第一次正式地提出这一概念，有着巨大的历史意义。2007 年以来，"云计算"成为计算机领域令人关注的话题之一，也是大型企业、互联网建设着力研究的重要方向。云计算的提出，使互联网技术和 IT 服务出现了新的模式，引发了一场变革。2008 年，微软发布其公共云计算平台 Windows Azure 平台，由此拉开了微软的云计算大幕。云计算在国内也掀起一场风波，许多大型网络公司纷纷加入云计算的阵列。2009 年 1 月，阿里软件在江苏南京建立首个"电子商务云计算中心"；2019 年 11 月，中国移动云计算平台"大云"计划启动。到现阶段，云计算已经发展到较为成熟的阶段。2019 年 8 月 17 日，北京互联网法院发布《互联网技术司法应用白皮书》。在发布会上，北京互联网法院互联网技术司法应用中心揭牌成立。2020 年，我国云计算市场规模达到 1781 亿元，增速为 33.6%。其中，公有云计算市场规模达到 990.6 亿元，同比增长 43.7%；私有云计算市场规模达到 791.2 亿元，同比增长 22.6%。

云计算最早起源于产业界，产业界对于云计算的研究都是围绕产业化和提高效益来展开的，目的是促进产业发展和使自身在未来的竞争中占据有利地位。谷歌公司是云计算的先驱者，其在搜索引擎进行了最早的应用，还引导大学生进行"云"系统的编程开发；随即 IBM 在 2007 年 11 月推出蓝云（Blue Cloud）计算平台，为客户带来即买即用的云计算平台；亚马逊也于 2007 年推出名为"弹性计算机云"（Elastic Compute Cloud，EC2）的收费服务；微软大力发展 Window Live 在线服务和数据中心以及网络软件"Live Mesh"；2008 年，雅虎、惠普、英特尔联合宣布将建立全球性的开源云计算研究测试床，称为 Open Cirrus……这些都是早期云计算发展的见证[6-7]。而随着云计算的快速兴起，全球企业开始广泛使用云计算，从全球市场来看，已经形成"3A"的产品格局。亚马逊的 AWS（Amazon Web Services）以 40%的全球市场份额占据龙头之位，紧随其后的是微软的 Windows Azure 平台，阿里云凭借 126%的增速跻身全球第三。近几年，AWS 推出了桌面即服务（Desktop as a Service，DaaS）WorkSpaces，进一步扩展其云生态系统[8]；微软在 2013 年也推出云操作系统（Cloud OS），包括 Windows Server 2012 R2、System Center 2012 R2、Windows Azure Pack 在内的一系列企业级云计算产品及服务[9]；甲骨文公司也计划布局从云管理组件转到 Oracle、Solaris 等虚拟系统服务[10]。在国内，云计算的发展也取得了显著成就，阿里云位列首位，百度云等紧随其后。这些应用都是随着云计算的发展而出现的不同于以往的全新商业模式，在该模式下，用户不再需要关心如何根据自己的业务需求来购买服务器、软件和解决方案，只需要根据自己的需求，通过互联网来购买自己需要的计算处理资源。

随着大数据、5G 时代的到来，以及物联网的兴起，人们需要对这些数据进行合理高效的发掘和利用其中的信息[11]。学术界认为，云计算具有海量数据存储，将服务器、软件等资源虚拟化等特点，所以云计算的兴起为这些数据提供了重要的支持与保障。云计算如何处理大数据的大规模任务[12]，云计算将资源放在云端如何保证计算机网络存储的安全[13]，云计算标准化问题，云计算中心的计算机性能，云计算的应用研究、设计、算法等领域是学术界密切关注的热点。云计算为社会带来了巨大的优势和广阔的前景，同时云计算的发展也面临不少挑战与隐忧，其中安全问题和隐私问题成为学术界担忧的首要问题。

1.2.3　边缘计算发展史

边缘计算的核心思想是利用软件定义网络（Software Defined Network，SDN）和网络功能虚拟化（Network Functions Virtualization，NFV）技术，让网络功能、内容和资源更接近终端用户，即网络边缘。网络资源主要包括计算、存储或缓存，以及通信资源。

边缘计算最早可以追溯至 1998 年 Akamai 公司提出的内容分发网络（Content Delivery Network，CDN）。CDN 是一种基于互联网的缓存网络，依靠部署在各地的缓存服务器，通过中心平台的负载均衡、内容分发、调度等功能模块，将用户的访问指向最近的缓存服务器上，以此降低网络拥塞，提高用户访问响应速度和命中率。CDN 强调数据内容的备份和缓存，而边缘计算的基本思想则是功能缓存（Function Cache）。2005 年，美国韦恩州立大学施巍松教授的团队提出功能缓存的概念，并将其用在个性化的邮箱管理服务中，以节省带宽和降低时延。

边缘计算是由移动云计算发展而来的，移动云计算是将计算能力和数据存储从移动设备转向云，以利用云平台强大的计算和存储能力的技术。然而，移动云计算面临着长时延和高回传带宽消耗等挑战，因此不适用于实时应用。文献[14]中详细列出了移动云计算所面临的技术挑战：在移动通信方面，由于无线频谱资源稀缺、流量拥堵以及多种无线接入技术（MA-RAT）共存，需要面对低带宽、服务可用性和异质性等一系列挑战；在计算方面，环境变化条件下实现高效的计算卸载面临较大难题，还需解决用户和数据的安全性问题、数据访问效率以及环境感知能力等方面的挑战。相比之下，边缘计算使网络边缘能够具有云计算能力。

学术界和产业界提出了 3 种不同的边缘计算方案：移动边缘计算（Mobile Edge Computing，MEC）、雾计算和 Cloudlet。移动边缘计算是由欧洲电信标准组织（ETSI）提出的。它基于一个虚拟化的平台，使应用程序能够在网络边缘运行。同时，网络功能虚拟化技术的基础设施可被应用程序重用，这有利于网络运营商。移动边缘计算无线网络控制器（Radio Network Controller，RNC）可以部署在网络边缘的不同位置，如 eNodeB、3G 无线网络控制器和聚合点。部署位置可能会受到可扩展性、物理约束、性能标准等的影响。移动边缘计算的应用程序可以根据时延、所需资源、可用性、可扩展性和成本等技术参数，智能而灵活地无缝部署在不同的移动边缘计算平台上。ETSI 提出的移动边缘计算的目标是为第三方应用程序提供一个标准的架构和行业标准化的应用程序接口（Application Program Interface，API）。

雾计算是另一种边缘计算架构，其目的是适应思科最初提出的物联网应用程序。雾计算是云计算范式到无线网络边缘的扩展。雾计算这个名字来自"雾比云更接近人"的比喻。类似地，物联网设备的距离更接近雾计算平台，而不是大规模的数据中心。物联网应用程序的两层部署不足以满足低时延、移动性和位置意识的需求，因此有必要引入雾计算解决方案。该解决方案采用多层体系架构，在设备和主云之间部署一个中间雾平台。雾计算是一个完全分布式的多层云计算架构，其中雾节点部署在不同的网络层。

Cloudlet 的概念是 2009 年卡内基梅隆大学的沙特亚教授等在其发表的论文[15]中提出的，Cloudlet 是一个可信且资源丰富的主机，部署在网络边缘，与互联网连接，可以被移动设备访问，为其提供服务。Cloudlet 可以像云一样为用户提供服务，因此又被称为"小朵云"。此时的边缘计算强调下行，即将云服务器上的功能下行至边缘服务器，以减少带宽和时延。它可以同时部署在 Wi-Fi 网络和蜂窝网络中。Cloudlet 的关键特性是可以几乎实时地为边缘节点提供应用。

2015—2017 年为边缘计算快速增长期，边缘计算满足万物互联的需求[16]，引起了国内外学术界和产业界的密切关注。

2016 年 5 月，美国国家科学基金委员会（National Science Foundation，NSF）在计算机系统研究中将云计算替换为边缘计算，将其列为突出领域（Highlight Area）；2016 年 8 月，美国 NSF 和英特尔专门讨论针对无线边缘网络的信息中心网络；2016 年 10 月，美国 NSF 举办边缘计算重大挑战研讨会（NSF Workshop on Grand Challenges in Edge Computing），会议针对 3 个议题展开研究（即边缘计算未来 5～10 年的发展目标，达成目标所带来的挑战，学术界、产业界和政府应该如何协同合作来应对挑战），这标志着边缘计算的发展已经在美国政府层面上引起重视。

在学术界，2016 年 5 月，美国韦恩州立大学施巍松教授团队给出了边缘计算的一个正式定义，即边缘计算是指在网络边缘执行计算的一种新型计算模型，边缘计算操作的对象包括来自云服务的下行数据和来自万物互联服务的上行数据，而边缘计算的边缘是指从数据源到云计算中心路径上的任意计算和网络资源,是一个连续系统。2016 年 10 月,施巍松教授团队发表了 *Edge Computing: Vision and Challenges* 一文,首次指出了边缘计算所面临的挑战,该文在 2016 年 6 月至 2018 年年底被他引 650 次。2016 年 10 月,国际计算机学会(Association for Computing Machinery,ACM)和电气电子工程师学会(Institute of Electrical and Electronics Engineers,IEEE)联合举办边缘计算顶级会议 SEC(ACM/IEEE Symposium on Edge Computing),这是全球首个以边缘计算为主题的科研学术会议。自此之后,分布式计算系统国际会议(International Conference on Distributed Computing Systems,ICDCS)、计算机通信国际会议(International Conference on Computer Communications,INFOCOM)、Middleware、万维网(World Wide Web,WWW)等重要国际会议也开始增加边缘计算的分会或者专题研讨会(Workshop)。

同一时期,我国边缘计算产业也得到了迅速发展,2016 年 11 月 30 日,我国边缘计算产业联盟(Edge Computing Consortium,ECC)在北京成立。该联盟由华为技术有限公司、中国科学院沈阳自动化研究所、中国信息通信研究院、英特尔公司、ARM 公司和软通动力信息技术有限公司联合成立,首批成员单位共 62 家,涵盖工业制造、能源电力等领域。ECC 于 2016 年和 2017 年分别发布了国内的《边缘计算参考架构》1.0 和 2.0 版本,梳理了边缘计算的测试床,提出了边缘计算在工业制造、能源电力、智慧城市、交通等行业应用的解决方案。

2018 年,边缘计算进入稳健发展阶段。近几年在 5G+物联网+产业互联网发展的推动下,全球边缘计算产业蓬勃兴起。随着应用和数据量激增,网络带宽与计算吞吐量均成为计算的性能瓶颈,同时终端设备产生的海量“小数据”等实时处理需求高速增长,带动边缘计算成为数据时代技术落地的重要计算平台,以及满足行业数字化转型中敏捷连接、实时业务、隐私保护等的关键支撑。边缘计算作为巨大的增量市场,近年来同比增速均在 50% 以上。根据中商产业研究院的数据,2023 年中国边缘计算市场规模达到 732 亿元,同比增长 35.09%。

1.2.4　端计算发展史

随着智能终端种类增多和智能终端产业长期高速发展,其产业规模和渗透率持续扩大。统计数据显示,2018 年联网设备数量已达到 184 亿台,而在 2023 年,这个数字进一步增长到 293 亿,人均 3.6 台。同时,越来越多的非智能设备也在进行智能化改造，包括家电、汽车、工业设备等；越来越多的传统行业将进行信息化建设并应用智能终端以提高生产效率，如医疗、教育、物流、税务、能源等。这些都将对智能终端技术提出更高的需求。

行业的发展必然伴随着业务的进步，智能业务、沉浸式业务和数字孪生业务等新兴业务的不断迸发，对网络及终端设备提出了更高的智能化信息处理需求。不同类型的业务和服务需求对数据处理时延和精度的要求不尽相同。然而，当前大部分终端设备主要起到传感器设备的作用，将感知到的数据上传到云端进行处理，导致当前端侧与云端的算力供给方式利用率不足 15%。算力需求快速增长与泛在算力利用率低的供需矛盾日益凸显，端侧算力技术成为算力基础设施建设的重要组成部分，其地位不断上升。

算力是数字经济和人工智能时代下的生产力，各行各业数据处理规模的扩大和对时效性要求的提高，以及人工智能等产业发展形成的服务升级，都推动了算力向边缘和端侧扩展。随着边缘计算技术和芯片技术的发展，端侧设备算力不断提升，端侧网络已经能够支撑大量的运算任务，但也存在大量过剩的算力。目前，国内端侧与算力相关产业和技术蓬勃发展，终端生态活跃，设备数量规模巨大，具有多品牌的异构设备，并具有稳固良好的通信基础设施，极具发展潜力；但是，在异构多终端的协同纳管仍处于研究阶段，缺少实际的应用和成熟的产品方案。

目前，端侧计算技术的发展仍然面临许多挑战，如 AI 运算的成本问题、端侧设备的资源受限性、算力差异性、泛在分布性、通信受限性和隐私数据保护问题。得益于中央处理器（Central Processing Unit，CPU）、数据处理单元（Data Processing Unit，DPU）、图形处理单元（Graphics Processing Unit，GPU）等处理器的计算性能的升级，端侧设备进行 AI 的本地推理与训练成为边缘智能的重要组成部分。然而，虽然目前已经发展出高性能的端侧 AI 芯片，但其成本仍然限制其应用。同时，端侧设备的资源受限性和算力差异性往往较大，例如，端侧设备的电量和体积限制其不能使用高功耗、高性能的芯片，同时大部分端侧设备的主要作用是作为传感器设备，其自身配备的存算资源可能不足以支撑其承担算力任务；又如，同样作为端侧设备的摄像头和台式机，其算力资源差异可能达到十倍甚至百倍，这些因素直接导致大量的端侧算力资源没有被有效利用。最后，泛在分布性、通信受限性和隐私数据保护问题也使异构多终端的协同纳管面临许多困难，端侧设备可能部署在各种位置，如角落、水中、移动物体，不同端侧设备的通信性能也不尽相同，甚至许多端侧设备无法直接与基站建立连接，同时端侧设备面向的是透明用户数据，对用户隐私的加密、保护也是必须考虑的问题，这些都使得端侧计算技术的复杂性不断提高。因此，在未来的发展中，终端计算需要不断解决面对的问题以实现智能终端产业的持续发展和纳管技术的提高。

　　未来在 6G 网络时代，终端从"智能外加"向"智能内生"转变，实现感知、分析、反馈的闭环，提供无处不在的智能服务需求等，将推动终端设备更加多样化、智能化、复杂化，终端操作系统更加开放和多样化，多终端协同处理技术越来越成熟。首先，消费者可以使用越来越多样化的智能终端产品，如工业设备检测终端、农业设施检测终端和物流 RFID 终端，在这些终端产品上均部署了不同类型的 AI 应用，如人脸识别、面部追踪、眼球追踪、实时环境建模等。其次，由于终端设备和应用场景的多样化，终端设备对操作系统的需求也会产生多样的变化，由此推动操作系统多样化的发展。最后，由于计算需求的推动，计算正在向终端侧不断下沉，而由于上述提到的端侧设备的资源受限性，计算业务往往需要多个设备的协同，因此也将不可避免地推动多终端协同处理技术越来越成熟。

/1.3　通算一体定义与产业行动 /

　　通信与计算不断发展的过程，也是二者不断走向融合的过程，计算越来越依赖通信，通信能力的增强也必须有计算的深度参与，通信与计算的关系将会越来越紧密，从而走向一体化发展。

1.3.1　通算一体的诞生与定义

　　随着 6G 网络向全面云化演进，其对算力的需求也将愈发明显。6G 网络频段更高、单个基站的覆盖范围更小，因此 6G 基站密度可能远远高于 5G 网络，6G 网络功能更加强大，对信息的高效协同也将产生更强烈的需求。基于此，6G 网络本身的建设需要泛在、灵活、高效协同的算力资源底座来满足 6G 网络云化的需求。同时，智能是当前网络和业务发展的大趋势，全社会逐步向智能社会过渡，6G 网络在设计之初就提出了智能内生的愿景，人工智能是 6G 网络的一项主要能力，而不再单单是优化网络的一种辅助手段。算力作为人工智能的三大要素之一，是 6G 智能特性实现过程中不可缺少的要素，算力网络既要为 AI 提供可靠的通信网络，又要提供分布式、高效计算的算力底座，以及灵活多变的资源调度方式，从而更好地支持无处不在的具有感知、通信和计算能力的基站和终端，实现大规模智能化分式的算网协同服务。

此外，智慧城市、智慧社会、工业互联网、大规模物联网需要处理海量数据，因此对计算能力的需求将迅猛攀升。同时，随着人工智能技术行业渗透率的进一步提高，人工智能算力将逐渐取代通用算力并成为主流，其可以支撑海量智能业务。根据 OpenAI 预测，到 2030 年，与人工智能相关的领域对算力的需求将达到16000EFLOPS，较 2018 年增长近 400 倍。对比之下，以 GPU、FPGA、专用集成电路（Application Specific Integrated Circuit，ASIC）等芯片为代表的智能算力的增长远远无法满足智能算力需求的增长。与此同时，网络中存在大量闲散的算力资源，如一些面向特定的、临时的应用场景建设的超算中心与边缘计算节点无法被高效利用，需要通算一体技术对多级泛在的算力资源进行整合协同，提升算力资源利用率。以自动驾驶、增强现实/虚拟现实、工业互联网为代表的极低时延业务的涌现对网络时延、计算响应时间、数据的实时性以及安全性提出了更加严苛与复杂的要求，更多的数据需要下沉至边缘侧甚至端侧进行处理。将海量业务卸载至多级泛在的计算节点更加需要整合网络信息与计算信息，实现算网协同的全局优化调度，提升业务服务效率。

从历史发展的角度看，算力从功能单一的计算工具到如今的云边端多级协同发展，计算能力空前提升，网络则由原始的小范围、低速率到 5G 的高速率、低时延、大连接，再到以万物智能为特征的 6G 预研在全球范围内开展，算力技术与网络技术发展呈现螺旋式融合趋势（如图 1-2 所示），未来算力和网络的边界将逐渐模糊，多维资源将以一个更整体的形式提供满足用户需求的融合服务。因此，通算一体的诞生符合技术融合的发展趋势。

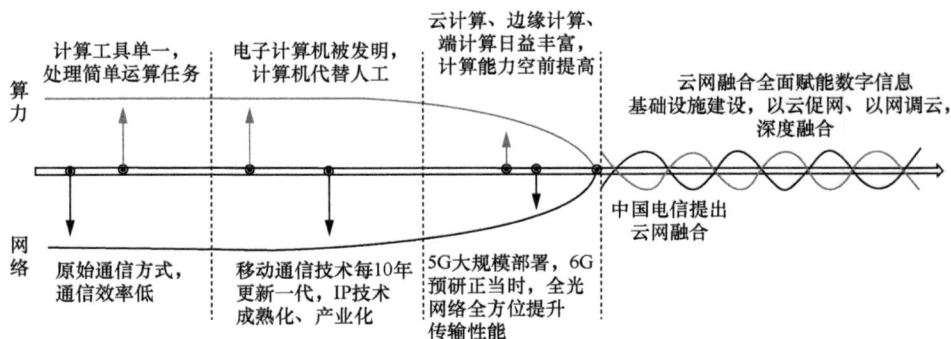

图 1-2　算力技术与网络技术呈现螺旋式融合趋势

通算一体，是指将计算不断与通信融合，将计算内生于通信网络或计算与通信网络协同管理，使二者相辅相成、共同为业务提供极致的服务体验，其主要包括通算一体信道、通算一体协议、通算一体设备、通算一体管控、通算一体服务等方向，涉及通信和计算的各个领域。

1.3.2　通算一体的产业行动

通算一体网络自 2019 年被提出以来，一直备受关注。

在标准化方面，2019 年 10 月中国电信在 ITU-T 立项首个算力网络国际标准 Y.CPN-arch[17]，致力于研究算力网络框架与架构；2021 年 9 月，该标准以 Y.2501 形式正式发布[18]。同期，算力网络信令相关标准同步推动，开始了关于算力网络信令要求的标准化（Q.CPN）[19]和关于算力网络中边界网络网关智能控制要求和信令的标准化（Q.BNG-INC）[20]。宽带论坛（Broadband Forum，BBF）于 2019 年启动了城域计算网络（移动蜂窝网络（Mobile Cellular Network，MCN））项目（SD-466），致力于研究城域网络中的通算一体网络，并在 2021 年发展为 MCN 草案（WT-466）项目[21]，研究云计算位置，特别是边缘计算位置。中国通信标准化协会（CCSA）和网络 5.0 产业技术创新联盟也牵头开展了通算一体网络标准化研究工作，并在网络 5.0 技术标准化推进委员会（CCSA TC614）成立了通算一体网络专项工作组。此外，中国通信标准化协会网络与业务能力技术工作委员会（CCSA TC3）发布了通算一体网络需求和架构报告，并推动了 2019 年至今的相关研究工作。自通算一体网络的概念被提出以来，许多白皮书被发布，探讨通算一体网络[22-26]。2019 年 11 月 1 日，中国联通在 2019 年中国国际信息通信展览会期间发布了《中国联通算力网络白皮书》。2020 年 10 月，开放数据中心委员会（Open Data Center Committee，ODCC）重磅发布了《数据中心算力白皮书》，这是 ODCC 针对数据中心算力发布的第一部白皮书，由中国信息通信研究院、中国电信、英特尔 AMD、美团等单位的专家共同参与编写。2021 年 11 月 2 日，在 2021 中国移动全球合作伙伴大会上，中国移动发布《算力网络白皮书》，提出将"算力网络"作为其重要战略之一。2022 年 6 月，中国移动发布《算力网络技术白皮书》，对算力网络的十大技术发展方向进行了展望，并以此为基础阐述了算力网络的技术体系和技术路线。2022 年 7 月，中国联通发布的《面向东数西算的算力网络关键技术白皮书》指出了六大关键技术。2022 年 7 月，紫金山实验室发布了《确定性算力网络白皮书》。2022 年 7 月，由中国通信学会组织，中国工程院院士张宏科担任专家指导，中国移动通信集团终端有限公司、北京邮电大学共同发起，并联合中国信息通信研究院完成的《端侧算力网络体系架构、关键技术及应用》发布，提出了端侧算力网络（测试覆盖分析网络（Test Coverage Analysis Network，TCAN））的概念[27]，同时提出了 4 种特征和 3 种网络形式，终端侧的算力被进一步强调。2022 年 8 月，中国移动发布《算网一体网络架构及技术展望白皮书》，认为算网一体是算力网络发展的目标阶段，是计算和网络两大学科深度融合形成的新型技术簇，是融合贯通多要素的一体化服务，是实现算力网络即取即用社会级服务愿景的重要途径。2022 年 12 月 17 日，根据 2021 年 11 月在中国深圳召开的第一届通算一体网络理论研讨会，华为发布了《通算一体网络十大基础问题白皮书》。该白皮书中提到，通算一体网络的显著特征是网络内生支持各种类型算力和通信的相互感知与深度融合（其中的算力来源可能是终端算力、网元内生算力、移动边缘/云算力等），主要体现在控制机制上的一体化，支持实时准确的算力发现、灵活动态的算力调度、自主适配通信动态环境的算力调整等新能力，可以提供无处不在、满足差异化服务质量需求的计算服务，并支撑未来通信网络人工智能即服务（AI as a Service，AIaaS）的新服务能力。通算一体网络在实现相应功能时能综合考虑空口状态、网络状态、算力分布等信息，实现算力资源、连接资源的综合优化。2023 年 10 月，在中国移动全球合作伙伴大会"移动信息现代产业链共链行动暨战略性新兴产业创新合作论坛"上，中国移动发布《网络协作通感一体化技术白皮书》，介绍了通感一体化的概念及其典型应用，提出网络协作通感一体化的技术理念是以"网"为根基，通过多节点智能协作，以网强感，构建全域、全天候、高性能的通感算智融合网络，为系统提供多维感知与连接能力，助力万物智联，支撑数字孪生、环境重构等新场景与新业务，推动垂直应用升级。

在学术研究方面，一些学者研究了云、网、边缘协作的通算一体网络方案，分析了其在算力抽象、服务保障、统一控制、弹性调度等方面的特点[28]，一些研究说明了通算一体网络的技术方案可以有效地满足未来 6G 业务对计算、存储和网络的多层次部署和灵活调度的需求[29]。也有学者分析了边缘计算和通算一体网络的主要技术挑战和前景，边缘计算的分布式架构使其更容易受到攻击。此外，客户端越智能，系统越容易受到恶意软件的攻击[30]。部分研究提出了在未来网络通用基础设施共享化、网络业务智能化、业务需求多样化的趋势下，基于计算、存储、传输等多维资源融合的新型网络虚拟化架构[31]。未来，需要从 3 个方面推进通算一体网络的研究工作，即从计算和网络分别管理到计算和网络统一管理的新网络架构，从选择最佳传输路径到共同选择最佳传输路径和计算节点的新网络协议，从网络度量到网络和算力共同度量的新度量标准。

在平台搭建验证方面，中国电信研发首套通算一体网络交易平台，并于 2020 年 12 月的网络 5.0 峰会上进行首次展示。2022 年，中国电信与中国科学院联合在未来网络试验设施（China Environment for Network Innovations，CENI）上进行通算一体网络管控系统验证，CENI 支持了国内第一张基于确定性+远程直接存储器访问（Remote Direct Memory Access，RDMA）的通算一体网络的建设和验证工作，测试了低时延远程直接存储器访问（Low-Latency Remote Direct Memory Access，LT-RDMA）技术在高带宽、确定性网络下的长距离传输性能，并对比了确定性网络与非确定网络的差异，验证了确定性算力网络技术。2022 年 5 月，北京邮电大学团队搭建了通算一体网络原型测试平台，实现了通算一体网络中的关键技术，并验证了通算一体网络的性能优势[32]。2022 年 7 月，中国联通携手中兴通讯完成算力网络服务调度概念验证（Proof of Concept，PoC）。在 2022 年 7 月 29 日中国算力大会上，中国移动正式启动构建中国移动通算一体网络试验示范网，由中国移动联合合作伙伴共同构建算力网络试验示范网（Computing Force Network Innovation Test Infrastructure，CFITI）。2023 年 5 月，中兴通讯联合粤港澳大湾区数字经济研究院、中国联通、天空飞车共同启动了业界首个"5G-A 通感算控一体化"低空无人机场景测试合作，以完成多基站协同组网、监管平台系统联调等关键技术的攻关、试验与落地应用，织就一张安全、高效、便捷的"空中交通网"，助力深圳低空经济高飞。2023 年 7 月，中兴通讯、中国移动联合完成业界首个 5G 通感算一体车联网架构新技术验证。通过充分发挥 5G 网络优势，以及通感一体、通算融合、超稳态等技术的持续创新，5G 通感算一体车联网方案能够实现更低成本、更优性能、更快部署，为车联网建设和商用落地提供更经济高效的解决方案。2023 年 10 月，在 IMT-2020（5G）推进组的组织下，华为基于 5G-A 通感融合技术，首测微形变和海洋轮船感知监测能力，并且验证了无人机低空场景下的通感增强性能。

在国家政策方面，国家发展和改革委员会于 2020 年 4 月 20 日首次明确新型基础设施的范围，其中信息基础设施包括以数据中心、智能计算中心为代表的算力基础设施等。这是算力基础设施这一概念在国家层面被首次提出。2021 年 5 月 24 日，国家发展和改革委员会、中央网络安全和信息化委员会办公室、工业和信息化部、国家能源局联合印发了《全国一体化大数据中心协同创新体系算力枢纽实施方案》，明确提出布局全国算力网络国家枢纽节点，启动实施"东数西算"工程，构建国家算力网络体系。算力网络这一概念在国家层面被首次提出。2021 年 7 月 14 日，工业和信息化部关于印发《新型数据中心发展三年行动计划（2021-2023 年）》，提出用 3 年时间，基本形成布局合理、技术先进、绿色低碳、算力规模与数字经济增长相适应的新型数据中心发展格局。2022 年 2 月，国家发展和改革委员会、工业和信息化部等四部门联合印发通知，明确"东数西算"工程行动计划，在京津冀、内蒙古、甘肃等 8 地启动建设"4+4"国家算力枢纽节点，并规划了 10 个国家数据中心集群，标志着我国"东数西算"工程正式开始。2023 年 12 月，国家发展和改革委员会等五部门联合印发《深入实施"东数西算"工程 加快构建全国一体化算力网的实施意见》，提出到 2025 年年底综合算力基础设施体系初步成型等一系列目标。实施意见从通用算力、智能算力、超级算力一体化布局，东中西部算力一体化协同，算力与数据、算法一体化应用，算力与绿色电力一体化融合，算力发展与安全保障一体化推进等 5 个统筹出发，推动建设联网调度、普惠易用、绿色安全的全国一体化算力网。

随着人工智能与大数据分析技术的快速发展，AI 使能的智能化网络逐渐兴起，如将 AI 技术应用于超越 5G（Beyond 5G，B5G）网络的网络管理与网络优化，通过实时地学习无线网络的资源状况以及用户的行为信息，能够基于 AI 技术智能化地实现线上资源管理[33]，诸多基于 AI 的算法也逐渐开始在 B5G 网络中应用，在当前的通信网络中，信号处理及机器学习等算法通常在云端基于集中式的方式执行，随着智能终端设备呈指数趋势的爆炸性增长，回传链路受到通信带宽的限制，需要开发分布式的机器学习算法以动态地适应未来网络的需求。未来的 6G 网络将实现通信、计算、传感、控制、定位的深度融合，AI 技术将会深入使能未来的无线网络[34]。机器学习、深度学习、强化学习等人工智能技术也在算力网络的算力调度与资源管理中得到广泛应用，如有学者提出了一种基于深度强化学习的算法，实现了在考虑用户移动性的边缘网络场景中实时地、智能地为计算密集型、时延敏感型业务选择具有合适算力的服务器[35]；也有学者提出了"Net-in-AI"网络架构，自适应算力需求者的服务请求，弹性地调度网络的算力资源，同时优化算力供应商的利润，并提出了一个联合优化用户体验、网络性能和供应商利润的优化方案。总体而言，AI 技术与通信网络相辅相成，将协同发展，产生诸多创新研究的机遇与挑战。

/1.4　本章小结/

在很长的历史阶段，通信和计算都是独立发展的技术路线，计算解决数据的存储和处理问题，通信解决数据的传输问题，两者沿着各自的方向催生了一系列堪称经典的技术图谱。数字业务的蓬勃发展对烟囱式的算力和尽力而为的网络提出了更高要求，在技术融合化、产业数字化趋势下，通算一体应运而生。通算一体被认为是通信资源和计算资源融合的终极形态，可以打破传统通信资源、计算资源的边界，为业务提供极致的服务体验。

/参考文献/

[1] 邢文娟, 雷波, 赵倩颖. 算力基础设施发展现状与趋势展望[J]. 电信科学, 2022, 38(6): 51-61.

[2] IDC, 浪潮信息. 2022—2023 中国人工智能计算力发展评估报告[R]. 2022.

[3] 历军. 中国超算产业发展现状分析[J]. 中国科学院院刊, 2019, 34(6): 617-624.

[4] 周莹莹, 杨涛. 大数据、人工智能与云计算的融合应用分析[J]. 科学技术创新, 2019(35): 55-56.

[5] 危烽. 浅谈云计算在互联网中的应用[J]. 电脑知识与技术, 2009, 5(3): 583-584, 670.

[6] 胡慧, 王辉. 云计算技术现状与发展趋势分析[J]. 软件导刊, 2009, 8(9): 3-4.

[7] 唐红, 徐光侠. 云计算研究与发展综述[J]. 数字通信, 2010, 37(3): 23-28.

[8] 李祥敬. 亚马逊 Workspaces 桌面即服务触动 DaaS 市场[EB]. 2013.

[9] 微软三云合一. 中国云计算[EB]. 2013.

[10] 王亚文. 云环境下面向科学工作流安全的关键技术研究[D]. 郑州: 战略支援部队信息工程大学, 2019.

[11] 刘晓乐. 计算机云计算及其实现技术分析[J]. 电子科技, 2009, 22(12): 100-102.

[12] 吴春毅. 云计算下针对大数据的大规模任务处理关键问题研究[D]. 长春: 吉林大学, 2019.

[13] 赵文军. 云计算技术在计算机网络安全存储中的应用分析[J]. 电子世界, 2020(5): 161-162.

[14] DINH H T, LEE C, NIYATO D, et al. A survey of mobile cloud computing: architecture, applications, and approaches[J]. Wireless Communications and Mobile Computing, 2013, 13(18): 1587-1611.

[15] SATYANARAYANAN M, BAHL P, CACERES R, et al. The case for VM-based cloudlets in

mobile computing[J]. IEEE Pervasive Computing, 2009, 8(4): 14-23.

[16] WANG S, ZHANG X, ZHANG Y, et al. A survey on mobile edge networks: convergence of computing, caching and communications[J]. IEEE Access, 2017, 5: 6757-6779.

[17] 中国电信. Framework and architecture of computing power network: ITU-T Y.CPN-arch[S]. 2019.

[18] 中国电信. Computing power network - framework and architecture for consent: ITU-T Y.2501[S]. 2021.

[19] ITU-T. Signalling requirements for computing power network: ITU-T Q.CPN[S]. 2020.

[20] ITU-T. Requirements and signalling of intelligence control for the border network gateway in computing power network: ITU-T Q.BNC-INC[S]. 2020.

[21] BBF. Broadband Forum Q1 2021 meeting roundup[R]. 2021.

[22] 中国移动研究院. 算力感知网络技术白皮书[R]. 2019.

[23] 中国联通研究院. 中国联通算力网络白皮书[R]. 2019.

[24] 中国联通研究院. 算力网络架构与技术体系白皮书[R]. 2020.

[25] 中国移动研究院. 算力感知网络（CAN）技术白皮书[R]. 2021.

[26] 华为. 通算一体网络十大基础问题白皮书[R]. 2022.

[27] 中国移动通信集团终端有限公司, 北京邮电大学, 中国信息通信研究院, 等. 端侧算力网络体系架构、关键技术及应用[R]. 2022.

[28] 雷波, 赵倩颖. CPN: 一种计算/网络资源联合优化方案探讨[J]. 数据与计算发展前沿, 2020, 2(4): 55-64.

[29] TANG X Y, CAO C, WANG Y X, et al. Computing power network: The architecture of convergence of computing and networking towards 6G requirement[J]. China Communications, 2021, 18(2): 175-185.

[30] 雷波, 赵倩颖, 赵慧玲. 边缘计算与算力网络综述[J]. 中兴通讯技术, 2021, 27(3): 3-6.

[31] 雷波, 王江龙, 赵倩颖, 等. 基于计算、存储、传送资源融合化的新型网络虚拟化架构[J]. 电信科学, 2020, 36(7): 42-54.

[32] LIU J L, SUN Y K, SU J Q, et al. Computing power network: a testbed and applications with edge intelligence[C]//Proceedings of the IEEE INFOCOM 2022 - IEEE Conference on Computer Communications Workshops (INFOCOM WKSHPS). Piscataway: IEEE Press, 2022: 1-2.

[33] WANG C X, RENZO M D, STANCZAK S, et al. Artificial intelligence enabled wireless networking for 5G and beyond: recent advances and future challenges[J]. IEEE Wireless Communications, 2020, 27(1): 16-23.

[34] SAAD W, BENNIS M, CHEN M Z. A vision of 6G wireless systems: applications, trends, technologies, and open research problems[J]. IEEE Network, 2020, 34(3): 134-142.

[35] WANG D Y, TIAN X Q, CUI H R, et al. Reinforcement learning-based joint task offloading and migration schemes optimization in mobility-aware MEC network[J]. China Communications, 2020, 17(8): 31-44.

第 2 章

通算一体的典型应用场景

本章介绍了 6G 时代通算一体的典型应用场景，如全息通信、数字孪生、工业物联网云化、海量科学数据应用和通感一体化。首先对每种场景的基本概念、工作原理及场景特点进行介绍，然后基于该场景的特点介绍该场景对网络及计算能力的需求并总结该需求的特点，最后分析通算一体技术应该在这些场景中如何应用，以更好地支撑业务发展，并为相关领域的研究和应用提供有益的参考。

6G 时代的新兴业务，如全息通信、自动驾驶等，将对计算提出超高算力、低时延算力、灵活算力等新型算力需求。到 2030 年前后，业务对算力需求爆发式的增长，将远远超过 GPU 能力的增长，单纯依靠云计算、边缘计算或者端计算无法满足其大算力、低时延、高移动性的多样化需求。云边端算力的协同，与网络中算力的布局需要被重新考虑。此外，由于 6G 网络的智能内生特性及云化的趋势使 6G 网络与算力之间具有天然的内在联系，6G 网络架构在设计之初就需要考虑与算力的关系，算力需要支持 6G 网络功能的灵活部署，为分布式的 6G 网元提供高效的协同，为 AI 提供分布、高效的数据处理能力，以及灵活多变的资源调度方式。通算一体是一种将通信与计算融合的网络技术，旨在实现通信与计算的一体化供给，一方面为 6G 网络的云化部署、智能化提供资源底座，另一方面支持 6G 网络为智算业务及新兴业务提供特色服务，其主要能力如下：

① 通算一体技术通过使通信设备和计算设备融合，将计算能力下沉到更加边缘的位置，形成泛在计算的网络，为网络功能及业务提供更多选择的可能性；

② 通算一体技术通过通信资源感知算力或通信资源直接进行计算的方式，实时获取算力资源的状态信息与网络位置，能够为网络功能及业务提供符合其需求的最佳通信和计算资源组合，大大降低服务的端到端时延。

/ 2.1 全息通信 /

1947 年，科学家 Garbo（盖博）提出了光学全息这一概念，它是一种利用光的干涉和衍射原理，以及透射光波中的振幅和相位信息，进行物体 3D 再现的 3D 图像技术。该技术和传统的拍照相比，多记录了相位信息，被称为全部信息，也就是全息。而全息通信（Holographic Type Communication，HTC）则是利用全息技术，捕获处于远程位置的人和周围物体的图像，通过网络传输全息数据，在终端处使用激光束投射，以全息图的方式投影出实时的动态立体影像，并能够与之交互的新型通信方式[1]。2017 年 4 月，美国电信运营商 Verizon 联合韩国电信（Korea Telecom，KT）通过 5G 网络接通了全球首个 5G 全息国际电话。2019 年 3 月 5 日，韩国电信在首尔世界梦广场举办的 K-Live 全息图演唱会上，通过将 5G 网络与一个漂浮的全息图像系统连接起来，实现了首尔与洛杉矶之间的"全息通话"。2020 年 5 月，中兴通讯助力新华社实现了"全国两会"期间的 5G 全息异地同屏访谈。当前，全息通信已经有初步的实现，在 6G 时代，全息通信将会提供更强大的能力，让人们不出门便可以远程打开时空之门，回到办公室与同事协调合作，或与亲友逛商场、品鉴音乐会等。无论在哪里，全球都紧密相连，触手可及，甚至在万水千山之外，也能看到彼此的身影，感受到彼此的关怀。

全息通信需要对真实的人、物、场景等多维度感官数据进行采集、编码、传输、渲染及还原，实现真实 3D 场景的远程再现，其产生、传输、处理的数据量将远远超过现有的应用，因此其对网络和计算的需求对比当前应用都有大幅提升。

在带宽方面，根据不同的 3D 全息应用的具体数据格式，无论是肉眼感知还是头戴式显示器（Head Mounted Display，HMD）辅助显示，HTC 的带宽要求可能从入门级的点云传输的几十兆比特每秒，到高度沉浸的增强现实/虚拟现实（AR/VR）和光场 3D 场景的 Gbit/s 级，并可能进一步达到正常人类尺寸的真正全息图传输的 Tbit/s 级[1-2]。根据投影物体和帧率的大小，全息通信需要 1Gbit/s～1Tbit/s 的网络带宽。而 5G 定义的三大应用场景中，eMBB 提供的用户体验速率为 0.1～1Gbit/s，峰值速率为数十吉比特每秒，对于高清及以上级别的全息通信，5G 网络显得有点"力不从心"。在时延方面，超低的时延对于真正的沉浸式场景来说是至关重要的，以减轻模拟器的不适感，特别是涉及 HMD 时。涉及实时通信的应用对传输的媒体流有严格的时延要求。此外，根据用户的互动性来调整图像阵列中视场质量的能力，取决于网络以预先定义的响应限制来快速调整流的能力。在不久的将来，HTC 还可能与触觉数据传输进一步整合[3]，这就需要亚毫秒级的时延要求。在计算需求方面，基于全息图的显示器通常需要很高的计算能力来合成、渲染或重建 3D 图像，再进行可视化，如计算机生成的计算全息图（Computer-Generated Hologram，CGH）。因此，靠近 3D 数据接收端和终端的边缘计算是 HTC 的关键要求。

从上面的分析中可以看出，全息通信是一个具有大带宽、低时延及边缘计算需求的场景，通算一体技术可以通过实时感知通信及计算环境的变化，并根据全息通信业务的需求（位置），自动调整网络配置和业务策略，为其选择位置最佳的算力资源池或以算力资源池协同的方式满足其对网络及计算能力的需求。

/2.2 数字孪生/

数字孪生（Digital Twin，DT）充分利用物理模型、传感器更新、运行历史等数据，集成多学科、多物理量、多尺度、多概率的仿真过程，在虚拟空间中完成映射，从而反映相对应的实体装备的全生命周期过程。数字孪生是一种超越现实的概念，可以被视为一个或多个重要的、彼此依赖的装备系统的数字映射系统[4]，目前在交通、园区、城市应急等领域已经具备较为成熟的实践案例[5]。6G 时代，在广泛部署的数字孪生的推动下，数字世界和物理世界也将有可能完全交织在一起，有助于制定一个数字孪生支持的网络物理世界的新规范。数字孪生需要对海量的数据进行采集、处理与传输，因此其对通信和计算资源有着复杂的要求。

以数字孪生城市（Digital Twin City，DTC）为例，城市是一个复杂的系统，由人、物、过程和许多事件组成：通过数字孪生的相关技术，所有的城市设施都可以映射到它们的数字孪生对应物，如街道、社区、学校、医院、供水系统、电力系统，甚至人群活动和事件，这使得城市运营商可以用潜在的战术来模拟指导战略，以在城市中的问题发生之前就进行处理。在带宽方面，数字孪生城市中的虚拟化对象可能会产生极其大量的数据（应该注意的是，一旦虚拟模型被映射，随后的变化可能意味着数据量减少）。在某些情况下，数字化对象之间或物理和虚拟对象之间交换的感官数据是相当少的。然而，在其他情况下，如当 AR/VR 用于可视化大尺寸的数字孪生实体（如建筑物、工厂等）的数据交换时，需要高带宽，类似于 HTC。此外，在应用感知实体进行报警的情况下，它要求保证带宽，以相对较高的优先级进行即时低量数据传输。因此，高度多样化的按需带宽是 DTC 的一个关键网络要求。在时延方面，在数字孪生技术的支持下，城市运营商需要对常规资源管理以及紧急管理等关键任务做出及时响应。DTC 和真实城市之间的数据交换需要尽可能快，在关键服务的情况下交换时间需要低至毫秒级，因此需要极低时延的数据传输[6]。此外，在 DTC 中，一些实体（如建筑物、水系统）是静态的，而其他实体（如市民、汽车、地铁）具有高流动性或群体流动性，因此，网络需要灵活地支持数字孪生世界中的按需移动和虚拟化实体的转移。在计算能力方面,数字孪生对处理芯片、计算机设备都提出了高要求,由于孪生设计的模型与数据规模大,需要计算机硬件具备强大的处理与计算能力。

数字孪生城市只是数字孪生的众多应用场景之一,但无论何种场景,对于计算能力、存储能力、网络时延,数字孪生都由于其海量数据处理和实时交互有着相当严格的要求,当前的网络还不足以支撑其高效运行。通算一体技术能够凭借计算与通信设备的一体化部署、计算与通信资源的一体化调度满足其计算、通信需求。

/2.3　工业物联网云化/

由物联网(Internet of Things,IoT)促成的工业网络在性能和可靠性要求方面与 IT 网络有根本的不同。它们不是仅仅连接后台和工厂车间,而是要实现从设备层面一直到企业业务系统的整合,从而实现工业流程的自动运行和控制,而不需要大量的人工干预。因此,这些网络需要提供卓越的性能,并要求实时、安全和可靠的全厂连接,以及未来大规模的工厂间连接[2]。工厂自动化和机器控制应用通常要求低的端到端时延范围(低于 10ms,最低不到 1ms)和小的抖动(在 1μs 水平),以满足关键的闭环控制要求。许多机器控制应用是多轴应用,需要时间同步来管理轴之间复杂的位置关系。此外,一些工业网络要求 99.999999% 的服务可用性[7-8],因为生产线的任何中断或暂停都可能导致百万美元的损失。同时,作为第四次工业革命或工业 4.0 的一部分,运营技术(Operational Technology,OT)和 IT 正在融合。传统上由定制硬件平台执行的控制功能,如可编程逻辑控制器(Programmable Logic Controller,PLC),已经慢慢虚拟化并转移到边缘或云中,以减少系统的资本性支出(Capital Expenditure,CAPEX)和运营支出(Operating Expenditure,OPEX),并提供更高的系统灵活性和处理及分析“大数据”的能力。

在时延方面,工业物联网(Industrial Internet of Things,IIoT)系统包含许多控制子系统,它们运行的周期不超过 10ms,最低不到 1ms[7-8]。在这样的系统中,端到端的控制需要在相同的周期水平上有极低的信号时延,且保证系统不发生故障。IIoT 应用的这些低时延要求不仅与内部系统通信越来越相关,而且对于远程系统的互联也变得至关重要。在小抖动方面,为了恢复时钟信号并达到精确的时间同步,机器控制(特别是运动控制)子系统需要非常小的亚微秒级别的抖动,而且这种小的抖动在某些关键情况下预计会有边界限制。同时，IIoT 系统要求高可靠性和高安全性，以避免任何中断产生的潜在风险。具体来说，IIoT 应用的服务可用性要求通常在 99.9999% 与 99.999999% 之间[8]。

在工业物联网场景下，通算一体技术可以通过将处理数据的节点放在距离数据源最近的网络设备中来降低时延，并保证可靠的数据传输，以及数据的安全性和隐私性。

/2.4 海量科学数据应用/

回顾计算机网络的历史，世界上第一个网络高级研究计划局网络（Advanced Research Project Agency Network，ARPANET）是为了支持军事和科学研究的要求而发明的。万维网是由物理学家蒂姆·伯纳斯·李维于 1989 年在欧洲核子研究中心（European Organization for Nuclear Research）工作时提出的，最初是为了满足世界各地大学和研究所的科学家之间分享信息的需求。这些革命性的发展强调并表明，科学研究的需求常常推动计算机网络技术的发展。

大规模的科学应用，如天文望远镜、对撞机等，在人类科学技术的发展中起到了关键的支持作用。大规模的科学实验和观测会产生大量的数据。随着网络技术的发展，科学数据流和传统的互联网流量一样，正在迅速扩大，但科学数据流在数量和规模上有不同的特点。科学数据流与普通的互联网应用流量的对比，就好像大象与老鼠的对比。例如，各种粒子加速器和对撞机可以在很短的时间内产生大量的数据；而国际热核实验堆（International Thermonuclear Experimental Reactor，ITER）-"方式"核聚变实验，它可以产生 100GB/s 的数据。这给快速收集和传输带来了许多挑战。在带宽方面，海量科学数据传输的带宽需求已经达到 100Gbit/s，未来将达到 Tbit/s 级，理论上对网络带宽的需求是无限的，因为对宇宙的观察是无限的。目前的网络无法支持这种大规模的数据传输。对于一些科学应用，科学数据的传输仍以传统方式进行，如磁盘或磁带[2]。在服务质量（Quality of Service，QoS）方面，在分布式工作流系统中，一个节点的损失会影响整个工作流系统，所以每个节点都需要端到端的保证。同时，不同的研究应用需要不同规模的带宽，可以是几分钟、几天或长期。以五百米口径球面射电望远镜（Five-hundred-meter Aperture Spherical Radio Telescope，FAST）为例，复杂模式下的数据生成率约为 38GB/s，是简单模式的 6 倍多。网络应该有能力动态地提供带宽和资源分配，以实现有效利用。端到端的专用带宽应抢占背景流量，并保证科学数据的传输。在可靠性方面，科学应用的本地存储规模通常很小，甚至不存在，这使得重传有损失的数据具有挑战性，所以链路的可靠性至关重要。因此，科学数据的传输链路需要高质量的保证，如低丢包率、低时延和低抖动。例如，ITER 核聚变实验每周运行 3～7 天，每天运行 8～16h。在实验期间，网络故障时间不能超过 1min，要求网络具有 99.999% 的可用性[7]。再比如，大型强子对撞机（Large Hadron Collider，LHC）的数据传输每年持续 9 个月，只能容忍几个小时的中断，要求网络可用性达到 99.95%[8]。

在海量科学计算场景中，通算一体技术可以通过寻找最佳计算资源池及合理利用通信资源的闲置时间来为海量科学数据应用提供高质量网络及高性能计算能力。

/2.5　通感一体化/

通感一体化是 6G 网络的关键能力，是指通过空口及协议联合设计、时频空资源复用、硬件设备共享等手段，实现通信与感知功能统一设计，使无线网络在进行高质量通信交互的同时，实现高精度、精细化的感知功能，实现网络整体性能和业务能力的提升。

在通感一体化中，智能终端、云化终端、基站、新兴无线通信节点（如车辆）等通过分析发射（接收）的无线信号来获取周围环境或目标的信息，从而实现感知能力。而对信号的分析处理将会涉及大量的计算任务（如通感一体化波束成形），以及对智能计算的需求（如通过智能算法进行高效干扰管理）。通感一体化的场景往往需要即时进行反馈，如在车联网场景中对周围路况的分析和告警等，因此对于计算能力的供给，最适合设置在距信号发射和接收最近的位置，也就是通信设备处。通算一体可以通过将计算能力与通信设备融合，将计算能力放置在信号发射与接收的位置，以最快的速度进行响应；同时可以通过通算一体的一体化管控，对云算力和端算力进行协同，以满足通感一体化对模型训练的需求。

/2.6　本章小结/

本章探讨了通算一体的典型应用场景及通算一体技术在每种场景下如何发挥

其作用。具有大算力、低时延需求的网络功能及业务场景都是通算一体的主要服务场景，如全息通信、数字孪生、工业物联网云化、海量科学数据应用、通感一体化等。未来，随着技术的不断发展和进步，通算一体的应用前景将更加广阔。

▍参考文献 ▍

[1] 中国移动. 6G 全息通信业务发展趋势白皮书[R]. 2022.

[2] ITU. Representative use cases and key network requirements for network 2030: ITU TR-FG-NET2030[S]. 2020.

[3] 中国电信. 6G 愿景与技术白皮书[R]. 2022.

[4] 于勇，范胜廷，彭关伟，等. 数字孪生模型在产品构型管理中应用探讨[J]. 航空制造技术, 2017, 60(7): 41-45.

[5] 艾瑞咨询. 2023 年中国数字孪生行业研究报告[R]. 2023.

[6] 杨林瑶，陈思远，王晓，等. 数字孪生与平行系统：发展现状、对比及展望[J]. 自动化学报, 2019, 45(11): 2001-2031.

[7] 靳松，张孟月. Theodoros Tsiftsis 高性能 5G 是智能制造转型的支柱[J]. 科技与金融, 2021(7): 53-57.

[8] 3GPP. Study on communication for automation in vertical domains[R]. 2018.

第 3 章

通算一体理论研究

通算一体的理论研究涉及多个学科领域，包括通信技术、计算科学、网络科学等。这些学科之间的交叉融合，为我们提供了全新的视角和思考框架。通过深入研究通算一体的基本原理和相关理论，我们能够更好地理解其在实际应用中的潜力和优势。同时，通算一体的理论研究也在推动着相关技术的进步和创新。通过对通信与计算资源的优化整合，通算一体技术有望在未来实现更高效的数据处理、更智能的决策支持和更广泛的应用场景，这将为各行各业带来前所未有的发展机遇，推动社会的数字化、智能化进程。

/3.1　通信网络范式中的计算分集/

随着移动通信的日益普及，以及多媒体游戏、高清视频、虚拟现实等应用的爆发式增长，用户期望获得比以往更好的服务体验，这带来了新的需求。现有网络的负担越来越重。软件定义网络（Software Defined Network，SDN）[1]、云无线电接入网（Cloud Radio Access Network，C-RAN）[2]以及移动云计算（Mobile Cloud Computing，MCC）[3]等新的网络范式很快引起了学术界和产业界的极大兴趣。

在这些网络中，计算资源更多地以集中方式存在，而不是传统的分布式方式，如 SDN 控制器、基带单元（Baseband Unit，BBU）和移动云中的计算资源。集中计算的关键技术是虚拟化，它可以使计算资源动态配置、可扩展、可共享和按需重新分配。借助虚拟机和缩放技术，计算资源可以呈现多样化和灵活的能力以满足有线和无线通信网络的不同要求。借助计算、存储和网络中的虚拟化技术，计算资源可由通用云池提供，该云池由计算节点（如 x86 服务器）的标准硬件、标准存储和标准网络交换机组成。因此，计算资源可以被视为不仅支持无线通信而且支持有线通信的基础。然而，计算资源是有限的，并且会占总能耗的很大一部分。能源开销和相应的电力成本是网络运营商总体资本性支出和运营支出中最重要的因素之一[4]。因此，研究计算资源如何在不同的通信网络中存在，以及如何有效地分配和利用计算资源具有重要意义。

为了探讨计算对不同通信网络的影响，我们提出了一个统一的概念——计算分集来描述有线和无线网络中计算资源的能力和形式多样性。从网络服务、网络功能和用户体验方面分析了 3 种新兴网络范式（SDN、C-RAN 和 MCC）以及这些网络中计算资源和通信资源之间的关系。

3.1.1　计算分集

受通信中分集概念的启发（如时间分集、频率分集和空间分集，分集指的是用两个或多个具有不同特性的通信信道检测信号的能力），我们引入了计算分集的概念用来描述通信网络中计算资源的能力和不同形式，将计算资源和通信资源的影响与网络和相应通信的时延约束或服务质量（QoS）联系起来。具体来说，计算分集可以用以下两种方式解释。第一，计算分集可以描述计算资源对网络的作用或影响，即不同的网络中需要多少计算资源才能在一定的 QoS 要求下完成通信过程。第二，计算分集可以描述不同通信网络中不同形式的计算资源，包括 SDN、C-RAN 和 MCC 中不同表现形式的计算资源。

SDN 中的计算能力是计算分集的第一种形式。在这种情况下，计算资源负责 SDN 交换机的决策制定和 SDN 应用程序指令的处理。C-RAN 中的计算能力是计算分集的第二种形式，即 BBU 中的计算资源进行基带信号处理和其他计算以保证无线通信的 QoS。MCC 中的计算能力是计算分集的第三种形式，即移动云中的计算资源负责执行移动用户卸载的任务，并通过网络将计算结果传输回用户。

通过计算分集，我们可以更好地理解通信和计算之间的关系，设计它们之间的联合资源分配算法，从而达到节能、提高整个网络系统效率的目的以及用户体验的目标。表 3-1 中总结了 SDN、C-RAN 和 MCC 的网络配置和关键符号。

表 3-1　网络配置和关键符号

网络配置		符号
网络的 QoS		τ
SDN	SDN 控制器中的计算能力	f^s
	SDN 交换机中的数据包到达率	λ
	SDN 交换机流表中的数据包不匹配率	p
	来自 SDN 应用程序的指令到达率	μ

续表

网络配置		符号
C-RAN	C-RAN BBU 的计算能力	f^B
	天线数	A
	物理资源块数	R
	调制比特数	M
	编码率	C
	分配给用户的带宽	B
MCC	移动复制中的计算能力	f^C
	CPU 周期数	F
	传输数据量	D
	无线传输速率	r

3.1.2　软件定义网络中的计算分集

第一种形式的计算资源出现在 SDN 中。SDN 包括 SDN 控制器和 SDN 交换机，可以解耦网络的控制平面和数据平面。由于这个特性，SDN 可以使网络直接可编程、可管理、可控制且具有很强的适应性。此外，网络管理员或应用程序可以通过 SDN 快速轻松地执行它们的服务或引入新算法。

SDN 体系架构和 SDN 的排队模型如图 3-1 所示，图的左侧展示了 SDN 体系架构，其中 SDN 控制器通过操纵管理网络元素（即 SDN 交换机）中的流表来对网络流量进行决策，从而控制流量的转发。在 SDN 中，控制器可以通过南向接口控制和管理数据流和交换机。此外，如果在流表中没有找到路由的新数据包条目，这些数据包将通过南向接口转发给 SDN 控制器进行进一步处理。在 SDN 中，控制器可以为 SDN 应用程序提供网络的抽象视图，因此这些应用程序可以通过北向接口向控制器发送新指令以管理网络。

由此可见，SDN 的性能很大程度上取决于 SDN 控制器的处理能力，如果 SDN 控制器不能足够快地处理这些请求，就会影响 SDN 交换机和应用程序的响应时间，进而影响整个网络的质量。在这些情况下，它也可能导致数据包丢失或网络故障。在虚拟机和扩展技术的帮助下，SDN 控制器可以具有更好和更多样化的性能来响应北向和南向请求。因此，SDN 控制器的性能主要取决于分配的计算资源、来自应用程序（北向）的指令速率和来自 SDN 交换机（南向）的数据包路由请求速率。

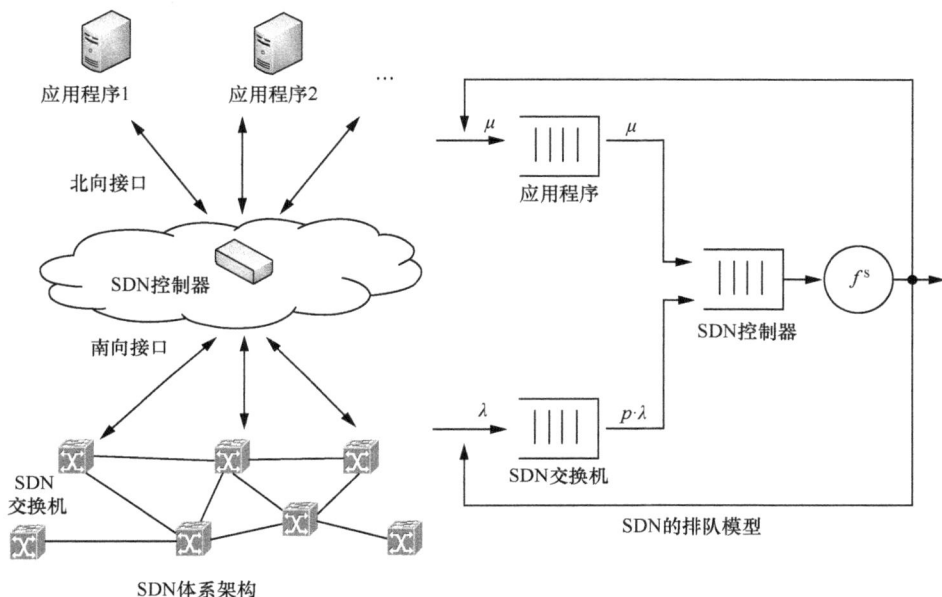

图 3-1　SDN 体系架构和 SDN 的排队模型

我们将 SDN 控制器抽象为 M/M/1 类型的排队系统来说明 SDN 的计算能力[5]，如图 3-1 右侧所示。具体来说，假设从应用程序到 SDN 控制器的北向指令速率遵循泊松过程，其到达率为 μ。此外，假设 SDN 交换机中的数据包到达率遵循到达率为 λ 的泊松过程。报文有概率 p 在流表中找不到转发路径，将被转发给控制器进一步处理。因此，转发至控制器的南向数据包路由请求速率可以表示为 $p \cdot \lambda$。另外，假设控制器的服务时间服从指数分布，其均值 $1/f^{\mathrm{s}}$，那么控制器中的处理时延可以由式 $1/(f^{\mathrm{s}} - p \cdot \lambda - \mu)$ 给出。接下来，本节将网络的 QoS 定义为时延要求 τ，这意味着控制器必须在时间 τ 内完成计算任务，以避免网络出现故障或数据包丢失。不同的任务可能有不同的 QoS 要求。为了描述运行时的服务过程，可以假定服务时间分布为指数分布、正态分布、威布尔分布或均匀分布[6]。在本节中，假设 τ 服从均值为 ρ、方差为 σ^2 的正态分布 $N(\rho, \sigma^2)$。请注意，也可以应用其他分布，但可以观察到类似的性能。使用流行的 Q 函数[7]，可以将网络的故障率或中断概率定义为

$$P^O = 1 - Q \left(\frac{\dfrac{1}{f^s - p \cdot \lambda - \mu}}{\sigma^2} \right) \tag{3-1}$$

使用式（3-1），在图 3-1 中展示了仿真结果，以呈现 SDN 控制器的计算资源对网络的影响。将 SDN 交换机中的数据包到达率设置为 $\lambda = 8$，τ 服从均值 $\rho = 7$ 和方差 $\sigma^2 = 1$ 的正态分布。

图 3-2（a）展示了网络的中断概率与具有不同 p 值的 SDN 控制器计算能力的关系，并且在该图中设置了 $\mu = 2$。可以看出，随着 SDN 控制器计算能力的增强，中断概率降低，和预期一致。这是因为控制器的计算能力越强，数据包被丢弃的概率就越低。当计算能力 $f^s < 2$ 时，即使没有来自交换机的请求（即 $p = 0$），控制器也无法在要求的时间内完成网络任务，因为在这种情况下中断概率为 1。此外，可以看出，随着 SDN 交换机流表中的数据包不匹配率的增加，SDN 控制器的计算能力也如预期的那样增加。

图 3-2（b）展示了网络的中断概率与具有不同指令到达率 μ 的 SDN 控制器计算能力的关系，并且在此图中设置了 $p = 0.5$。可以看出，随着北向指令到达率的增加，在相同的 SDN 控制器计算能力下，中断概率增加。然而，随着 SDN 控制器计算能力的增加，在相同的其他条件下，中断概率将降低，正如预期的那样。

综上所述，从图 3-2 可以看出，SDN 控制器的计算能力会影响整个网络的性能，就像网络资源影响网络一样。因此，计算资源可被看作虚拟网络资源，在未来的网络设计中不应被忽视。

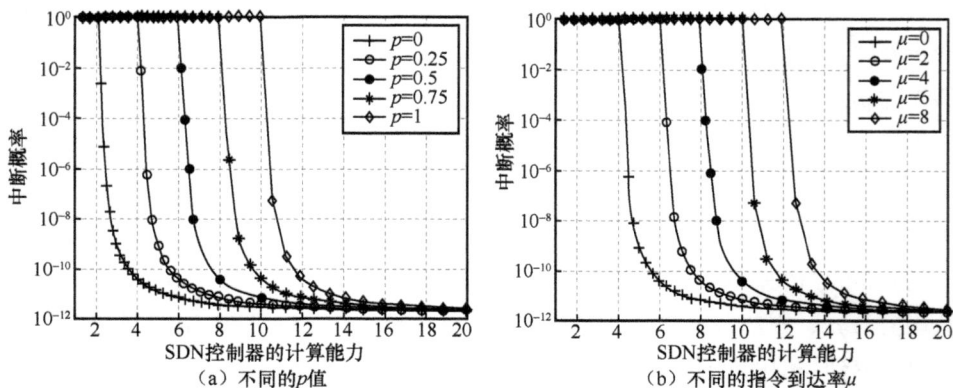

图 3-2　网络的中断概率与 SDN 控制器的计算能力的关系

3.1.3　云无线电接入网中的计算分集

对于下一代无线电接入网，重点放在开发新的网络技术上，如 5G 中的小型基站技术。然而，一个小的小区可能无法在规定的时间内执行网络处理和基带信号处理任务，如预编码矩阵计算、信道状态信息估计、快速傅里叶变换（Fast Fourier Transform，FFT）和前向纠错（Forward Error Correction，FEC）。这是由于当大量用户设备（User Equipment，UE）同时出现在同一小区中时，小的小区可能缺乏计算资源。为了解决这个问题，本节提出了另一种新的组网架构 C-RAN，它将传统基站分为远程无线电头端（Remote Radio Head，RRH）和 BBU 池[2]，如图 3-3 虚线右侧所示。在 C-RAN 中，多个 BBU 可以放在一起，并通过基于云的数据中心中的大量软件定义虚拟机实现。

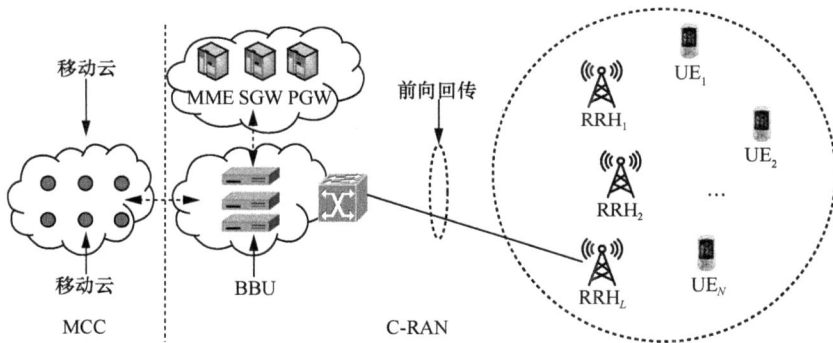

图 3-3　C-RAN 与 MCC 集成

RRH 类似于 SDN 交换机，可以作为软中继将接收到的来自 BBU 的信号在 RF 频段转发给 UE。C-RAN 由于信号集中处理的特点，可以很容易地将计算资源分配给 BBU 以避免计算资源不足，从而在很大程度上防止无线通信中的错误或丢包。

Li 等[8]提出了基于通用目的处理器（General Purpose Processor，GPP）的 BBU 池的体系结构，并研究了 BBU 中的计算资源与服务 UE 的数量之间的关系。此外，有研究表明，为了满足传输的 QoS，必须满足最小的 CPU 计算能力[9]。受上述文献的启发，本节进一步研究 BBU 中的计算资源如何影响无线通信的性能（即传输数据速率）。

将 f^B 定义为 UE 提供服务所需的计算能力。在一定的 QoS 下，f^B 可以表示为

$\dfrac{R}{10}\left(3A + A^2 + \dfrac{MCA}{3}\right)$，其中，$R$ 是分配给 UE 的物理资源块数，A 是使用的天线数，

M 是调制比特数，C 是编码率[10, 11]。此外，如果假设 10%的开销用于参考信号、同步信号、物理下行控制信道（Physical Downlink Control Channel，PDCCH）等，则在 κ^B 设置为 1.68×10^5 的正交频分多址（Orthogonal Frequency Division Multiple Access，OFDMA）系统中，可以将数据速率 r 表示为 $\kappa^B RMC$。另外，假设分配给 UE 的带宽为 B，那么物理资源块的数量 R 可以表示为 B / κ^A，κ^A 设置为 2×10^5。因此，分配给 UE 的数据速率和计算能力之间的关系可以表示为

$$r = 3\kappa^B\left(10\frac{f^B}{A} - 3\frac{B}{\kappa^A} - A\frac{B}{\kappa^A}\right) \tag{3-2}$$

图 3-4 展示了无线通信数据速率与 C-RAN 的计算能力之间的关系。在图 3-4（a）中设置 $B =10\text{MHz}$，在图 3-4（b）中设置 $A=2$。在图 3-4（a）中，可以看到，随着计算能力增加，数据速率也如预期那样增加。同样，在相同的数据速率下，随着天线数量的增加，计算能力也增加。这是因为天线增多后，需要处理的数据也增多，因此需要更强的计算能力。在图 3-4（b）中，类似地，可以看到，更强的计算能力导致更高的数据速率。同样，在相同的天线数量和数据速率下，随着带宽增加，需要更强的计算能力。这是因为更大的带宽意味着使用更多的物理资源块，而更多的物理资源块需要更强的计算能力来处理。

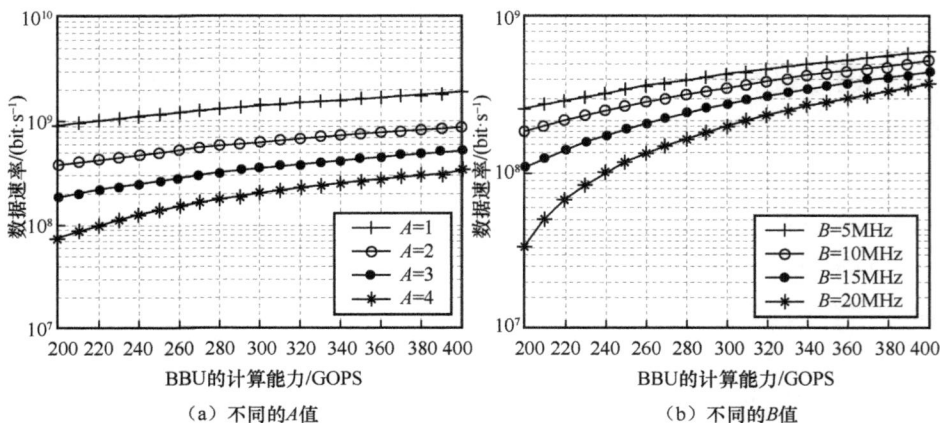

（a）不同的 A 值　　（b）不同的 B 值

图 3-4　无线通信数据速率与 C-RAN 的计算能力之间的关系

总体来说，BBU 中分配的计算能力对无线通信性能会产生影响，因此，不仅要考虑无线资源（带宽等）的影响，还要考虑无线系统中计算资源的影响。换句话说，无线系统中的计算资源可被视为虚拟无线网络资源，在未来的无线系统设计中不应被忽视。

3.1.4　移动云计算中的计算分集

第三种形式的计算资源是从 MCC 观察到的。MCC 的想法来自将云计算集成到移动环境中，这使得具有密集计算需求但计算资源和电池有限的 UE 能够将其任务卸载到云中强大的平台上。在 MCC 中，移动云负责任务执行，无线网络负责从 UE 接收和传输数据。MCC 与普通云计算的区别在于 MCC 在满足用户 QoS 要求的同时还要考虑无线信道情况。换句话说，网络中的无线资源和云端的计算资源都会影响 UE 的体验。例如，如果 UE 的某些任务需要在一定时间内完成以满足 UE 的体验，则 MCC 分配较少通信资源的 UE 可能需要更多的计算资源来更快进行任务的计算以满足整体时间约束（任务执行时间加上数据传输时间）。

实际上，几种云卸载平台已被提出，如 Cloudlet[12]和 ThinkAir[13]。有文献研究了在不同情况下，将任务卸载到云端是否可以节省用户的能源[3]。然而，上述工作并没有真正考虑计算资源如何影响通信和用户体验。在 MCC 中，UE 只需要在一定的时间间隔内接收到任务结果即可。因此，为了移动运营商的利益（如最大限度地减少能源消耗和降低成本），系统有责任决定将多少计算资源分配给云中的任务执行以及将多少通信资源分配给无线网络中的数据传输。

为了更好地说明 MCC 中通信资源和计算资源之间的关系，本节通过在图 3-3 的虚线左侧添加移动云，提出 MCC 与 C-RAN 的集成[14-15]。在这种结构中，假设每个 UE 在云中都有一个特定的移动复制。移动复制可以由基于云的虚拟机实现，它拥有与相应 UE 相同的软件堆栈，如操作系统、中间件和应用程序。如果 UE 想要执行计算密集型任务，它将向移动复制发送相应的数据，移动复制代表移动用户执行这些任务。任务执行后，移动复制将计算结果通过 C-RAN 传回给移动用户。

与文献[3]类似，假设 UE 具有需要使用参数 (F, D) 完成的计算密集型任务，其中 F 描述了执行需要的 CPU 周期总数，而 D 表示用户通过 C-RAN 与云端进行交互的数据量，包括任务的输入输出数据、计算结果等。此外，移动复制的计算能力

定义为 f^C。可以得到完成这项任务所花费的总时间为 $\dfrac{F}{f^C}+\dfrac{D}{r}$，其中第一项是任务执行时间，第二项表示数据传输时间。假设任务的 QoS 要求为 τ，可以得到移动复制中的计算资源与通信中的计算资源之间的关系。

$$f^C = \frac{3F\kappa^B\left(A^2B+3AB-10f^B\kappa^A\right)}{3\kappa^B\tau\left(A^2B+3AB-10f^B\kappa^A\right)+A\cdot D\kappa^A} \tag{3-3}$$

这里应用了式（3-2）。

图 3-5（a）展示了在 $D=1$Mbit 和 $F=10$GOPS（假设一个操作为一个 CPU 周期）下，在不同 QoS 要求（即 τ）下移动复制的计算能力与无线传输速率之间的关系。可以看出，随着时间约束（τ）的减少，移动复制所需的计算资源增加了。这是因为，在相同的传输速率下，较短的时间约束意味着需要更快地执行任务，因此移动复制中需要更多的计算资源。此外，随着传输速率的增加，移动复制的计算能力降低。这是因为，在总体 QoS 要求下，更高的传输速率意味着分配更多的通信资源，因此移动复制中需要的计算资源更少。

图 3-5（b）显示了 $D=1$Mbit 和 $F=10$GOPS 时移动复制的计算能力与 BBU 的计算能力之间的关系。其中天线数 $A=2$，带宽 $B=10$MHz。可以看出，随着 BBU 中计算资源增加，移动复制中的计算资源减少。类似地，在相同的 QoS 约束下，移动复制中的更多计算资源导致 BBU 中的计算资源需求更低。这是因为，如果 MCC 在执行任务中为移动复制分配更多的计算资源，那么它将为 BBU 分配更少的计算资源。

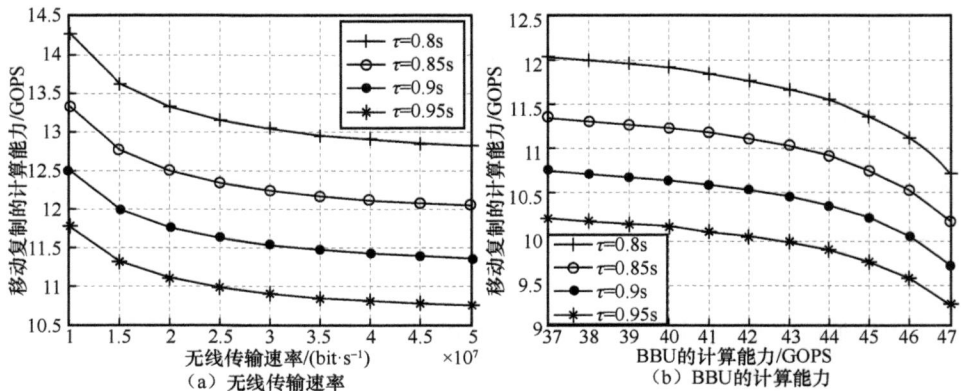

图 3-5 移动复制的计算能力与无线传输速率和 BBU 的计算能力之间的关系

本节展示了计算资源对 MCC 的影响，更具体地说，本节研究了在给定 QoS 要求下服务计算资源（在移动复制中）和通信计算资源（在 BBU 中）之间的关系。从这个意义上说，移动复制中的计算资源可以被视为 MCC 中的虚拟通信资源，因为它也通过与通信资源对网络和用户的影响类似的方式影响网络性能和用户体验。

3.1.5 考虑计算分集的未来可能的网络设计

未来，网络可能有不同的要求和特性，以及不同应用的不同 QoS 需求。虚拟化技术的发展，使得通过放大或缩小虚拟机的大小，可以更容易、更多样化、更灵活地分配计算资源。因此，如何有效、高效地将计算资源应用到通信网络中成为研究热点。在未来的网络设计中，本节设想了 3 个可能的方向（网络服务方向、网络功能方向和用户体验方向），具体如下。

- 在网络服务方向，SDN 可用于将网络服务与底层物理基础设施解耦。此功能使应用程序或网络管理员能够通过 SDN 控制器对网络进行抽象/虚拟化，从而方便地管理网络服务。通过预测网络流量和应用程序的指令到达率，运营商能够将计算资源适当地分配给网络。此外，SDN 控制器可能会在虚拟机中实现以增加其灵活性。

- 在网络功能方向，通过使用网络功能虚拟化（Network Functions Virtualization，NFV）技术，可以根据网络和用户的不同需求配置和定制 C-RAN BBU 以实现不同的功能；通过在基于云的虚拟机中实现 BBU，可以灵活方便地分配计算资源以应对网络变化。因此，应该通过分析计算资源与不同网络功能之间的关系，设计一种合适的分配算法，以有效地将计算资源分配给网络。

- 网络设计的最终目的是为用户服务，让用户满意。因此，从用户体验的角度来看，未来的网络架构中有可能引入 MCC。在 MCC 中，移动复制可被看作用户的虚拟化。通过分析任务的 QoS 要求与计算及通信之间的关系，可以在未来的网络设计中开发和应用联合资源分配方法。

从关于 SDN、C-RAN 和 MCC 的讨论中可以看出，计算在最近新兴的网络范式中扮演着非常重要的角色。通过研究不同网络中计算资源的不同形式和不同功能（即计算分集），可以更好地设计未来的网络架构并为网络分配适量的计算资源。在这种情况下，不仅可以保证网络正常运作，让用户有更好的体验，而且可以在很大程度上节省网络运营商的资源和成本。

/3.2 通算一体的多维资源配置优化算法/

通算一体网络需要感知业务需求、网络状况、算力资源状态等，进而利用感知的信息实现算力业务与计算资源、通信资源之间的优化匹配，从而对算网资源进行弹性的调度和管控。显然，感知、通信、计算之间存在深度的耦合性，网络资源之间相互约束、相互抑制、相互关联。

在 6G 时代通算一体使能的场景下，传统追求"算得快"和"传得快"分别由计算机领域和通信领域的专家研究的情况将会发生转变。通算一体促使多维资源配置联合优化成为可能，学术界和产业界就此做了大量研究。本章将会介绍通算一体的多维资源配置优化算法及其实现案例。

3.2.1 多维资源配置优化问题的描述

介绍通算一体的多维资源配置优化算法及其实现案例首先需要明确要研究的问题，而针对优化问题的一般化结构，本节将从优化目标、优化变量、约束条件和优化问题的数学表达 4 个方面来描述多维资源配置优化问题。

1. 优化目标

根据要优化问题的目标，可以将问题分为单目标优化问题和多目标优化问题。

（1）单目标优化

最小化时延：近年来，由于智能用户终端数量的急剧增加和各种新业务的不断涌现，移动蜂窝网络的业务流量呈指数级别增长。数据量的增加使得网络链路面临高负载以及拥塞导致的高传输时延。同时，各种计算密集型任务的出现对算力的需求不断增强，导致计算资源有限的资源节点面临着高负载以及高任务处理时延。然而，用户对服务质量的要求不断提升，意味着在传输压力和计算处理压力不断增大的背景下要优化任务的端到端时延。而最开始的本地执行由于本地受限的计算资源，处理时延较长，无法满足用户的需求；后面发展而来的云计算可以提供足量的计算资源，但是其长距离的回传链路引入了较大的传输时延。通算使能下，终端-边缘计算节点-云的协作处理可以最大限度地降低端到端的服务时延。因此，以通算一体为特点的算力网络应运而生，并且已经有大量研究正在开展，目的是通过优化多维资源的配置来优化用户任务的端到端时延。

最大化资源利用率：随着云计算时代的到来，资源规模化的运营成为必然的选择。Gartner 发布了 2024 年第一季度全球服务器市场报告，数据显示，2024 年第一季度全球服务器市场销售额保持增长，销售额为 407.5 亿美元，同比增长 59.9%；出货量为 282.0 万台，同比增长 5.9%。然而，虽然服务器数量在不断增长，资源利用率却始终处于较低状态。麦肯锡公司的一份研究报告显示，目前全球数据中心服务器的平均日利用率最高仅为 6%，这意味着存在大量的资源浪费。在国家层面，提升资源利用率意味着践行可持续发展的理念，节约物理资源和电力资源；在公司运营层面，提升资源利用率意味着提升运营效率、降低运营成本，目前国内各大云服务提供商和互联网公司投入了大量的人力物力去做提升数据中心资源利用率的工作。提升资源利用率，能降本增效，考虑到集群运营的人工成本等，随着资源规模的持续扩大，这个收益将会持续增长。

最小化能耗：在人们眼中，电力消耗似乎主要来源于生活用电和钢铁等传统产业，而实际上信息与通信技术（Information and Communication Technology，ICT）行业正在成为电力消耗的主角。数据中心目前消耗了全球约 2% 的电力，到 2030 年可能上升到 8%。从国内看，全国数据中心的耗电量的增长速度已连续 8 年超过 12%。但是，在巨大耗电量的背后，实际上有着难以置信的浪费。据麦肯锡公司透露，数据中心的耗电量仅有 6%～12% 是用于网站计算的，其余均在维持服务器工作状态时被无谓消耗，随着互联网高速发展，这种耗电情况只会越来越严重。因此，在通算一体的背景下，如何进行多维资源配置的优化来最小化能耗是具有重大意义的研究内容。

负载均衡：云计算的出现虽然满足了计算密集型业务的处理需求，但是有些智能应用（如自动驾驶）同时还具有时延敏感的特点，终端到云端的传输时延在很多情况下无法满足这一类应用对于超低时延的需求。因此，多接入边缘计算被提出，其定义为可以在无线电接入网中的移动用户附近位置提供具有 IT 和云计算功能的网络架构，旨在将 IT 和云计算从核心网迁移至边缘接入网，以缩短任务的端到端时延，并确保数据的安全性与隐私性，同时适用于包括 Wi-Fi 和固定访问技术在内的各种异构网络。虽然边缘计算设备的大量部署可以缓解云计算的单点形式下带宽紧缺、网络拥塞、时延过长等问题，但是不可避免地出现了"算力孤岛"效应。由于边缘节点之间没有进行有效的协同，在一些边缘计算节点出现高负载无法有效处理计算任务时，网络负载的不均衡导致一些计算节点仍然处于空闲的状态。

通算一体下，各个计算节点之间可以相互协调，实现算力资源的按需调度和高效共享。

（2）多目标优化

在多维资源配置的过程中涉及多方参与者，包括资源使用方、资源提供方和资源管理方。同时，资源使用方所需要的服务也不尽相同，这些服务总体上可以分为计算轻量时延敏感型、计算轻量时延非敏感型、计算密集型时延敏感型、计算密集型时延非敏感型这 4 种类型。各种服务追求的目标各不相同，同时资源提供方所追求的目标也有别于资源使用方。因此需要考虑涉及多目标约束的多维资源配置优化策略。一种方法是对各个目标的表达式去同相化和量纲化处理后进行加权求和或者相乘，其中，权重代表对各个目标的偏好程度，从而实现将不同目标融合为一个统一的表达式，然后通过设计算法来优化多维资源配置，从而最大化或者最小化这个新的目标函数的值。

2. 优化变量

在通算一体的多维资源配置中，优化变量主要涉及通信资源和算力资源的联合优化配置，接下来对可以优化分配的资源进行描述。

（1）通信资源

时频资源：时频资源是长期演进（Long Term Evolution，LTE）技术非常重要的资源类型，分为时域（时间）和频域（频率），构成一个二维资源模型。对 LTE 而言，最小的无线资源单位是资源单元（Resource Element，RE）。出于方便管理的考虑，LTE 引入了比 RE 大一级的单位——资源块（Resource Block，RB），指的是频域上连续 12 个子载波、时延上一个时隙的物理资源。RB 是 LTE 管理和调度的基本资源单位，上下行业务信道都以 RB 为单位进行调度。

带宽资源：从香农定理可以知道，带宽越宽，信道的容量越大，实际体验到的数据传输速率也就越快。但是带宽资源往往是有限的，同时 6G 通算一体网络中海量智能节点的动态部署导致无线环境复杂多变，信号之间的干扰无法避免，因此需要对带宽和信道资源的分配进行优化，提高数据传输速率以及降低干扰的影响。

码资源：码资源是码分多址系统中重要的资源。随着码分多址系统的发展和高速率数据业务的引入，对有限的码资源的需求日益增加，合理地管理和分配码资源成为必然。

功率资源：功率资源的分配可以分为上/下行，下行功率分配的目标是在满足用户接收质量的前提下尽量降低下行信道的发射功率，以降低小区间的干扰；而上行功率控制可以使得小区中的用户设备在保证上行发射数据质量的基础上尽可能地降低对其他用户的干扰，同时延长终端电池的使用时间。

（2）算力资源

计算资源：许多硬件芯片可提供计算资源，如 CPU、GPU、张量处理单元（Tensor Processing Unit，TPU）、神经处理单元（Neural Processing Unit，NPU）、现场可编程门阵列（Field Programmable Gate Array，FPGA）等。以云计算中 CPU 的资源细粒度分配为例，其主要分为 3 个层次：虚拟机、虚拟会话、虚拟应用。虚拟机即一台完整的虚拟机，对其 CPU 的分配即为一个虚拟机的运行分配额定的 CPU 限额。一台虚拟机可以包括多个虚拟会话，同一时间可以有多个用户登录使用虚拟机。对于虚拟会话的分配，即限定某一个会话所占用的 CPU 资源，一个会话的 CPU 利用率是该会话生成的所有进程的 CPU 利用率之和，最终归结到各进程的 CPU 占用率。虚拟应用则是对虚拟机内进程的 CPU 占用率进行分配，限定某一特定进程的 CPU 占用率。

存储资源：存储资源分为主存、二级存储、三级存储。主存直接与 CPU 进行连接，其中 CPU 不断地读取存储在此处的指令集，并在需要的时候运行这些指令集。寄存器被设置在处理器中，通常还会有各级缓存，以提高访问数据的速度。二级存储不与 CPU 直接进行连接，通常使用 I/O 通道连接，一般以硬盘为代表。三级存储指的是插入计算机的各种存储设备。在进行存储资源的分配时，同样需要考虑这 3 个层次的存储资源的分配，以缓存资源分配为例，主要考虑缓存内容、缓存策略的优化。

3. 约束条件

（1）不等式约束

资源约束：在资源分配过程中首先要保证的就是分配出去的资源量小于各类资源的总量。

时延约束：时延敏感型任务具有时延的要求，超过时延约束代表该任务失败。

能耗约束：由于一些终端的能量有限，因此要求其能耗总和小于这类终端的剩余能量。

卸载数据量约束：在部分卸载问题中，用户可以对自己任务数据的一部分进行卸载处理，而剩余的部分则在本地处理，此时要求卸载的数据量在[0,D]区间，其中 D 为该任务总的数据量。

传输功率约束：由于终端设备的最大传输功率有限，因此要求终端在进行卸载的时候传输功率大于 0 且小于最大传输功率。

个人理性约束：在通算一体的算力交易系统下，所有用户使用资源提供方提供的资源的前提要求是其获得的利益大于 0。

（2）等式约束

卸载模式约束：在二进制卸载中，要求用户的任务或者在本地执行，或者在计算节点上执行，此时的等式约束就是要求用户的任务必须在某个位置上执行。

任务数据量约束：在部分卸载中，要求卸载出去的数据量和在本地执行的任务数据量之和等于用户任务的总数据量。

4. 优化问题的数学表达

优化问题一般由 3 个要素构成。

① 决策变量：$X = (x_1, x_2, \cdots, x_n) \in R^n$，表示在最优化问题中要求解的变量。

② 目标函数：$f : R^n \rightarrow R$，表示需要最大化或者最小化的表达式。

③ 约束条件：$c_i : R^n \rightarrow R$，表示物品需要满足的等式条件或者不等式条件。

将上述 3 个要素写在一起构成最优化问题的一般形式，如下。

$$\begin{aligned} &\min_X f(X) \\ &\text{s.t. } C1 : c_i(X) \leqslant 0, i = 1, 2, \cdots, m \\ &\quad\quad C2 : c_i(X) = 0, i = m+1, m+2, \cdots, m+l \end{aligned} \quad (3\text{-}4)$$

按照前面关于优化目标、优化变量和约束条件的介绍，可以将通算一体的多维资源配置优化问题表达为 $\min / \max_{X=[A,B,C,D\cdots]} f(X)$，其中 X 为多维资源变量的矩阵形式，每一行代表一种类型资源的分配，每一列代表资源分配的情况。$f(X)$ 表示目标函数，如果是最小化时延问题，该目标函数的值可以为任务处理的平均时延；如果是最大化资源利用率问题，该目标函数的值可以代表资源的利用率，目标函数需要自行建模。

举一个例子，一个通算一体系统中有 M 个用户、N 个计算节点，用户和计算节点之间通过无线链路进行数据传输，其中每个用户可以卸载一部分数据到其中某一个计算节点上，而每个计算节点可以为卸载到它上面的各个任务分配一定的计算资源以及带宽资源，那么我们的目标就是通过优化每个用户任务的卸载数据量、卸载目标的选择以及每个计算节点为每个用户分配的计算资源和带宽资源来实现所有用户的任务处理的平均时延最小化。这个问题可以用数学表达式表示为

$$\min_{X,B,F,\Phi} \sum_{k \in K} t_K$$

$$\text{s.t. C1:} \quad \sum_{k \in K_m} f_{m,k} \leqslant F_m, \forall m \in M$$

$$\text{C2:} \quad \sum_{k \in K_m} b_{m,k} \leqslant B_m, \forall m \in M$$

$$\text{C3:} \quad 0 \leqslant \phi_{k,m} \leqslant D_k, \forall k \in K, \forall m \in M \qquad (3\text{-}5)$$

$$\text{C4:} \quad \sum_{m \in M} x_{k,m} = 1, \forall k \in K$$

$$\text{C5:} \quad x_{k,m} \in \{0,1\}, \forall k \in K, \forall m \in M$$

其中，X 为优化卸载决策，k 表示用户任务的索引，m 代表计算节点的索引。$x_{k,m}$ 为用户任务卸载决策的指示变量，其中 $x_{k,m}$=1 意味着用户任务 k 会卸载一部分到计算节点 m 上，$x_{k,m}$=0 意味着用户任务 k 不会卸载到计算节点 m 上。B 为计算节点的带宽分配方案，$b_{m,k}$ 为计算节点 m 为用户任务 k 分配的带宽资源。F 为计算节点的计算资源分配方案，$f_{m,k}$ 代表计算节点 m 为用户任务 k 分配的计算资源。Φ 为用户卸载数据量的方案，$\phi_{m,k}$ 代表用户任务 k 卸载到计算节点 m 上的数据量。目标函数代表通过优化用户任务卸载选择的计算节点、卸载的数据量、计算节点计算资源和带宽资源的分配方案来最小化所有任务处理时延总和，接下来介绍约束条件。

K_m 代表根据终端用户设备做出的决策，准备将部分任务卸载到边缘计算服务器 m 上的用户集合。约束 C1 表示每个计算节点给所有其服务的终端设备所分配的资源不应该超过其总的计算资源 F_m，约束 C2 表示每个计算节点给其关联的所有用户分配的带宽资源不能超过基站所拥有的总带宽资源，约束 C3 表示每个终端卸载的数据量不应该超过其产生的任务的总数据量并且不能是负数，约束 C4 表示每个终端只能选择一个计算节点进行部分任务卸载，约束 C5 则表示对任务卸载的决策的约束。

3.2.2 面向良好执行效率的启发式算法

启发式算法（Heuristic Algorithm）是相对于最优化算法提出的，由于传统的优化算法在求解复杂的大规模优化问题时无法快速有效地寻找到一个合理可靠的解，学者期望探索一种算法，这种算法可以不依赖问题的数学表达式的数学性质，如连续可微、非凸等特性；同时对初始值要求不严格、不敏感，并能够高效处理高维数多模态的复杂优化问题，在合理时间内寻找到全局最优值或靠近全局最优的值。于是启发式算法应运而生，启发式算法是借助自然现象的一些特点以及大自然的运行规律或人们面向具体问题的经验，抽象出数学规则来求解优化问题的一类方法。

启发式算法是与问题求解及搜索相关的，也就是说，启发式算法是为了提高搜索效率才提出的。这种算法的特点是在解决问题时，利用过去的经验，选择已经行之有效的方法，不是系统地、以确定的步骤去寻求答案，而是以随机或近似随机的方法搜索非线性复杂空间中的全局最优解。启发式算法的优势在于其在有限的搜索空间内大大减少了尝试的次数，能迅速地获得问题的最优解或者近似最优解。

大部分启发式算法是仿生演变而来的，因此可以按照基于所仿生的生物类型来分类，如仿动物类的算法（粒子群优化算法、蚁群优化算法、鱼群算法、蜂群算法等）、仿植物类的算法（向光性算法、杂草优化算法等）、仿人类的算法（遗传算法、和声搜索算法等）。还有其他一些理论成熟并被广泛使用的算法，如模拟退火算法、禁忌搜索算法等。这里简要介绍一种具有代表性的算法——遗传算法。

遗传算法是一类借鉴生物界的进化规律（适者生存、优胜劣汰的遗传机制）演化而来的随机化搜索算法[16]。为了更好地理解遗传算法，我们需要谈谈生物进化的过程。在地球上，从单细胞生物到鱼不知进化了多少代。后来，出现了第一批上岸的"鱼"，由于种种原因，它们和其他的鱼有了区别，如拥有能够呼吸的鳃（能在陆地上生存）、有格外强壮的鳍（可以在陆地上活动）等。后来，这些上岸的"鱼"中，慢慢地进化出了陆地生活格外倚重的器官，比如空气摄入能力更强的肺、视力更好的眼睛等，而那些不适应在陆地生活的"鱼"渐渐被淘汰。

根据进化论的观点，"物竞天择，适者生存"，生物子集会一代代地发生变化，这种变化本来就是没有方向的，生物自己也控制不了，这种变化是由父母的基因进行充足交换和基因突变导致的。在整个种群的不同个体中，有无数次基因重组的机会，也有一定基因突变的机会，这会导致若干代以后，同一个种群中不同个体的样态差别可能很大。不论是基因突变还是基因重组产生的新特性，都属于不确定的变化。而在客观世界中，很多条件会对种群进行"裁剪"，没有对错，只有适应或者不适应。这种"进化"甚至谈不上是"进化"，而是被动地演化，然后"被选择"。

遗传算法的流程关键在于如下 4 步。

（1）基因编码

在基因编码过程中，我们尝试描述一些个体的基因，进而构造这些基因的结构。这有点像确定函数自变量的过程。

（2）初始群体设计

在初始群体设计这个环节中，我们需要在我们创造出来的小世界里"当家作主"，创造出一个种群，目的是给后续种群的进化提供一个初始状态，这个种群中有很多生物个体，它们的基因都不相同。

（3）适应度计算

适应度计算相当于将自变量的值代入适应度函数中，这个自变量就是基因。同时，在计算适应度的环节中，我们需要根据一定的规则对种群进行"剪枝"，对种群中那些不太适应环境的个体（即适应度较低的个体）进行"裁剪"，不让它们产生后代。

（4）产生下一代

在产生下一代的过程中，会存在交配选择、基因重组和基因突变 3 种作用。这三者的作用使得下一代的基因发生一定变化，随着一代一代地繁衍和优胜劣汰，种群中每个个体的基因都会朝着使得种群整体适应度越来越高的方向演进。

为了更清楚地描述遗传算法的流程，我们绘制了遗传算法流程，如图 3-6 所示。

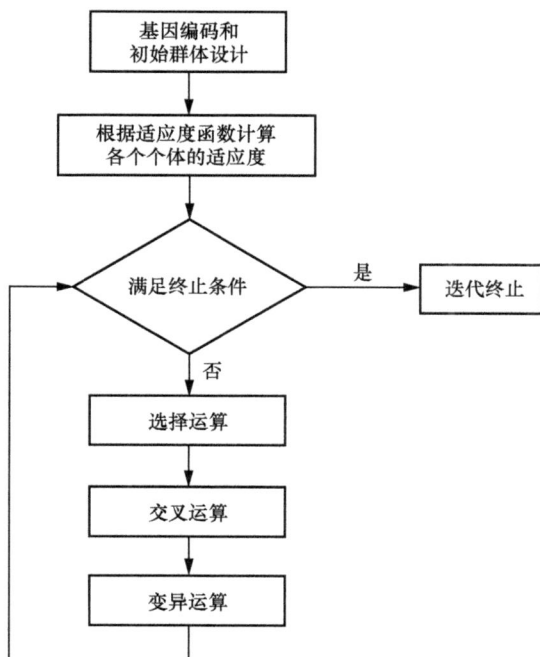

图 3-6　遗传算法流程

下面以遗传算法为例，介绍其在通算一体多维资源配置优化中的应用实例。

首先，我们来描述一下系统，这个系统分为 3 层，最下面一层主要是各种终端；中间一层主要是各种边缘接入点和基站等，用于和终端直接通信并将数据传输到与其关联的 MEC 服务器上；最上面一层主要是 MEC 服务器，用来处理卸载过来的各种任务，并将结果返回。场景如图 3-7 所示。

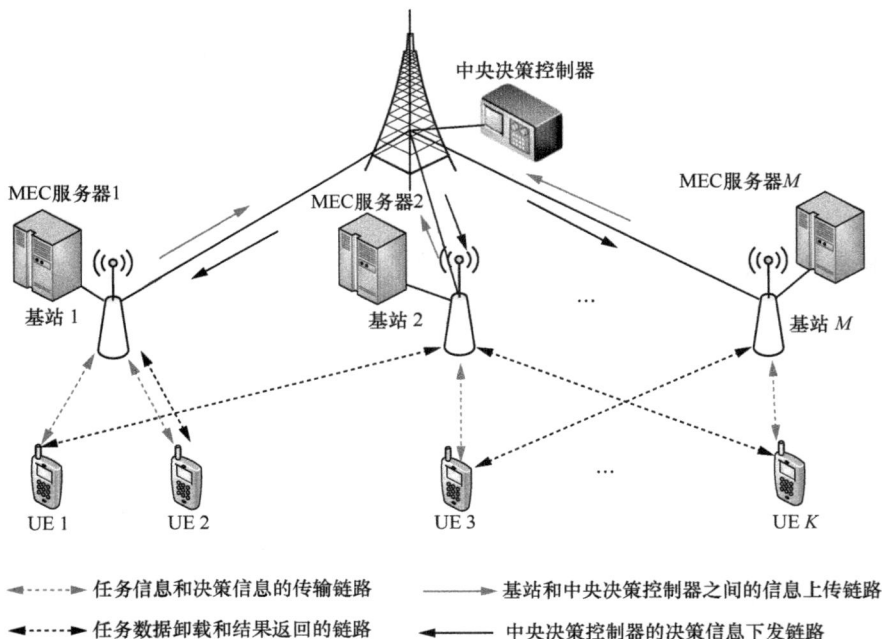

图 3-7　场景

在一个卸载周期中，具体的工作流程如下。在一个卸载周期开始时，所有设备先将自己的任务信息发送给距离自己最近的基站，由于任务的摘要信息足够小，时延可以忽略不计。基站接收到设备发送过来的任务请求信息后，将这些信息发送给中央决策控制器，中央决策控制器根据请求中的任务信息并结合当前系统的状态，以最小化系统任务处理总时延为目标做出决策，包括每个用户应该选择卸载的目标MEC 服务器、每个基站应该为与其连接的用户分配的带宽资源以及每台 MEC 服务器应该为卸载到它上面的各个任务分配的计算资源。然后，中央决策控制器将制定好的决策以 MEC 服务器为单位，将每台 MEC 服务器应该服务的终端信息、分配的计算资源情况和与其关联的基站应该为其服务的终端分配的带宽资源情况下发给对应的 MEC 服务器–基站；基站会以终端为单位，将最优卸载决策（包括是否卸载，以及卸载到哪台 MEC 服务器上）下发给对应的终端。最后，终端、基站、MEC 服务器将根据中央决策控制器下发的指令执行。

为了解决这个问题，我们首先要对问题进行数学建模，假设整个系统中存在 M 个基站-MEC 服务器和 K 个用户，其中每个基站和 MEC 服务器之间通过短距离光纤相互连接，时延可以忽略不计，可以用集合 $\mathcal{M} = \{1,2,\cdots,M\}$ 表示基站-MEC 服务器集合，用集合 $\mathcal{K} = \{1,2,\cdots,K\}$ 表示用户集合。f_k 和 F_m 分别表示用户 k 和 MEC 服务器 m 的任务处理能力，用单位时间内可以运行的 CPU 周期数来衡量；B_m 表示基站 m 的带宽资源。用户 k 的任务可以用一个二元组来表示，如 $Q_k = (D_k, C_k)$，其中 D_k 表示该任务需要处理的数据量，C_k 表示处理该任务 1bit 数据需要的平均 CPU 周期数。同时，由于用户的任务不可以分割，所以每个用户只能选择在本地执行或者选择一个基站-MEC 服务器将自身的任务数据卸载上去进行处理。中央决策控制器为每个用户所制定的卸载决策可以表示为一个二维矩阵 $\boldsymbol{X}$，其形状为 K 行 M 列，$x_{k,m}$ 为卸载决策矩阵的第 k 行第 m 列的元素，它是一个指示变量，当该变量等于 1 时说明做出的决策是要求用户 k 将其任务卸载到 MEC 服务器 m 上，等于 0 时则表示在本地执行（不卸载）。当中央决策控制器决策用户 k 的任务在本地执行时，任务的处理时延可以表征为 $t_k^{\mathrm{loc}} = \dfrac{C_k D_k}{f_k}$。而当中央决策控制器决策用户 k 的任务卸载到基站-MEC 服务器 m 上执行，MEC 服务器 m 要为任务 Q_k 分配的计算资源为 $f_{k,m}$，基站 m 要为任务 Q_k 分配的带宽资源为 $b_{k,m}$ 时，任务的处理时延可以表征为 $t_{k,m} = \dfrac{D_k}{b_{k,m} R_{k,m}} + \dfrac{D_k C_k}{f_{k,m}}$，其中 $R_{k,m}$ 为基站 m 测量的近期和用户 k 之间单位带宽的数据传输速率。根据式（3-4），多维资源配置优化问题可以表述为

$$\min_{X,B,F,\Phi} \sum_{k \in \mathcal{K}} t_K$$

$$\text{s.t.} \quad \text{C1:} \quad \sum_{k \in \mathcal{K}_m} f_{m,k} \leqslant F_m, \forall m \in \mathcal{M}$$

$$\text{C2:} \quad \sum_{k \in \mathcal{K}_m} b_{m,k} \leqslant B_m, \forall m \in \mathcal{M}$$

$$\text{C3:} \quad \sum_{m \in \mathcal{M}} x_{k,m} = 1, \forall k \in \mathcal{K}$$

$$\text{C4:} \quad x_{k,m} \in \{0,1\}, \forall k \in \mathcal{K}, \forall m \in \mathcal{M} \tag{3-6}$$

其中，$t_k = \left(1 - \sum_{m=1}^{m=M} x_{k,m}\right) t_k^{\mathrm{loc}} + \sum_{m=1}^{m=M} x_{k,m} t_{k,m}$，$t_{k,m}$ 表示用户 k 的任务处理时延，约束 C1 表示 MEC 服务器 m 分配的计算资源总量不能超过其拥有的计算资源，约束 C2 表示基站 m 分配的带宽资源总量不能超过其拥有的带宽资源，约束 C3 表示用

户 k 的任务或者卸载或者在本地执行，约束 C4 表示用户 k 的任务或者卸载到 MEC 服务器 m 上或者不卸载到它上面处理。

可以将这个问题分解为两个子问题分别求解，子问题 1 为资源分配子问题，子问题 2 为卸载决策子问题[17]。资源分配子问题即在卸载决策确定的情况下，即每个用户的任务应该在本地执行还是卸载到哪台 MEC 服务器上执行已经确定下来时，每台 MEC 服务器应该给每个任务分配多少计算资源以及每个基站应该给每个用户分配多少带宽资源。通过凸优化方法可以求解这个子问题，由于本节主要介绍启发式算法的应用，使用凸优化方法解决子问题的过程不再详细阐述。求解得到的资源分配方案为卸载决策的函数，即 $f_{m,k}^* = f_1(X)$；$b_{m,k}^* = f_2(X)$。

接下来主要介绍启发式算法在卸载决策子问题中的应用，由于在卸载决策确定后，就可以得到对应的资源分配最优解，然后根据 C1、C2、C3 就可以计算出在当前卸载决策下的用户任务处理总时延。因此，卸载决策子问题就是选择一个尽可能最优的卸载决策来保证在此决策下得到的对应的用户任务处理总时延是所有可能的任务处理总时延中最短的。

一种笨办法就是遍历所有可能的卸载决策，计算出每种卸载决策下得到的最短的任务处理总时延，然而如果共有 K 个用户任务、M 个基站-MEC 服务器，每个用户任务就会有 $M+1$ 种卸载决策的选择，因此整个系统的卸载决策就有 $(M+1)^K$ 种，在用户任务以及基站-MEC 服务器数量庞大的情况下，这种方法往往不可行。所以本节采用启发式算法中一种有代表性的算法——遗传算法来求解这个问题。

首先，整个系统的卸载决策可以作为基因；而适应度则可以用用户任务处理总时延的倒数表示，显然，用户任务处理总时延越低，意味着该基因下个体的适应度越高，越容易存活并遗传给下一代。因此，可以将基因编码为一个向量 $X = [x_1, x_2, \cdots, x_K]$，其中每个基因节点 $x_k \in \{0,1,2,\cdots,M\}$ 表示用户 k 的卸载决策，$x_k = 0$ 表示用户 k 的任务要在本地执行；$x_k = m, m \in \{1,2,\cdots,M\}$ 表示用户 k 的任务要卸载到基站-MEC 服务器 m 上进行处理。遗传算法有许多变种以及实现细节，本节给出一种比较有代表性的实现方法仅供参考，如代码清单 3-1 所示。

代码清单 3-1　遗传算法求解最优卸载策略

初始化种群数目 N、每个个体的染色体 chrom、突变概率 mut、交叉概率 acr、最大迭代次数 iter

根据染色体计算每个个体对应的适应度

寻找当前种群最优的染色体

将当前种群中最优的染色体存入变量 chrom_best 中

将当前种群中最优的染色体对应的适应度存入变量 fitness_best 中

for $i = 2 : \text{iter}$ do

　　　对种群中所有个体的染色体按照突变概率 mut 进行变异处理

　　　对种群中所有个体的染色体按照交叉概率 acr 进行交叉处理

　　　根据最新的种群中的染色体计算每个个体对应的适应度

　　　寻找当前种群最优的染色体并保存到变量 chrom_best_temp 中

　　　将当前种群最优的染色体对应的适应度保存到变量 fitness_best_temp 中

　　　if fitness_best_temp > fitness_best do

　　　　　　chrom_best = chrom_best_temp

　　　end if

　　　将种群中的个体按照适应度从大到小排序

　　　将种群中最后 10% 的个体替换成当前最优的染色体对应的个体

end for

return chrom_best, fitness_best

3.2.3　基于算力网络图的图论算法

大多数现有工作使用启发式算法来获得卸载策略[18-21]。然而，启发式算法有许多缺点，如陷入局部最优解；当状态和动作空间太大时，算法的效率很低等[22]。因此，它不适用于日益复杂的通算一体网络场景。接下来将介绍一种图论的算法，该算法将算力节点作为点，节点之间的关系作为边，将通算一体网络建模为一个图，从而使用图论的算法获得优化问题的解。

（1）算力网络图

在人类社会的生活中，用图来描述和表示某些事物与事物之间的关系既方便又直观。例如，用工艺流程图来表述某项工程中各个工序之间的先后关系，用网络图来表示某通信系统中各通信站之间的信息传递关系，用开关电路图来描述电网中各电路元器件导线的连接关系等。

图不仅是处理和表达问题的一种手段，而且在各个学科领域已经成为对模型进行分析、设计和实施等不可缺少的理论。在通算一体的多维资源管理中，可以将任务调度模型构建为一个算力网络图[23]，利用图论的算法来解决相应的问题。

在对多维资源进行管理时同样可以使用各种图的数据结构来进行直观的展示，如使用邻接矩阵。邻接矩阵是图的数学结构，除了图的代数定义和几何定义，还可以用矩阵或其他数据结构来表示图，这些数据结构除了便于图在计算机中存储和处理，还可以深入研究图的代数性质。算力网络图模型如图 3-8 所示，其中各个顶点为拥有算力资源的各个节点或者容器等计算端点，$[a_{i1}, a_{i2}, \cdots]$ 表示计算端点 i 拥有的多维资源，如 CPU 资源、随机存储器（Random Access Memory，RAM）资源、输入/输出（Input/Output，I/O）资源等，t_{ij} 表示计算端点 i 和计算端点 j 之间的通信资源，可以用传输单位数据量所需要的时延来表示，当两个计算端点之间不存在通路时，其时延用正无穷表示。

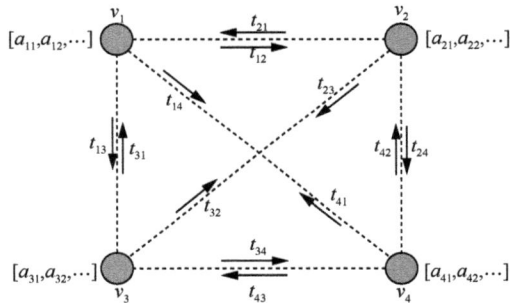

图 3-8　算力网络图模型

而在对算力网络图进行处理和应用时，可以将其存储为一个邻接矩阵。算力网络图的邻接矩阵表示如图 3-9 所示，其中，矩阵中对角线元素为一个向量，该向量为对应计算端点所占有的多维算力资源的表示；非对角线元素表示两个计算端点之间的通信资源，用单位数据量的传输时延来表示。在进行计算卸载时，可以利用算力网络图的邻接矩阵进行操作运算，得到最佳的决策。

$$
\begin{array}{cccc}
v_1 & v_2 & v_3 & v_4
\end{array}
$$
$$
\begin{bmatrix}
[a_{11}, a_{12}, \cdots] & t_{12} & t_{13} & t_{14} \\
t_{21} & [a_{21}, a_{22}, \cdots] & t_{23} & t_{24} \\
t_{31} & t_{32} & [a_{31}, a_{32}, \cdots] & t_{34} \\
t_{41} & t_{42} & t_{43} & [a_{41}, a_{42}, \cdots]
\end{bmatrix}
\begin{array}{c}
v_1 \\ v_2 \\ v_3 \\ v_4
\end{array}
$$

图 3-9　算力网络图的邻接矩阵表示

（2）匹配算法

通算一体的多维资源配置问题，往往可被转化为多个任务与多个拥有不同多维资源的计算节点的匹配问题。本节介绍一种具有多项式复杂度的稳定匹配算法——盖尔–沙普利算法（Gale-Shapley Algorithm），简称 GS 算法。

GS 算法来源于 1962 年盖尔和沙普利发表的一篇论文，该算法后来成为研究稳定匹配的典型例子。在描述这个算法之前，先了解一下基本概念。假设有集合 $M = \{m_1, m_2, \cdots, m_n\}$ 和集合 $W = \{w_1, w_2, \cdots, w_n\}$，令 $P \times Q$ 为所有可能的形如 (m_i, w_j) 的有序对的集合，其中 $m_i \in M, w_j \in W$。定义匹配 S 就是来自 $P \times Q$ 的有序匹配对的集合，并且具有如下性质：M 中的每个元素和 W 中的每个元素至多出现在 S 的一个有序对中。而完美匹配则是匹配的一种特殊情况，完美匹配 S' 是具有以下性质的匹配：M 中的每个元素和 W 中的每个元素恰好都在 S' 的有序对中出现。完美匹配 S' 和匹配 S 的区别在于，如果将 S 理解为 M 和 W 的元素配对，则 M 和 W 中可能有元素没有配对成功；而完美匹配 S' 中所有元素都配对成功，不存在落单的元素，完美匹配如图 3-10 中的虚线所示，匹配如图 3-10 中的实线所示。

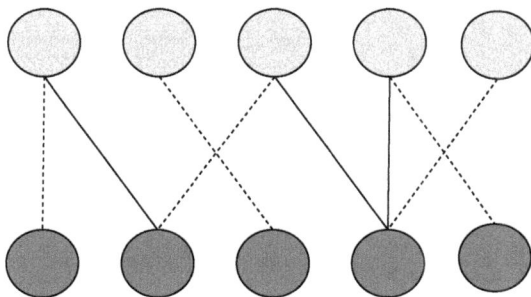

图 3-10　完美匹配与匹配

现在在完美匹配的背景下引入优先级的概念，所有元素 m 都可以对所有元素 w 进行排序，如果某个元素 m 对元素 w 的排序高于对元素 w' 的排序，则说明对于 m 来说，w 的优先级高于 w'。同时，所有 w 也会对所有 m 进行排序。稳定匹配就是在引入优先级排序的情况下，不含有任何不稳定因素。不稳定因素的含义如下：假设一个完美匹配 S' 中存在两个匹配对 (m,w) 和 (m',w')，单从 m 和 w 的优先级排序来看，对于 m 来说，w' 的优先级高于 w，而且对于 w' 来说，m 的优先级高于 m'，在这种情况下，这个完美匹配 S' 就是不稳定的。稳定匹配满足两个条件：首先它是一个完美匹配；其次，它不含有任何不稳定因素。当给定 n 个元素 m 和 n 个元素 w

时，存在多种匹配方案，如何从众多复杂关系中求得一个稳定的匹配，此时就用到了 GS 算法，它的思路如下。

首先，m 需要对 w 进行排序，同样 w 也需要给 m 排序。接着，m 将按照自己的排序一轮一轮地去匹配 w，w 也将按照自己对 m 的排序接受或者拒绝对方的匹配请求。第一轮，每个 m 都向自己排序列表上排在首位的 w 发出匹配请求，此时，某个 w 可能面对 3 种情况：没有 m 向它发出匹配请求、只有一个 m 向它发出匹配请求、不止一个 m 向它发出匹配请求。在第一种情况下，w 什么都不做；在第二种情况下，w 接受那个 m 的匹配请求，答应暂时和它配对；在第三种情况下，w 从所有发出匹配请求的 m 中选择优先级最高的那一个，答应暂时和它配对，并拒绝其他 m。第一轮结束后，有些 m 已经和 w 配对了，而有些 m 还没有配对。在第二轮中，每个未配对的 m 都会从所有没有拒绝过自己的 w 中选出优先级最高的那一个，并向它发出匹配请求，不管它是否已经配对。和第一轮一样，每个收到匹配请求的 w 都需要从中选择优先级最高的 m，并拒绝其他 m，注意，如果这个 w 已经配对，当它遇到了更好的请求者时，它将和现在配对的 m 分开并和新的请求者进行配对。这样一来，一些未匹配的 m 将会成功配对，而一些已经配对的 m 可能被放弃，重新进入未配对的行列。在以后的每一轮中，未匹配的 m 都会继续对自己的排序列表中的下一个 w 发出匹配请求；w 从包括目前配对者在内的所有请求者中选择优先级最高的那个，并拒绝其他请求者。这样一轮一轮地进行下去，直到某一时刻所有元素都成功配对，那么下一轮将不会出现新的匹配请求，每个元素的匹配对象将固定下来，整个过程自动结束，此时的匹配就一定是稳定的了。GS 算法的伪代码如代码清单 3-2 所示。

代码清单 3-2　GS 算法

初始化所有的 $m \in M, w \in W$，所有的 m 和 w 都是自由状态

while（存在 m 是自由的，并且它还没有对每个 w 都发出匹配请求）：

　　选择一个这样的 m

　　$w = m$ 的排序列表中还没有发出匹配请求的排名最高的元素；

　　if（w 是自由状态）：

　　　　将(m,w)的状态设置为配对状态

　　else:

　　　　$m' = w$ 当前配对的元素；

if(对于 w 来说，m' 的优先级高于 m):

    m 保持自由状态(w 不更换配对对象)

else:

    将(m,w)的状态设置为配对状态

  将 m' 设置为自由状态

输出已经匹配的集合 S

（3）图论算法应用实例

同样，为了描述图论算法的应用实例，需要考虑一个通算一体下的资源配置场景，如图 3-11 所示，有多个边缘计算节点，且每个节点都有一个无线接入点。在每个边缘计算节点上，可以通过虚拟化技术将多维资源虚拟化为基础设施资源池，并通过容器技术将多维资源划分为相互隔离的容器，每个容器之间相互隔离，并且根据配置拥有各种维度的部分资源。当有多个用户产生业务处理需求时，需要决策各个用户的业务应该卸载到哪个边缘计算节点的哪个容器中进行处理，为此，可以借助图论算法进行求解[23]。

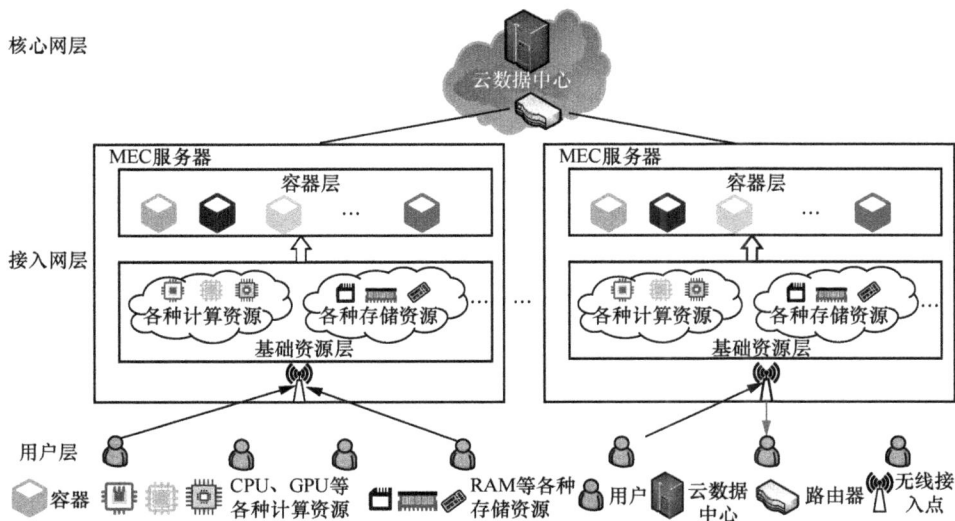

图 3-11 通算一体下的资源配置场景

假设所考虑的系统以时隙结构运行，在每个时隙中，用户设备需要处理一个时延敏感型且计算密集型的任务。此外，考虑准静态场景，即每个用户设备在卸载决策的周期中保持地理位置不变，在不同的时隙间可以发生变化。

下面用符号 M 表示用户设备集合。对于用户设备 m，其计算速度记为 f_m，用每秒的 CPU 周期数衡量，与 CPU 资源（内核数）有关；其能效系数记为 κ_m，与 CPU 的芯片结构有关；电池容量记为 $E_m^{\max}$，显然，用户设备执行计算任务的能耗不能超过其电池容量。

用符号 N 表示 MEC 服务器集合。对于 MEC 服务器 n，其计算资源记为 F_n，用每秒的 CPU 周期数表示；能效系数记为 κ_n，与 CPU 的芯片结构有关；存储资源记为 Q_n，用服务器硬盘的大小来衡量；容器的数量为 K_n，即该服务器最多可以并行处理 K_n 个任务。

用符号 $K = K_1 \cup K_2 \cup \cdots \cup K_n$ 表示所有 MEC 服务器上部署的容器集合。容器的计算资源与存储资源可以自由分配，但不能超过其所部署的 MEC 服务器的资源量。

由于用户设备在每个时隙都会产生一个任务，因此用户设备 m 产生的任务也使用符号 m 表示，任务 m 由三元组 $<W_m, D_m, T_m>$ 唯一决定。其中 W_m 为工作量，用 CPU 周期数表示；D_m 为数据大小，与工作量成正比，即 $D_m = \alpha W_m (0 < \alpha < 1)$；$T_m$ 为截止期限，如果截止期限内任务未完成，任务将失效。

首先，可以将用户设备的任务和容器之间的关系建模为加权二部图，如图 3-12 ~ 图 3-14 所示（其中深色的连线为应用图论算法后得到的匹配结果）。其中任务 i 和容器 j 之间的连线权重 $w_{i,j}$ 反映了两者之间的匹配优先级。权重的定义依据研究问题的具体目标，可以取以下几种形式。

- 任务响应时延：包括通信时延与处理时延，此时权重值越高，优先级越低。
- 能耗：例如，通过取能耗的倒数，将低能耗优先的目标量化为高权重（本节采用的方案）。
- 其他自定义的开销函数值：根据具体场景需求灵活定义。

通过这种方式，权重综合了通信资源和算力资源的效用，使得任务与容器的匹配能够同时考虑多种因素。

加权二部图一般定义为 $G = (V, E, w)$，其中 V 是顶点集，包括两个不相交的顶点子集 V_M、V_K。E 是一组无向边，每条边连接 V_M 中的顶点和 V_K 中的顶点。w 是对应边的权重集。

接下来确定加权二部图的顶点与权重，将用户设备集合、广义协同节点集合分别看作两个顶点子集，即 $V_M = M, V_K = K', K' = K \cup M$，因为用户可以选择在本地处理或者卸载到某个容器上执行任务。在顶点集合 V_K 中，记 $v = 1, 2, \cdots, K, v \in V_K$ 为

MEC 服务器上的容器，$v'=K+1, K+2, \cdots, K+M$，$v' \in V_K$ 为用户设备。用能耗的相反数来表示对应边的权重，即对于 $v_m \in V_M$，$v_k \in V_K$，$k=1,2,\cdots,K$ 的边 (v_m, v_k)，其权重为 $-E_{m,k}$，表示任务卸载到容器 k 上执行的能耗；对于 $v_m \in V_M$，$v_k \in V_K$，$k=K+m$ 的边 (v_m, v_k)，其权重为 $-E_{m,l}$，表示任务在本地执行的能耗；对于 $v_m \in V_M$，$v_k \in V_N$，$k > K, k \neq K+m$ 的边 (v_m, v_k)，其权重为 $-\infty$。

　　将优化任务处理总开销的问题转换为加权二部图匹配问题后，可以使用 GS 算法求解。然而，GS 算法默认了用于匹配的二部图中两个集合的端点数目相同，因此针对任务数量和容器数量的关系，可以分为 3 种情况来处理：①当任务数量和容器数量相同的时候，可以直接使用 GS 算法，如图 3-12 所示；②当任务数量小于容器数量的时候，可以通过补充虚拟任务的方式使得任务数量与容器数量相等，如图 3-13 所示；③当任务数量大于容器数量时，可以在左侧补充 $N(M-1)$ 个虚拟节点，再在右侧补充 $M(N-1)$ 个虚拟节点，其中 N 为左侧端点数量，M 为右侧端点数量，如图 3-14 所示，这样，每个容器能接收的最大任务数量不再受限制。

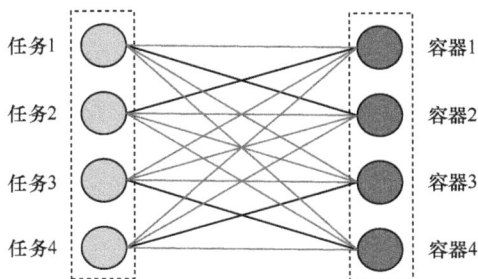

图 3-12　任务数量和容器数量相同

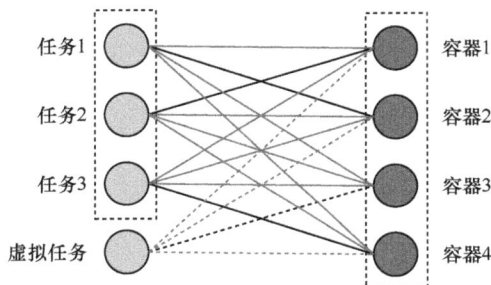

图 3-13　任务数量小于容器数量

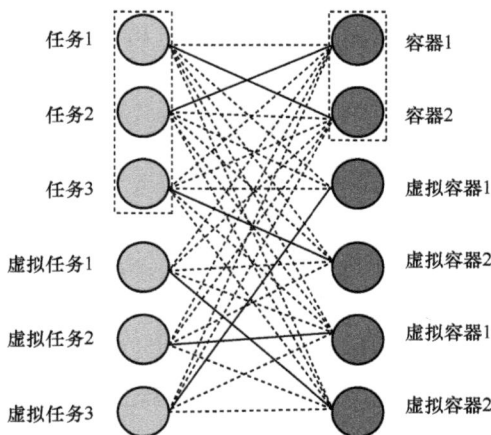

图 3-14 任务数量大于容器数量

若在本优化问题中使用 GS 算法，则决定 GS 算法性能的主要因素是主动方与被动方的偏好规则（也可称为排序函数（Ranking Function））。其中，主动方是基于自己心目中对另一方的排序，发出请求的一方；而被动方则是基于自己心目中对另一方的排序，接受或拒绝发出请求的主动方的一方。

将用户设备集合 M 设置为主动方，广义协同节点集合 K'（即二部图的 V_K 节点集合）设置为被动方，记用户设备的排序函数为 $P(k)$，协同节点的排序函数为 $Q(m)$，从而将计算卸载问题转换为匹配问题。下面确定用户设备与协同节点的排序函数。

首先，确定用户设备的排序函数。由于用户设备要选择一个使得自己处理计算任务能耗最低的协同节点，因此应根据配对后在指定协同节点的处理能耗的大小排序，能耗越小越优先，即

$$p^*(n) = \arg\max_{k \in K'}(-|E_{m,k}|) \tag{3-7}$$

接下来，确定协同节点的排序函数。注意，协同节点的排序函数不仅要考虑用户设备在该协同节点执行任务时的能耗大小，还要综合考虑拒绝当前用户设备后，被拒绝的用户设备寻找下一个（乃至下 k 个）协同节点时的能耗与当前能耗的偏差，才能保证不陷入局部最优（不短视），实现全局最优（长远考虑）。

以下面的例子进行说明。假设有 2 个用户设备（记为 m_1、m_2）、2 个容器（记为 k_1、k_2），其二部图的邻接矩阵 T 的取值见式（3-8）。依据用户设备的排序规则，用户设备 m_1 首先向 k_1 发出请求，此后 m_2 也向 k_1 发出请求，此时 k_1 若仅仅考虑用户设备执行任务时的能耗，将拒绝 m_1，接受 m_2，最终配对结果为[$(m_1, k_2), (m_2, k_1)$]，网络能耗为 1009。但可以看出，对于最优匹配，应该是 m_1 与 k_1 配对，m_2 与 k_2 配

对，配对结果为[$(m_1,k_1),(m_2,k_1)$]，网络能耗为 21。之所以上述过程未求出最优解，是因为其仅仅考虑了用户设备执行任务时的能耗，没有考虑被拒绝的用户设备寻找下一个容器时的能耗与当前能耗之差（对于 m_1 而言，选择下一个容器与当前容器的能耗之差为 90；而对于 m_2 而言，差为 2，如果综合考虑，k_1 应拒绝 m_2，接受 m_1）。

$$T = \begin{bmatrix} 10 & 1000 & 500 & \infty \\ 9 & 11 & \infty & 500 \\ \infty & \infty & \infty & \infty \\ \infty & \infty & \infty & \infty \end{bmatrix} \tag{3-8}$$

结合上述分析，我们设计了适用于协同容器的一系列实用的排序函数，以兼顾这些函数在实际应用时的预处理复杂度与性能，这些函数的缩写用于表示对应的算法名。

在给出排序函数前，为方便表述，我们定义在用户设备 m 的偏好排序中，在协同容器 k 后的第 $l(0 < l \leqslant K'-k)$ 项表示为 $k^{(l)}$，即对于用户设备 m 而言，卸载组合 $(m, k^{(l)})$ 是卸载组合 (m, k) 的次优选项，卸载组合 $(m, k^{(l)})$ 是卸载组合 $(m, k^{(l-1)})$ 的次优选项。

① 能耗值最小优先（原始规则，对应的算法记为 ORG-GS 算法）：用户设备与容器的能耗值更小者优先。

$$Q^*(m) = \arg\max_{m \in M}(-|E_{m,k}|) \tag{3-9}$$

② 本地差最大优先（Maximum Local Difference First，对应的算法记为 MLDF-GS 算法）：用户设备和容器的能耗值与本地执行的能耗值之差更大者优先。

$$Q^*(m) = \arg\max_{m \in M}(|E_{m,K+m} - E_{m,k}|) \tag{3-10}$$

③ 次优差最大优先（Maximum Suboptimal Difference First，对应的算法记为 MSDF-GS 算法）：用户设备和容器的能耗值与用户设备和次优容器的能耗值之差更大者优先。

$$Q^*(m) = \arg\max_{m \in M}(|E_{m,k^{(1)}} - E_{m,k}|) \tag{3-11}$$

④ 其他项差之和最大优先（Maximum Alternative Differences First，对应的算法记为 MADF-GS 算法）：用户设备和容器的能耗值与用户设备和其他可选容器的能耗值之差的和更大者优先。

$$Q^*(m) = \arg\max_{m \in M}\left(\sum_l \varUpsilon^{l-1}|E_{m,k^{(l)}} - E_{m,n}|\right), 0 < \varUpsilon < 1 \tag{3-12}$$

⑤ 各项差分之和最大优先（Maximum Differences First，对应的算法记为 MDF-GS 算法）：首先计算用户设备与各容器之间的能耗并进行排序，然后根据排序结果计算能耗差分之和，优先选择该值更大者。

$$Q^{*}(m) = \arg\max_{m \in M}\left(\sum_{l} \Upsilon^{l-1} | E_{m,n^{(l)}} - E_{m,n^{(l-1)}} |\right), 0 < \Upsilon < 1 \quad (3\text{-}13)$$

3.2.4 面向资源预配置的业务和用户行为预测算法

与云计算相比，通算一体网络的优势之一就是可以实时地根据用户特定的业务需求自适应地匹配网络中的资源，从而实现用户体验最优、资源利用率最优以及网络效率最优，为了充分地发挥这一优势，亟须将具有空时变化的用户需求以及业务需求与资源管控自适应适配。因此，将大数据分析及机器学习技术挖掘出的用户行为预测模型及差异化业务感知模型用于通算一体网络的资源管控，基于预测模型探索出快速响应用户行为变化及业务需求变化的资源管控方法。同时，为了解决预测误差带来的资源管控的不确定性，需要利用大数据分析、随机规划等技术方法对预测的不确定性进行建模，探索出具有鲁棒性的基于用户行为预测的移动边缘算力网络资源配置预规划方案。

关于此方面的研究主要以用户位置信息、地图信息、业务记录信息、用户社交关系为研究对象，旨在建立用户行为预测模型、差异化业务感知模型，业务感知及用户行为特征预测研究方案如图 3-15 所示。

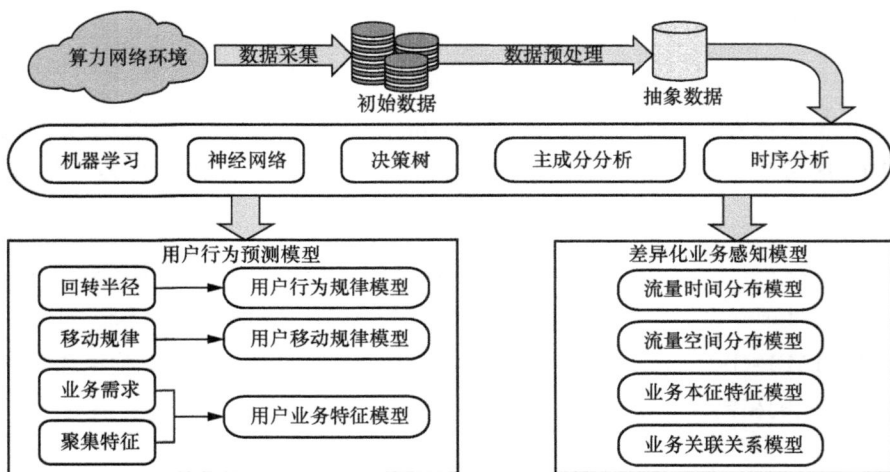

图 3-15 业务感知及用户行为特征预测研究方案

（1）业务空时规律分析

未来的通算一体网络中存在着更多资源，传统的单一、固化的资源配置策略已经无法满足未来的网络需要。未来的网络资源需要根据新的业务需求动态配置，同时，鉴于用户业务变化呈现的波动性和非均匀性，基于现网业务数据挖掘得到的蜂窝网络的业务特征模型有助于在满足用户需求的同时提高整个移动边缘网络的资源利用率。

无线终端数量在近几年快速增加，移动互联网技术也得到了飞速发展，随之而来的是移动蜂窝网络中的数据总流量以指数级快速增长。同时，由于用户行为的趋同性，蜂窝网络业务分布表现出显著的不均匀性质。例如，密集城区的业务总流量远远大于农村地区的总流量；而在一个进行足球比赛的体育场，场内的业务需求将会激增。学术界提出采用用户群体行为（Group User Behavior，GUB）的概念来描述某个时间和地区的一个群体的用户行为规律[23]。用户群体行为对业务流量的时间和空间分布具有很大影响。因此，对不同维度的业务模式进行建模时，对移动网络的分析和优化非常重要。

在时域上，一个地区的业务流量会随着时间而周期性变化，导致产生低流量时期和高流量时期，即业务流量在时域的主要特征是用户典型的日间-夜间行为模式引起的潮汐效应。例如，在日间，用户带着终端设备从住宅区到办公区，而在晚间朝着相反的方向运动。用户的这种行为方式导致办公区的业务流量日间高而夜间低，住宅区的流量在时域的规律刚好相反。这里给出一种针对某个区域的业务流量时域规律的分析建模方法，可以分为以下步骤。

第一步：选择研究区域内的实际业务数据，包含时间、基站坐标和流量的信息。然后将基站的地理位置坐标转换为平面坐标。

第二步：对于选定的基站业务数据，研究其平均业务量的变化规律。然后通过快速傅里叶变换得到其周期性变化的主要频率成分。

第三步：将决定系数作为拟合优度指标，使用尽可能少的频率成分保证模型的准确性和通用性。模型包含的频率分量越多，对于具体业务数据来说，模型的精确度越高，但是复杂度会增加，并且对其他业务的适用性也会下降。

第四步：通过数据拟合得到时域业务流量模型，模型中的系数参数由曲线拟合得到。

基于上述步骤，可以使用正弦叠加模型来拟合真实的业务流量数据。该模型的表达式如下。

$$V(t) = a_0 + \sum_{k=1}^{n} a_k \sin(\omega_k t + \varphi_k) \tag{3-14}$$

其中，$V(t)$是研究区域内所有基站的总业务量，a_0是一段时间内的平均业务量，ω_k是业务流量变化的频率成分，a_k和φ_k分别是振幅和相位，n是频率分量的数量。

在空域上，也有多种模型被用来描述业务分布的不均匀性。空间泊松点过程（Spatial Poisson Point Process，SPPP）和K层SPPP是广泛应用于建模异构无线网络中基站和用户位置分布的简易模型[24-25]。还可以使用对数正态分布建模实际网络中业务流量的统计分布。业务流量的统计分布由用户的行为模式决定，对数正态分布反映了业务需求的差异。现有蜂窝网络中，基站不仅提供低数据速率业务（如语音），也提供高数据速率业务（如高清晰度视频），其中大部分业务是低数据速率业务，这也符合对数正态分布的长尾特征，不同场景下的经验值也不同，对数正态分布的概率密度函数表达式如下。

$$f_X(x;\mu,\sigma) = \frac{1}{x\sigma\sqrt{2\pi}} e^{-\frac{(\ln x - \mu)^2}{2\sigma^2}}, x > 0 \tag{3-15}$$

用户和业务的不均匀性是移动边缘网络的重要特征之一。研究能够准确描述业务流量变化规律的模型对于设计和分析未来的通算一体网络是十分必要的。

（2）用户行为发现

对用户行为的空时特征规律的分析与建模是设计高效资源管控方法的关键。复杂无线网络环境下，用户在空间上的聚集性引起空间分布的非均匀性，并且这种用户的分布是动态的。另外，在同一个空间位置，业务及用户数也是随时间变化的，需要基于大规模现网数据采集，构建用户行为以及差异化业务需求的空时特征，为研究通算一体网络中适配真实用户与业务需求的资源高效利用提供模型支撑。

在用户行为中，用户移动性模型关系到业务的空时变化以及用户对资源的竞争关系，是指导资源智能管控的关键信息，快速准确的移动预测技术已成为当前研究的主要课题之一。大多数现有的移动预测技术基于用户相关的历史移动模式来计算用户未来可能的位置。这些技术是基于一个假设，即用户的运动遵循特定的模式，并表现出一定的规律性。在这种情况下，首先需要一个训练阶段，在此期间检测并存储常规的移动模式。用户的移动行为可能是高度不确定的，对用户的移动模式的假设应该非常小心。因此，当用户处于新的位置，或者用户的移动模式发生轻微变化时，就会出现一个明显的缺点。例如，一个在城市中游览的游客的位置，或者一个第一次来到大学校园的学生的位置，这两者都不能体现用户的常规移动模式，盲目地对用户历史移动数据进行学习可能引起较大误差。因此要结合环境信息与用户的上下文信息，如当地的地图信息与用户的偏好，并利用丰富的数学理论来推测用户未来的位置。因为用户位置信息的来源是多样的，而且具有不同的可靠度，所以可以利用 D-S 证据理论（Dempster-Shafer's Theory）来预测处理各种信息[26]。它主要通过把命题转化为数学集合的方式来看待和分析，集合中可以包含多个元素，不同于概率论只针对单一元素考虑，而证据理论具有的模糊性，恰恰能更好地表达命题存在的不确定性情况。其实，它更像是模拟人类正常的思维方式，首先面对一个问题时观察和收集信息，即证据；然后综合各方面的信息来做出判断，得到问题的最终结果，即证据合成。这里面最重要的还是确定问题答案范围（识别框架）、证据集合分配对应概率（基本信任分配函数）和证据概率数据的合成（Dempster 合成规则）。

设全域（Universe）为 Θ，2^{Θ} 表示 Θ 所有子集的集合。基本概率分配（Basic Probability Assignment，BPA）函数为 m: $2^{\Theta} \to [0,1]$，空集的概率分配为 0，Θ 所有子集的概率分配的和为 1。即

$$m(\varnothing) = 0, \sum_{A_i \subseteq \Theta} m(A_i) = 1 \qquad (3\text{-}16)$$

为区别于概率分布，基本概率分配函数 m 在这里称为质量分布。

信任函数 Bel: $2^{\Theta} \to [0,1]$ 定义为

$$\text{Bel}(H_i) = \sum_{A_i \subseteq H_i} m(A_i) \qquad (3\text{-}17)$$

$\text{Bel}(H_i)$ 定量地表示了我们相信假设 H_i 的理由。

根据 D-S 证据理论中的组合规则，我们可以将不同来源的信息进行组合。假设 m_{E_i} 和 m_{E_j} 是同一个 Θ 下不同独立信息来源的基本概率分配。E_i 和 E_j 的结合可以表示为

$$m_{E_i} \oplus m_{E_j}(C) = \frac{\sum_{X \cap Y = C} m_{E_i}(X) m_{E_j}(Y)}{1 - K} \qquad (3\text{-}18)$$

其中 $K = \sum_{X \cap Y = \varnothing} m_{E_i}(X) m_{E_j}(Y)$，分母 $1-K$ 是归一化因子，使得 $m_{E_i} \oplus m_{E_j}(C)$ 的值在 0 到 1 之间。当 $K = 1$ 时，意味着两个信息来源完全相悖，式（3-18）就不能用来结合这两个信息了。只有来源充分一致时，这一规则的适用才有效。为了解决这一问题，近年来出现了许多方法和组合操作。然而，在进行用户位置预测前，只要对信息源采用适当的建模方法，能够保证信息来源是部分一致的，式（3-18）即可

用来合并基础证据。

移动性预测的流程如图 3-16 所示，在利用 D-S 证据理论处理各种位置信息（可以由 GPS（全球定位系统）和 BDS（北斗导航卫星系统）等提供）之后得到用户当前的位置信息，再结合历史位置信息与改进的支持向量机（Support Vector Machine，SVM）即可预测用户下一时刻的位置信息。在利用支持向量机进行位置预测前需要对历史数据进行预处理与训练。预处理大致分为 3 个步骤，依次为从用户历史数据中找到用户停留的位置点，利用基于密度的噪声应用空间聚类（Density-Based Spatial Clustering of Applications with Noise，DBSCAN）对用户停留点进行聚类分析，最后从轨迹日志中提取基于聚类结果的特征样本。

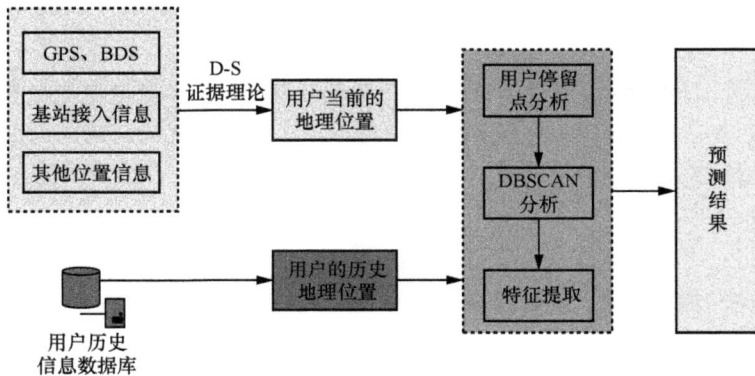

图 3-16　移动性预测的流程

这 3 个步骤的核心在于聚类分析。DBSCAN 分析会忽略噪声的影响，但也可能带来一些问题，如人们周末休息时经常会去不同的地点，这些地点与人们工作日总是会去的地点相比，其范围要大得多。为了不忽视这类数据，可以对经典的 DBSCAN 进行改进，使用两个集群，将 DBSCAN 发现的噪声点标记为稀疏位置，并将噪声点标记为一个集群组，此外还将距离近、访问频率低的地方标记为一个集群组。这样可以在一定程度上解决数据稀疏问题。改进的 DBSCAN 分析算法流程如图 3-17 所示。

DBSCAN 分析出的 K 个聚类代表了 K 个用户可能到达的位置，而其中某一个位置就是用户接下来要去的位置。我们可以利用改进的支持向量机来解决这个经典的分类问题，从这 K 个位置中选出一个作为预测结果。经典的支持向量机是用于二分类的。现在需要解决多分类问题，我们可以将其分解成若干个二元分类问题，这样支持向量机就可以训练每个子问题分类器。对于 K 个不同的类，采用一对一的分类器共需要$(K(K-1))/2$ 个分类器，具体的每一个分类器的设计原理如下。

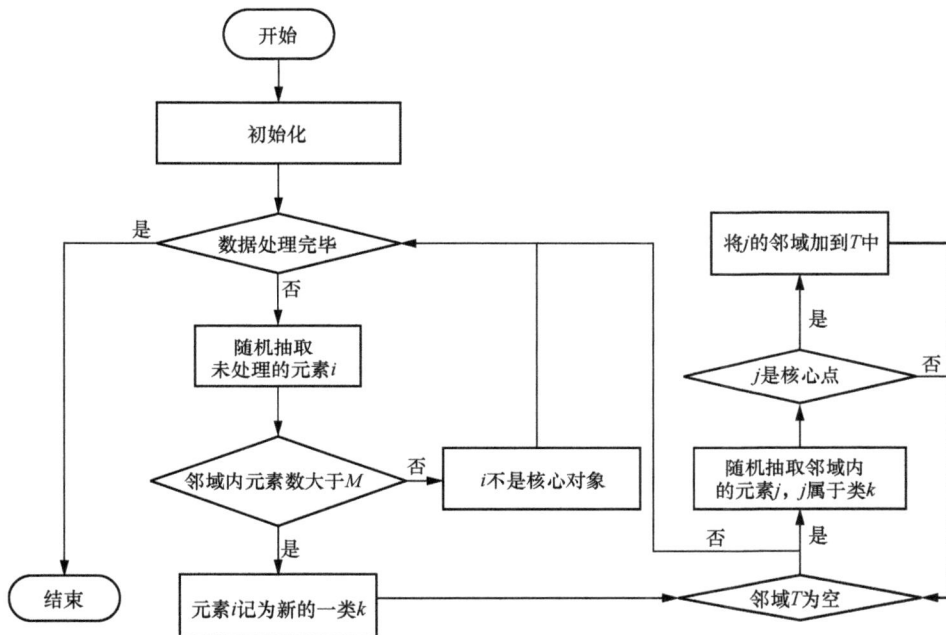

图 3-17　改进的 DBSCAN 分析算法流程

下一个位置相同的样本归为同一类，因为共有 K 个位置，所以共有 K 个类，那么具体的第 k 类分类器的样本可以表示为

$$T_k = \{t_k^i \mid i = 1, 2, \cdots, N_k\}, k = 1, 2, \cdots, K \qquad (3\text{-}19)$$

其中 $t_k^i \in R^3$，N_k 是第 k 类的总样本数。为了训练区分第 u 类与第 v 类的分类器，定义输出为正则表示 u 类，输出为负则表示 v 类。

$$\begin{aligned} y_u &= +1 \\ y_v &= -1 \end{aligned} \qquad (3\text{-}20)$$

接下来，寻找能将两类区分开的超平面即可，如找到(w, b)，其中 $w \in R^3$，b 是一个常数，且满足

$$\begin{aligned} w^{\mathrm{T}} t_u^i + b &> 0, i = 1, 2, \cdots, N_u \\ w^{\mathrm{T}} t_v^i + b &< 0, i = 1, 2, \cdots, N_v \end{aligned} \qquad (3\text{-}21)$$

同时希望几何边缘 δ 最大化。

$$\delta = \frac{1}{\|\mathbf{w}\|}|g(x)| \tag{3-22}$$
$$g(x) = y \times (\mathbf{w}^{\mathrm{T}}t + b)$$

可以固定$|g(x)|$为 1，那么问题转化为使得$\|\mathbf{w}\|$取得最小值。为了解决这个凸二次规划问题，当问题不是线性可分时（通常出现在高维数据中），需要添加核函数以将输入向量映射到高维空间。这里选择径向基函数作为该问题的核函数。为了减少噪声样本的影响，我们将松弛变量导入约束条件。最后，分类器的学习过程可以表示为

$$\min \frac{1}{2}\|\mathbf{w}\|^2 + C\sum_{i=1}^{N_u+N_v}\xi_i$$
$$\text{s.t. } y_u(\mathbf{w}^{\mathrm{T}}t_u^i + b) \geqslant 1 - \xi_i, i = 1, 2, \cdots, N_u \tag{3-23}$$
$$y_v(\mathbf{w}^{\mathrm{T}}t_u^{j-N_u} + b) \geqslant 1 - \xi_j, j = 1 + N_u, 2 + N_u, \cdots, N_u + N_v$$

利用第 u 类与第 v 类的数据对上述分类器进行训练，即可得到区分这两类的分类器，其他分类器的学习与上述内容类似，只使用相关的类替换样本。

（3）预测算法简介

预测，即从已知的数据中分析规律并推算接下来的数据。而预测按照算法可以分为四大类：回归分析、概率估计、时间序列、机器学习。

- 回归分析：回归是指分析研究一个变量与一个或者几个其他变量之间的依存关系，即研究因变量和自变量之间的异常关系。目的在于根据一种已知的自变量数据来估计和预测因变量的总体均值。即在分析自变量、因变量的基础上建立变量之间的回归方程，并将回归方程作为预测模型，根据自变量在预测期的数据变化来预测因变量或者其他变化。根据相互关系中自变量的个数不同，可以分为一元回归分析和多元回归分析；按照因变量个数的多少，分为简单回归分析和多重回归分析；按照自变量和因变量之间的关系类型，分为线性回归分析和非线性回归分析。

- 概率估计：对于概率估计，其中的代表是马尔可夫链算法，即先给数据划分状态，然后将数据的分布规律用状态转移来解释，最后对于当时数据的状态，根据状态间的转移概率可以求得未来的状态概率分布，自然也能求得下一状态的预测值。

- 时间序列：时间序列是指将同一统计指标的数值按照其发生的时间先后顺

序排列而成的数列。时间序列分析根据已有的历史数据对未来进行预测。时间序列分析是根据系统观测得到的时间序列数据，通过曲线拟合参数估计来建立数学模型的理论，一般采用曲线模拟和参数估计的方法（如非线性最小二乘法）来进行计算。时间序列预测算法不考虑事物发展的原因，只是根据实际变化的方向和程度进行类推，用于预测下一个或者某个时期可能达到的水平。时间序列数据变动存在着规律性与不规律性。每个时间序列的观察值都是各种不同因素在同一时间共同作用的结果，而这些因素的影响大小和方向会随时间发生变化。根据时间特性，这些影响因素可以分为 4 类，即长期趋势、季节变化、循环波动和随机波动。

- 机器学习：使用机器学习，我们只需要搭好框架，数据特征则会由其自己挖掘，比较有名的有支持向量机、决策树、神经网络（深度学习）。这种算法的最终目的是模拟人脑的结构，它的好处就是在搭建好网络结构之后，通过对已有数据的学习，网络会自行提取数据特征，然后只要输入数据，网络将自行计算并输出它的预测值。这种方法的优点是方便，无须考虑数据规律和数据维度，而缺点则是要求数据量大，少量样本的训练效果一般不具有适用性。

预测问题中尤其还要注意的是对结果的检验，通常使用残差和后验误差等作为概率统计的检验，也可以用均方误差（Mean Square Error，MSE）检验。

可以利用长短期记忆（Long Short-Term Memory，LSTM）、支持向量机、极限梯度提升（eXtreme Gradient Boosting，XGBoost）等，综合用户行为空时规律模型和用户关系属性特征模型来高效准确地预测用户移动性、业务流量等信息。为了降低 LSTM 等深度学习算法的计算开销，可以借鉴神经系统随机拓扑的研究成果，进一步优化 LSTM 连接结构，并构建时间标签、基站拓扑等属性，建立适配用户行为的"数据模型知识"多驱动差异化业务需求预测方法。例如，为了快速准确地预测用户移动性，可以利用 D-S 证据理论；为了有效应对业务流量"爆发性"和长时相关性的影响，可以针对预测结果添加模型约束。这方面，基于无线大数据的分析结果已经表明，业务流量需求的统计规律在不同时间尺度、不同空间粒度上均遵守 α-Stable 模型，呈现出时空无标度特征，但不同业务具有不同的特征参数。此外，用户行为和业务需求预测还可以引入辅助信息。例如，可以从请求趋同性、业务关联性、群体移动性、突发传播性等多个维度，利用皮尔逊相关系数量化用户间或业务间的相关性（对于序列 $(X_1, X_2, \cdots, X_n)$ 和 $(Y_1, Y_2, \cdots, Y_n)$，皮尔逊相关系数可以表示

为 $\sum_{i=1}^{n}\left((X_i - \overline{X})(Y_i - \overline{Y}) / \left(\sqrt{\sum_{i=1}^{n}(X_i - \overline{X})^2} \sqrt{\sum_{i=1}^{n}(Y_i - \overline{Y})^2}\right)\right)$），通过定义网络节点和边（比如每个用户都可被视为图中的一个节点，节点之间边的权重可被设为皮尔逊相关系数），并基于图论方法构建适用于实际场景的不同形态的用户关系网络图。

（4）预测算法应用实例

下面介绍一个基于预测的资源分配应用案例。现在考虑一个多路的下行无线网络，基于预测的资源分配场景如图 3-18 所示，其中每个基站都与 MEC 服务器连接。MEC 服务器可以在一个时间窗口内收集基站的历史数据（称为观察窗口），并预测一个时间窗口内的相关信息（称为预测窗口），然后将处理后的预测信息告知基站。

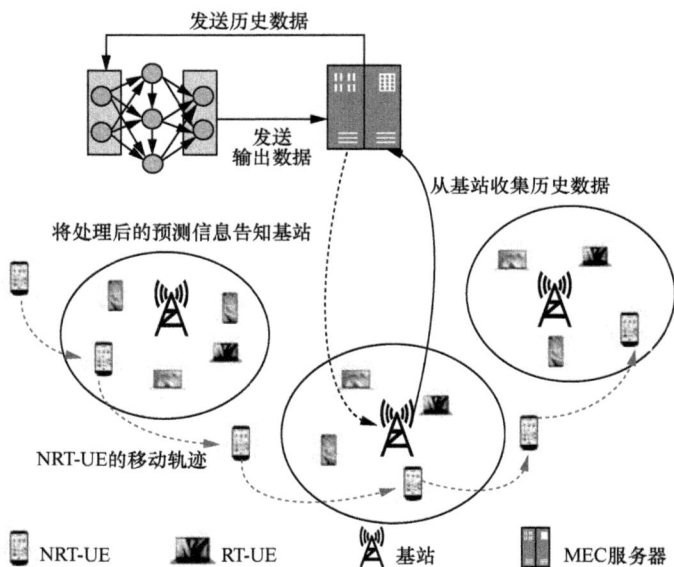

图 3-18　基于预测的资源分配场景

基站主要服务于两种类型的流量，一种为实时流量，如电话或游戏，另一种为非实时流量，如视频点播或文件下载。下面，我们称请求实时流量的用户设备为实时用户设备（Real-Time User Equipment，RT-UE），请求非实时流量的用户设备为非实时用户设备（Non-Real-Time User Equipment，NRT-UE）。实时流量在服务时延方面有严格的 QoS 规定，需要在请求到达基站后立即提供服务。因此，基站需要保留部分带宽，以确保 RT-UE 的 QoS。其中，在请求到达后以及处于运动状态的 NRT-UE 脱离当前基站的覆盖范围之前，可以在任何时隙开始非实时流量的传输。

由于非实时流量是容忍时延的，因此 NRT-UE 可以使用服务基站的剩余带宽。

考虑一个包括 S 个基站和 U 个 NRT-UE 的系统，所有基站都采用正交频分多址（OFDMA）技术。基站集合由 $M = \{m \mid m = 1, 2, \cdots, S\}$ 表示。NRT-UE 的集合由 $K = \{k \mid k = 1, 2, \cdots, U\}$ 表示。RT-UE 的集合由 $O = \{o \mid o = 1, 2, \cdots\}$ 表示。在每个时隙中，总频率带宽用 $W_{\max}$ 表示。每个基站为时延敏感的实时流量预留部分带宽，只有剩余的带宽可用于非实时流量。RT-UE 所占用的带宽取决于实时服务数据包的到达速率和大小，以及 RT-UE 的 QoS。这里，我们假设每个实时流量在 Δ_f 期间占用 Δ_b 单位的带宽，其中 Δ_f 是每一帧的持续时间。用 λ^o 表示 RT-UE 请求的预测到达强度，基站为每帧实时流量预留的带宽可以根据式（3-24）计算得到。

$$W_j^m = W_{\max} - \lambda^o \Delta_f \Delta_b \tag{3-24}$$

在预测窗口内，NRT-UE k 的移动性可以表示为行向量 $U_k^n = \{B_k^n, I(B_k^n), O(B_k^n), \tau(B_k^n)\}$，$B_k^n$ 表示 NRT-UE k 将要进入的第 n 个蜂窝小区，$I(B_k^n)$ 是 NRT-UE k 将要进入蜂窝小区 B_k^n 的时隙，$O(B_k^n)$ 是 NRT-UE k 将要离开 B_k^n 的时隙，$\tau(B_k^n)$ 是 NRT-UE k 将要在 B_k^n 中停留的时间。根据以上定义，可以得到

$$\tau(B_k^n) = O(B_k^n) - I(B_k^n) \tag{3-25}$$

根据 NRT-UE 的移动性预测，MEC 服务器知道谁将在基站竞争资源，并在有限的带宽下，进行资源分配以适应 NRT-UE 的移动强度和无线信道条件。

NRT-UE 只能连接到最近的基站，并且必须在基站的覆盖范围内工作，每个基站服务于以 OFDMA 方式分配子信道的多个 NRT-UE，并以最大速率传输（假设 OFDMA 有 N 个子载波）。依据 NRT-UE 的大尺度衰落信道增益在每帧内保持不变，可能在帧之间发生变化；小尺度衰落信道增益在每个时隙内保持恒定不变，并且在时隙之间是独立相同分布的，可以用 α_j^k 和 d_j^k 分别表示在第 j 帧中 NRT-UE k 的大尺度衰落信道增益和在第 j 帧中 NRT-UE k 与基站之间的距离。这里，$\alpha_j^k = (d_j^k)^\beta$，其中 β 是路径损耗指数。

在第 j 帧的第 t 个时隙中，与基站 m 关联的 NRT-UE k 的可实现速率为

$$R_{j,t}^{m,k} = \sum_{n \in N_{j,t}^{m,k}} W_0 \mathrm{lb}\left(1 + \frac{p_{j,t,n}^k \alpha_j^k |h_{j,t,n}^k|^2}{N_0 W_0}\right) \tag{3-26}$$

其中，W_0 是子载波间隔，$p_{j,t,n}^k$ 是在第 j 帧的第 t 个时隙中分配给第 n 个子载波的 NRT-UE k 的发射功率，$N_{j,t}^{m,k}$ 是在第 j 帧第 t 个时隙中分配给 NRT-UE k 的子载波集合，N_0 为噪声功率谱密度，$h_{j,t,n}^k$ 为在第 j 帧第 t 个时隙第 n 个子载波上 NRT-UE k 的小尺度衰落系数。

P_{max} 表示每个基站的总传输功率，当在子载波之间传输功率被平均分配时，即 $p_{j,t,n}^k = P_{max}W_0/W_{max}$，则式（3-26）可以重构为

$$R_{j,t}^{m,k} = \sum_{n \in N_{j,t}^{m,k}} W_0 \mathrm{lb}\left(1 + \frac{P_{max}\alpha_j^k |h_{j,t,n}^k|^2}{\sigma^2}\right) \tag{3-27}$$

其中，$\sigma^2 = N_0 W_{max}$ 是随机高斯噪声的方差。

假设观察窗口包含 i 条记录，分辨率为 $\Delta_r = N_r \Delta_f$，其中 N_r 是两个连续记录之间的帧数，我们将预测窗口分为 T_f 帧，其中每一帧都由 T_s 个时隙组成。为了让符号变得简单，用 $j(j=1,2,\cdots,T_f)$ 表示帧索引；用 $t(t=1,2,\cdots,T_s)$ 表示时隙索引。用 Δ_f（以 s 为单位）表示式（3-24）中定义的每一帧的持续时间。Δ_s（以 ms 为单位）表示每个时隙的持续时间。持续时间是根据 NRT-UE 的移动引起的信道变化来定义的，即大尺度衰落和小尺度衰落的相干性。

当有一个或多个 NRT-UE 移动到无线网络的覆盖范围内时，就会建立一个观察窗口。预测窗口从观察窗口的末端开始，并且持续时间为 T_f 帧。在预测过程中，假设每个 NRT-UE 在第一次进入基站的覆盖范围时，将请求 B 比特数据，即下载 B 比特大小的文件。考虑到 NRT-UE 的移动性和基站有限的覆盖范围，NRT-UE 可能会在下载 B 比特大小的文件之前移动出基站的覆盖范围。因此，预测窗口内的资源分配问题是在大时间尺度内协调多个 NRT-UE 之间的时隙和带宽分配去适应 NRT-UE 的移动性和满足 QoS 要求，并且充分利用无线传输资源。

下面介绍一种基于预测 NRT-UE 的移动性和基站的流量负载的 3 个时间尺度信息估计机制。首先，利用预测的 NRT-UE 的移动性信息 $K_{j,t}^m$ 估计基站 m 在第 j 帧第 t 个时隙中需要服务的 NRT-UE 集合。然后，根据预测的每帧 NRT-UE 的移动信息和无线电图估计 NRT-UE k 和服务基站 m 之间的平均信道增益。同时，根据每一帧中预测的 NRT-UE 的流量负载来估计每个基站的剩余带宽。最后，根据使得 NRT-UE 具有更好的瞬时信道增益的原则来匹配子载波，并在每个时隙中进行上面提到的预测资源分配，以实现更高的吞吐量。

NRT-UE 所需的最低数据传输速率用 R_{min}^k 表示，它反映了 NRT-UE 的 QoS。用 τ_k^m 表示基站 m 的覆盖范围内 NRT-UE k 的停留时间，即 NRT-UE 持续被服务的最大总时间。为了实现更高的吞吐量，基站需要为大尺度衰落信道增益更好、QoS 更耐受且在当前基站中停留时间更短的 NRT-UE 分配更多的带宽。为了确保传输资源有限的基站的 QoS，更新基站可以服务的最大 NRT-UE 数量为 $|K_{j,t}^m| = \min\left\{|K_{j,t}^m|, \frac{W_j^m}{3W_0}\right\}$。

因此，将 η 比例因子设置为分配给 NRT-UE k 的带宽在剩余带宽中的比例，如下。

$$\eta_{j,t}^{m,k} = \frac{\alpha_j^k R_{\min}^k / \tau_k^m}{\sum_{k \in K_{j,t}^m} \alpha_j^k R_{\min}^k / \tau_k^m} \tag{3-28}$$

因为预测窗口中的每个基站都使用相同的资源分配方法，所以这里选择一个基站来进行研究。资源分配的目标是借助用户和网络侧的预测信息，实现预测窗口内每个基站的最大数据传输速率，并适应 NRT-UE 的移动性和满足 QoS 需求，可以将问题表示为式（3-29）。

$$\max_{k, N_{j,t}^{m,k}} \sum_{j=1}^{T_f} \sum_{t=1}^{T_s} \sum_{k \in K_{j,t}^m} R_{j,t}^{m,k}$$

$$\text{s.t. } j = 1, 2, \cdots, T_f, t = 1, 2, \cdots, T_s, k \in K, m \in M$$

C1: $\left| N_{j,t}^{m,k} \right| = \left\lfloor \eta_{j,t}^{m,k}, \dfrac{W_j^m}{W_0} \right\rfloor$

C2: $\eta_{j,t}^{m,k} \in [0,1]$ $\qquad\qquad$ （3-29）

C3: $\sum_{k \in K_{j,t}^{m,k}} \eta_{j,t}^{m,k} \leqslant 1$

C4: $\sum_{j=I(B_k^n)/T_s}^{O(B_k^n)/T_s} \sum_{t=1}^{T_s} R_{j,t}^{m,k} \Delta_s = B, \text{where } B_k^n = m$

C5: $R_{j,t}^{m,k} \geqslant R_{\min}^k$

约束条件 C1 表示在第 j 帧的第 t 个时隙中分配给 NRT-UE k 的基站 m 的子载波数量是一个整数。为了避免有限带宽下用户之间的干扰，应满足约束条件 C2 和约束条件 C3。约束 C4 要求确保在 NRT-UE k 离开基站 m 的覆盖范围之前完成 B 比特数据的传输。约束条件 C5 确保了 NRT-UE k 的 QoS 的负载容量需求。在上述约束条件的设计中，不设置传输时延需要小于 τ_k^m 的约束条件，因为约束条件 C4 会使它得到满足。

最后，介绍一种基于预测的资源分配算法 PBRA[27]。式（3-29）中最优化策略的资源分配充分利用了下面算法中提供的预测信息，该算法提出了如何在小时间尺度内将子载波与 NRT-UE 进行匹配，从而在大时间尺度内通过式（3-29）实现具有最优策略的更高的吞吐量。每个基站下基于预测的资源分配算法如代码清单 3-3 所示。

代码清单 3-3　每个基站下基于预测的资源分配算法

初始化：在每个预测窗口的开始时，基站都预测了每帧的 $K_{j,t}^m$、W_j^m 和 α_j^k。然后使用 CVX 等凸优化工具来解决问题（3-29）。最后，在每个时隙开始时，基站估计 $h_{j,t,n}^k$（小尺度衰落系数）并且 NRT-UE k 上报 B^k（等待传输的数据）和相对于该基站的 τ_k^m（停留时间），其中 $k \in K_{j,t}^m$

$t := 1$

while $t \leqslant T_f T_s$ do

　if $K_{j,t}^m \neq \varnothing$ then

　　根据 η_{RA}（表示资源分配比例），将 $|N_{j,t}^{m,k}|$ 按照降序排列为

$N = \{|N_{j,t}^{m,k^{(1)}}|,\ |N_{j,t}^{m,k^{(2)}}|,\cdots,\ |N_{j,t}^{m,k^{(K_{j,t}^m)}}|\}$

　　if $N_{j,t}^m \neq \varnothing$ then

　　　for $i = 1$ to $|K_{j,t}^m|$ do

$$N_{j,t}^{m,k} := \left\{ N_{j,t,n}^{m,k} \mid \arg\max_n \sum_{n \in N_{j,t}^m} \text{lb}\left(1 + \frac{P_{\max} W_0 \alpha_j^k |h_{j,t,n}^k|^2}{N_0 W_0}\right) \right\}$$

$$R_{j,t}^{m,k} := \sum_{n \in N_{j,t}^m} W_0 \text{lb}\left(1 + \frac{P_{\max} \alpha_j^k |h_{j,t,n}^k|^2}{\sigma^2}\right)$$

$$N_{j,t}^m := N_{j,t}^m \setminus N^{m,k}$$

$$\tau_k^m := \tau_k^m \setminus \Delta_s$$

$$B^k := B^k - \Delta_s R_{j,t}^{m,k}$$

　　　end for

　　end if

　end if

　$t:t+1$

　更新 $K_{j,t}^m$

end while

3.2.5　通算一体的多维资源配置优化算法展望

未来的 6G 网络将成为智慧内生、泛在连接、多维融合的基座，是未来经济和社会发展的重要基础。而针对 6G 网络的特点，本节对 6G 下通算一体的多维资源

配置优化算法进行了展望，主要介绍两种目前仍在研究的算法。

（1）分布式算法

随着拥有算力的设备不断增多，未来算力节点分布将由以数据中心为代表的集中式结构向泛在分布转变，而传统的集中式算法在算力节点泛在分布的情况下将面临决策复杂度增大、管控难度增大等问题，因此需要尝试分布式算法来对泛在计算节点的多维资源进行管控配置。

分布式优化问题并没有一个特别明确的定义，根据应用场景的不同，具体的形式也有不同，但是主要思想都是采用多个节点来优化全局目标函数。这里的节点可以是 CPU、GPU 或者服务器，也可以是智能电网中的供电站、无人机编队中的一架无人机、传感器网络中的传感器等。每个节点都有着自己的局部目标函数（损失函数）以及决策变量，而全局目标函数一般是所有节点上的局部目标函数之和。分布式算法的目标就是在节点间相互交换信息，从而使所有节点的决策变量最终收敛于全局目标函数的最小值点。以机器学习为例，分布式优化可以利用多台服务器来优化一个神经网络，其中数据集分布在不同的服务器上，因此每台服务器只能获得一个局部的损失函数。优化算法的实现需要服务器间不断交换信息。

分布式算法大概分为 5 类，分别包括有中心节点和无中心节点、无向图和有向图、静态图和时变图、同步更新和异步更新、次线性收敛和线性收敛。

目前很多机器学习（包括 TensorFlow 等框架）采用的都是有中心节点的分布式算法。而目前无中心节点的分布式算法受到了广泛关注，有中心节点和无中心节点的分布式算法分别如图 3-19 和图 3-20 所示。

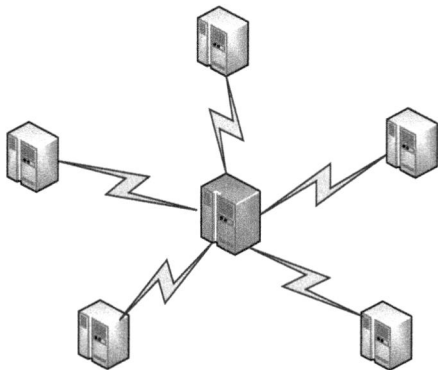

图 3-19　有中心节点的分布式算法　　　图 3-20　无中心节点的分布式算法

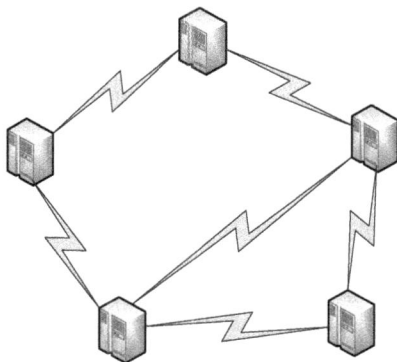

有中心节点和无中心节点的分布式算法的具体步骤分别如图 3-21 和图 3-22 所示。

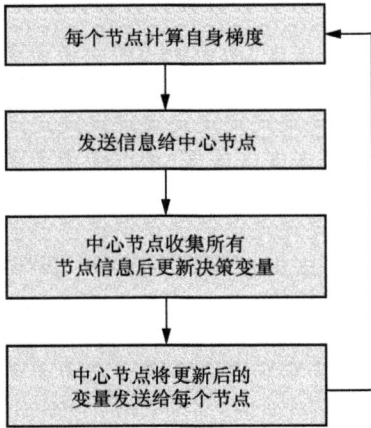

图 3-21　有中心节点的分布式算法的具体步骤　　　图 3-22　无中心节点的分布式算法的具体步骤

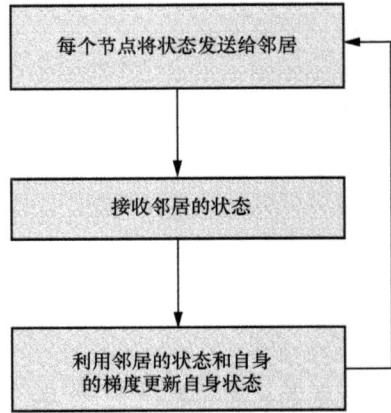

其中，有中心节点的分布式算法包括主流机器学习框架 TensorFlow 等采取的平行随机梯度下降（Parallel Stochastic Gradient Descent，PSGD）算法、交替方向乘子法（Alternating Direction Method of Multipliers，ADMM）等。其优点包括收敛速度快、可以直接利用集中式算法，缺点则是中心节点需要大带宽，鲁棒性差。而无中心节点的分布式算法包括分布式梯度下降（Distributed Gradient Descent，DGD）算法等，其优点包括通信负载均衡到每个节点、鲁棒性好、保护隐私、易于实施、更适用于大规模网络，缺点则是算法需要单独设计。

可以看出，无中心节点算法更适用于大规模网络的计算，是目前的研究热点。目前比较著名的无中心节点算法有 DGD[28]、精确一阶算法（Exact First-Order Algorithm，EXTRA）[29]、推送式分布式梯度下降算法（Push-based Distributed Gradient Descent Algorithm，Push-DIGing）[30]、基于有向图的 EXTRA（EXTRA over Directed Graph）[31]、交替方向乘子法与平行随机梯度下降法结合的算法（Alternating Direction Method of Multipliers-Parallel Stochastic Gradient Descent，AD-PSGD）[32]等。下面介绍的所有方法都是无中心节点的分布式算法。

此外，已有的算法大多为同步更新式的算法，即所有节点需要同时开始一次迭代更新，导致计算快的节点需要等待计算慢的节点。为了解决这个问题，可以考虑采用异步更新式的算法。实际上，目前异步算法的设计和研究受到了广泛关注。异步算法实施起来更为方便，且由于减少了节点的闲置时间，收敛速度更快。但是，异步算法中节点更新节奏不一致，信息之间存在时延，算法的收敛性往往很难分析。

分布式算法是目前的研究热点，且随着单硬件计算能力发展放缓，采用多硬件加速网络的训练会越来越成为主流。在这种情况下，如何设计分布式算法，保障其收敛性，加快其收敛速度，是值得研究的内容。总之，分布式优化目前还有很多内容需要研究，并且如何实现其应用也是重点和难点。

（2）AI 算法

随着新技术的不断突破与发展，新的应用场景不断涌现，对网络架构的支持能力和演进能力提出现实而严苛的需求，如在网络规模、网络种类上同时向高度定制化（复杂化）和高度简化两个极限方向发展。应用于 6G 时代通算一体网络的多维资源配置优化算法应该具备自身演化能力和较高程度的自我优化能力。因此，AI 算法将会被应用到多维资源配置优化中，通过设计新的 AI 框架和分布式学习算法，考虑模型的计算依赖和迁移，AI 各层数据传输要适配网络各节点的传输能力等，通过分层分布式的调度，适应复杂环境，满足复合目标和可扩展性，真正体现 6G 网络的 AI 原生性。而如何将 AI 算法应用到通算一体网络中是值得研究的问题，需要解决数据异构、个性化模型设计、模型压缩部署、数据安全和隐私保护等问题。

深度强化学习是将深度学习与强化学习相结合的一种 AI 算法，被广泛应用于各种复杂决策求解领域，如组合优化、多方博弈等，具有重要的研究价值。其中，强化学习是一种机器学习方法，其思想是在一个交互环境中利用创建的软件智能体（Agent）不断与环境互动来进行测试，通过环境反馈的奖励或惩罚信息，逐步逼近最优的结果。深度学习也是一种机器学习技术，它能够通过建立多层人工神经网络，对原始数据进行自动特征提取。深度强化学习就是利用深度学习技术来扩展传统的强化学习，从而获得更好的求解多目标优化问题的能力。此外，深度强化学习面对多维资源配置优化问题还有两点优势：一是与许多一次性优化的方法相比，深度强化学习可以随环境变化调整策略；二是其在学习过程中不需要了解关于网络状态随时间变化规律的相关先验知识。

与已有的优化方案相比，使用深度强化学习进行资源配置的优化可以获得更优的用户服务质量。根据不同的决策流程，可将深度强化学习算法分为两类：基于价值的深度强化学习方案和基于策略的深度强化学习方案。其中，基于价值的深度强化学习方案通过评估候选的多个动作的价值选出要执行的动作。动作的价值是指动作所能带来的预期收益，这个收益包括系统通过执行所选动作得到的环境的即时奖惩和后续得到的奖惩。而基于策略的深度强化学习方案直接学习由状态到动作的映射，在选择动作时不需要评估候选动作的价值。此外，基于策略的深度强化学习方案可以对连续性动作进行决策，如卸载任务时的传输功率。而基于价值的深度强化学习方案只能将传输功率离散化为几个级别，进行颗粒较粗的决策。

然而，要将深度强化学习算法应用到通算一体的多维资源配置优化中需要考虑以下问题。

① 移动设备的移动性：移动设备的移动性将导致网络拓扑随时间变化，从而可能导致移动设备向算力节点卸载任务时传输失败或算力节点将结果回传给移动设备时传输失败，并且移动设备的位置变化也可能导致最优的卸载策略发生改变。

② 更多样的计算资源和能源：移动设备可以利用更多可用资源来卸载任务，如云中心或其他移动设备。这样做虽然在一定程度上缓解了 MEC 服务器的负担，但是也会使网络结构变得更加复杂。此外，移动设备还可以利用能量收集技术来缓解自身能源不足的问题，但是会增加问题的复杂程度。

③ 任务的依赖性与多样性：一些任务要在其前置任务都执行结束后才能开始执行，这就要求算法在进行决策时要考虑任务的先后顺序。而不同任务对时延的要求也各不相同，这要求决策对不同的任务进行区别处理。

④ 深度强化学习方法的优化：深度强化学习方法主要从两方面考虑其优化方向，一方面，如何加快策略的学习速度；另一方面，如何使学习到的策略更接近最优结果。

/3.3 通算一体网络的联合优化 /

无人机在通算一体或 6G 场景中扮演着重要角色。首先，无人机具有灵活的机动性和广泛的覆盖范围，能够提供多样化的服务。其次，无人机可以作为移动通信基站或中继器，弥补地面基础设施的覆盖盲区，扩大通信覆盖范围和提高通信容量。此外，无人机还可以用于环境监测、资源管理和灾害预警，为智慧城市和关键基础设施提供关键支持。针对目前存在的地面资源不足情况，无人机可以灵活补充通信计算资源，通过无人机场景的联合优化，可以在节约资源的情况下最大化无人机的计算能力，从而提高用户体验。

本节主要聚焦无人机场景下的通算一体网络联合优化问题，共分为 4 个部分：一是时变信道下无人机辅助的车辆短包通信与边缘计算系统，实现通算融合；二是基于流水线原理的单无人机通算能联合优化系统，在通算融合的基础上加入能量问题，实现通算能联合优化，降低无人机的悬停能耗；三是数字孪生辅助的基于无人机的数能算联合资源分配系统，结合了数字孪生（DT）技术，降低了系统时延；四是智能超表面（Reconfigurable Intelligent Surface，RIS）辅助的无人机通算存联合优化系统，加入缓存问题，实现通算存三者的联合优化，提高无人机的性能。接下来将给出每一部分的系统模型、优化问题、联合优化算法，以及仿真结果验证。

3.3.1 时变信道下无人机辅助的车辆短包通信与边缘计算系统

物联网中设备数量的飞速增长使得网络中通信流量大增，进而衍生出大量计算密集型应用，对网络的计算能力提出了较高的要求[15]。MEC 技术虽然可以通过下放算力至边缘侧，减轻网络的回传负载并减少资源受限设备的往返时延[33]，但是MEC 服务器通常布置在固定的基站或者接入点，覆盖范围有限。现如今，车辆技术的发展使得车辆能够与路边单元进行通信，利用车辆的移动性和算力资源可以扩大覆盖范围，增强传统 MEC 网络的计算能力，这种系统被称为车辆边缘计算（Vehicular Edge Computing，VEC）系统[34]。

虽然 VEC 系统能够缓解边缘接入点的计算压力，但是网络通信与算力资源不足的问题仍然存在。因为道路的路线都是固定的，车辆不能随意行驶到任意位置，无法向远离道路的物联网设备提供高质量的服务。除此之外，受到车辆大小的限制，车辆能够提供的通信与算力资源有限。无人机作为空中移动设备，具有极好的灵活性，可以通过靠近设备来提供高质量的服务，成为解决 VEC 系统资源紧张问题的有效工具。作为一个热门方向，无人机已在 MEC 系统中得到广泛研究[35-37]。然而，关于无人机辅助 VEC 系统的研究仍处于起步阶段。当前车辆和无人机之间几乎不存在合作。因此，如何通过车辆和无人机的协作来处理路边物联网设备卸载的数据具有重要的研究意义。

由于车辆和无人机的移动性，数据传输的时延和可靠性非常重要。数据上传不及时可能导致信息过期甚至丢失，从而造成严重后果。为了满足时延和可靠性要求，将短包通信应用于车辆和无人机系统，以支持高可靠性低时延的服务。在实际应用中，车辆和无人机的移动会产生动态环境，形成时间相关性信道[38-39]。当车辆和无人机移动时，信道会快速变化。因此，为了对事件相关性信道进行较为准确的估计，必须频繁地更新信道状态信息（Channel State Information，CSI），这非常难以实现[40]。另外，CSI 的获取通常需要进行下行链路的导频传输，然后通过上行链路反馈，然而，频繁地进行信道检测会产生大量的通信开销，导致网络负载增加[41]。总之，在无人机辅助的车辆通信系统中，频繁的信道估计是困难且昂贵的。因此，为了更实际地研究无人机辅助的车辆通信系统，时间相关性信道是一个不容忽视的特性。

1. 系统模型与优化问题

本节提出了一种无人机辅助的 VEC 系统架构，利用无人机的灵活性协助车辆向路边物联网设备提供 MEC 服务；通过一阶高斯-马尔可夫过程，推导出时间相关性莱斯信道的信噪比下限；根据信噪比下限以及短包通信特性，在满足移动、通信和算力约束的前提下，解决通信多维资源联合优化问题。

2. 无人机辅助的 VEC 系统架构

如图 3-23 所示，在无人机辅助的 VEC 系统中，车辆上搭载了一架装配了 MEC 服务器的无人机。车辆在行驶过程中为路边的物联网设备提供 MEC 服务。当车辆计算资源不足或距离设备较远时，服务质量会下降。此时，车辆释放装配了 MEC 服务器的无人机，以提升设备的服务体验。在释放无人机之前，车辆会向设备发送导频信号，设备接收到信息后将其发送回车辆，车辆即可获得当前时刻的 CSI。在动态环境导致的时间相关性信道中，CSI 仅在信道检测时刻是准确的，即车辆释放无人机前的时刻。后续时刻的 CSI 可以通过一阶高斯-马尔可夫过程进行估计。车辆根据估计的 CSI 设计车辆和无人机的轨迹、通信调度和资源分配。然后，车辆通过专用控制信道将结果传输到无人机和物联网设备，设备和无人机再根据接收到的结果执行卸载和计算任务。

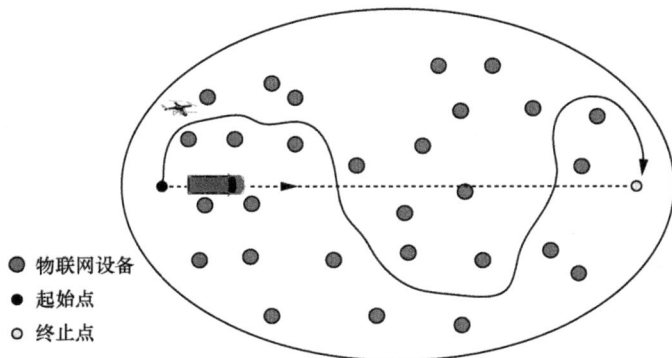

图 3-23　无人机辅助的 VEC 系统的服务示意图

3. 车辆与无人机模型

本节仅研究单 VEC 系统，即一辆车及其无人机在给定 T 时间内为 K 个物联网设备提供 MEC 服务，如图 3-23 所示。假设物联网设备的集合表示为 $\mathcal{K}$ ，则其势为 $|\mathcal{K}| = K$ 。不失一般性，物联网设备的位置由 3D 笛卡儿坐标 $(\boldsymbol{w}_i^{\mathrm{T}}, 0), \forall i \in \mathcal{K}$ 表示，其中 $\boldsymbol{w}_i = [x_i, y_i]^{\mathrm{T}} \in \mathbb{R}^{2 \times 1}$ 表示第 i 个物联网设备的水平坐标。假设车辆的起始点位置和终止点位置是预先确定的，分别表示为 $\left(\boldsymbol{q}_{\mathrm{I}}^{\mathrm{T}}, 0\right)$ 和 $\left(\boldsymbol{q}_{\mathrm{F}}^{\mathrm{T}}, 0\right)$ ，其中 $\boldsymbol{q}_{\mathrm{I}} = [x_{\mathrm{I}}, y_{\mathrm{I}}]^{\mathrm{T}} \in \mathbb{R}^{2 \times 1}$ 和 $\boldsymbol{q}_{\mathrm{F}} = [x_{\mathrm{F}}, y_{\mathrm{F}}]^{\mathrm{T}} \in \mathbb{R}^{2 \times 1}$ 是相应的水平坐标。

为了便于分析，将时间范围 T 离散化为 N 个等长的时隙，表示为集合 $\mathcal{N} = \{1, \cdots, N\}$ 。时隙长度 $\delta = \dfrac{T}{N}$ 足够小，使得车辆和无人机在每个时隙内的位置可以近似为不变。假设无人机在起始点释放，在固定高度 H_1 飞行，并在终止点回到车辆上，则车辆和无人机的轨迹可以分别通过 $N+1$ 长度的 3D 序列 $(\boldsymbol{q}_0^{\mathrm{T}}[n], H_0)$ 和 $(\boldsymbol{q}_1^{\mathrm{T}}[n], H_1)$ 表示，其中 $\boldsymbol{q}_0[n] = [x_0[n], y_0[n]]^{\mathrm{T}}$ 和 $\boldsymbol{q}_1[n] = [x_1[n], y_1[n]]^{\mathrm{T}}$ 表示相应的水平坐标，$H_j, j \in \{0,1\}$ 表示高度，$j = 0$ 表示车辆，$j = 1$ 表示无人机。此外，车辆和无人机的最大速度表示为 $V_j^{\max}$ ，单位为 m/s，它们搭载的 MEC 服务器的最大 CPU 频率表示为 $f_j^{\max}$ ，单位为 Hz。

为了便于说明，本节假设车辆沿直线从起始点移动到终止点，如图 3-23 所示，由此可得

$$\boldsymbol{q}_j[1] = \boldsymbol{q}_{\mathrm{I}}, \boldsymbol{q}_j[N+1] = \boldsymbol{q}_{\mathrm{F}}, \forall j \in \{0,1\} \tag{3-30}$$

$$y_0[n] = \frac{y_{\mathrm{F}} - y_{\mathrm{I}}}{x_{\mathrm{F}} - x_{\mathrm{I}}}\left(x_0[n] - x_{\mathrm{I}}\right) + y_{\mathrm{I}}, n \in \mathcal{N} \tag{3-31}$$

此外，每个时隙内车辆和无人机的最大移动距离由 $S_j = V_j^{\max} \delta$ ，$j \in \{0,1\}$ 表示。因此，车辆和无人机的速度约束可以表示为

$$\left\| \boldsymbol{q}_j[n+1] - \boldsymbol{q}_j[n] \right\| \leqslant S_j, \forall j \in \{0,1\}, n \in \mathcal{N} \tag{3-32}$$

4. 时间相关性信道模型

基于上述坐标，第 i 个物联网设备与车辆（$j = 0$）以及无人机（$j = 1$）在第 n 个时隙的大尺度衰落系数可以表示为

$$g_{ij}[n] = \sqrt{\rho_0 d_{ij}^{-2}[n]} = \sqrt{\frac{\rho_0}{\left\| \boldsymbol{q}_j[n] - \boldsymbol{w}_i \right\|^2 + H_j^2}} \tag{3-33}$$

其中，ρ_0 表示参考距离 $d_0 = 1\text{m}$ 处的信道功率增益，$d_{ij}[n] = \sqrt{\|\boldsymbol{q}_j[n] - \boldsymbol{w}_i\|^2 + H_j^2}$ 表示第 i 个物联网设备与车辆（$j=0$）以及无人机（$j=1$）在第 n 个时隙的距离。

除了大尺度衰落，本节还考虑了物联网设备与车辆以及无人机之间链路的小尺度衰落。假设链路是基于一阶高斯-马尔可夫过程的时间相关性信道，车辆通过前一时隙的 CSI 预测后续 CSI。因此，小尺度衰落系数可以表示为

$$\zeta_{ij}[n] = \sqrt{\alpha}\zeta_{ij}[n-1] + \sqrt{1-\alpha}\phi_{ij}[n] = \alpha^{\frac{n}{2}}\zeta_{ij}[0] + \sqrt{1-\alpha}\sum_{k=1}^{n}\alpha^{\frac{n-k}{2}}\phi_{ij}[k] \tag{3-34}$$

其中，α 为时间衰落系数，范围为 $[0,1]$；$\phi_{ij}[n]$ 是服从独立同分布的、均值为零且方差为 σ_h^2 的圆对称复高斯分布，即 $\phi_{ij}[n] \sim \mathcal{CN}(0, \sigma_h^2)$。

由于直射路径的存在，小尺度衰落可以用莱斯衰落建模为

$$\zeta_{ij}[0] = \sqrt{\frac{1}{\beta+1}}\tilde{\xi}_{ij} + \sqrt{\frac{\beta}{\beta+1}}\overline{\xi}_{ij} \tag{3-35}$$

其中，$\tilde{\xi}_{ij} \sim \mathcal{CN}(0,1)$ 表示随机散射分量，是零均值、单位方差的圆对称复高斯随机变量；$\overline{\xi}_{ij}$ 表示确定性 LOS 通道分量，$|\overline{\xi}_{ij}| = 1$；$\beta$ 是莱斯因子。

从式（3-34）可以看出，后续的 CSI 是根据车辆释放无人机之前获得的准确 CSI 估计得到的。为了保证计算量，本节根据预测的最坏情况建立优化问题。假设每个物联网设备以恒定的传输功率 P_i 卸载计算数据，通过推导可得如下引理。

引理 1：第 i 个物联网设备在第 n 个时隙与车辆以及无人机之间时间相关性莱斯衰落信道的信噪比下限为

$$\Gamma_{ij}[n] = \frac{P_i\overline{h}_{ij}^2[n]}{P_i\sigma_{\tilde{h}_{ij}[n]}^2 + \sigma_z^2} = \frac{\gamma_{ij}[n]}{\sigma_z^2\|\boldsymbol{q}_j[n] - \boldsymbol{w}_i\|^2 + \eta_{ij}[n]} \tag{3-36}$$

其中，σ_z^2 是接收器处的加性白高斯噪声功率，$\gamma_{ij}[n] = \dfrac{P_i\rho_0\overline{\xi}_{ij}^2\,\alpha^n\beta}{\beta+1}$，$\eta_{ij}[n] = P_i\rho_0\left(\dfrac{\alpha^n}{\beta+1} + \sigma_h^2(1-\alpha^n)\right) + \sigma_z^2 H_j^2$。

5. 短包通信模型

车辆和无人机的移动性对通信和计算的时延和可靠性提出了更高的要求，因此在模型中考虑了短包通信。香农容量应用的前提是包长无穷大且解码错误概率为零。因此，它无法准确捕捉短包通信中可达到的数据速率。此外，假设物联网设备

通过频分多址技术在具有相同带宽 B 的非重叠频带上传输数据，因此，第 i 个物联网设备在第 n 个时隙向车辆（ $j=0$ ）和无人机（ $j=1$ ）传输计算数据的速率可以表示为

$$R_{ij}[n] = B[\mathrm{lb}(1+\Gamma_{ij}[n]) - \sqrt{\frac{V_{ij}[n]}{\delta B}}\frac{Q^{-1}(\epsilon)}{\ln 2}] = B\mathrm{lb}(1+\Gamma_{ij}[n]) - \varsigma\sqrt{V_{ij}[n]} \tag{3-37}$$

其中， $V_{ij}[n]$ 是信道色散，表示为 $V_{ij}[n] = 1 - (1+\Gamma_{ij}[n])^{-2}$ ； $Q^{-1}(\cdot)$ 是高斯 Q 函数的反函数； ϵ 是解码错误概率； $\varsigma = \frac{Q^{-1}(\epsilon)}{\ln 2}\sqrt{\frac{1}{\delta B}}$ 。

假设一个物联网设备的计算数据可被分为多个较小的数据，这些数据可以分别卸载到车辆和无人机上，实现并行处理。 $a_{ij}[n]$ 表示第 n 个时隙中第 i 个物联网设备的通信调度变量。如果 $a_{ij}[n]=1$ ，则第 i 个物联网设备在第 n 个时隙向车辆（ $j=0$ ）或无人机（ $j=1$ ）传输计算数据，否则保持待机。

由于每个单位数据都可以独立处理，因此车辆和无人机可以在下一个时隙开始处理上一个时隙接收到的数据，车辆和无人机在第一个时隙仅接收数据，并不处理数据。为了在车辆到达终止点之前成功处理所有的数据，物联网设备不会在最后一个时隙卸载数据。此外，假设每个物联网设备在每个时隙仅可以与车辆和无人机中的一个进行通信，由此可得如下约束。

$$a_{ij}[n] \in \{0,1\}, \forall i \in \mathcal{K}, j \in \{0,1\}, n \in \mathcal{N}/N \tag{3-38}$$

$$\sum_{j \in \{0,1\}} a_{ij}[n] \leqslant 1, \forall i \in \mathcal{K}, n \in \mathcal{N}/N \tag{3-39}$$

6. 计算模型

假设计算第 i 个物联网设备的单位比特数据所需的 CPU 周期数为 C_i ，单位为周期/比特，车辆（ $j=0$ ）和无人机（ $j=1$ ）在第 n 个时隙分配给第 i 个物联网设备的 CPU 频率为 $f_{ij}[n]$ ，单位为 Hz。那么，算力约束表示为

$$\sum_{i \in \mathcal{K}} f_{ij}[n] \leqslant f_j^{\max}, j \in \{0,1\}, n \in \mathcal{N}/1 \tag{3-40}$$

由于车辆和无人机的算力有限，从第 n 到第 $(N-1)$ 个时隙的累计计算数据不应大于从第 $(n+1)$ 到第 N 个时隙的累计计算数据。因此，计算约束表示为

$$\sum_{l=n}^{N-1} C_i a_{ij}[l] R_{ij}[l] \leqslant \sum_{l=n+1}^{N} f_{ij}[l], \forall i \in \mathcal{K}, j \in \{0,1\}, n \in \mathcal{N}/N \tag{3-41}$$

更直观地讲，该约束可以解释为当前时隙接收到的计算数据应该在车辆到达终止点之前处理完。

7. 优化问题与求解

我们在满足轨迹、通信与计算约束的前提下，通过联合优化通信调度 $A = \{a_{ij}[n], \forall i \in \mathcal{K}, j \in \{0,1\}, n \in \mathcal{N} / N\}$、车辆和无人机的轨迹 $Q = \{q_j[n], j \in \{0,1\}, n = 1, \cdots, N+1\}$ 与算力资源 $F = \{f_{ij}[n], \forall i \in \mathcal{K}, j \in \{0,1\}, n \in \mathcal{N} / 1\}$ 来最大化系统的总计算量。因此，优化问题可以建立为

$$\max_{A,Q,F} \sum_{i=1}^{K} \sum_{j \in \{0,1\}} \sum_{n=1}^{N-1} a_{ij}[n] R_{ij}[n] \tag{3-42}$$

s.t. 式（3-30）~ 式（3-32）、式（3-38）~ 式（3-41）

从式（3-42）可知，变量 $a_{ij}[n]$ 是二进制变量，即使没有 $a_{ij}[n]$，目标函数中的 $R_{ij}[n]$ 和约束式（3-41）对于 $q_j[n]$ 也是非凸的。因此该问题为混合整数非凸问题，难以高效地获得最优解。为了解决这些困难，本节提出了一种迭代算法来获得高质量解。

我们将式（3-42）分解为两个子问题：通信调度优化问题以及轨迹与算力资源优化问题。在第一个子问题中，给定任意轨迹 Q 和算力资源 F，通过拉格朗日对偶分解方法优化通信调度 A。在第二个子问题中，给定任意通信调度 A，通过连续凸近似方法联合优化轨迹 Q 和算力资源 F。最后，本节结合这两种方法提出了一种迭代算法来求解原始问题（即式（3-42））。

（1）通信调度优化问题

给定任意轨迹 Q 和算力资源 F，式（3-42）可被转化为如下问题。

$$\max_{A} \sum_{i=1}^{K} \sum_{j \in \{0,1\}} \sum_{n=1}^{N-1} a_{ij}[n] R_{ij}[n] \tag{3-43}$$

s.t. 式（3-38）、式（3-39）、式（3-41）

可见问题（3-43）是一个整数规划问题，可以通过分支定界算法求解。这种方法虽然可以得到最优解，但复杂度较高。为了更高效地解决这个问题，本节采用拉格朗日对偶分解方法求解。

首先，将二进制变量 $a_{ij}[n]$ 松弛为连续变量，即 $0 \leq a_{ij}[n] \leq 1$。由此，问题（3-43）被简化为如下线性规划问题。

$$\max_{A} \sum_{i=1}^{K} \sum_{j \in \{0,1\}} \sum_{n=1}^{N-1} a_{ij}[n] R_{ij}[n]$$

s.t. 式（3-39）、式（3-41）

$$0 \leq a_{ij}[n] \leq 1, \forall i \in \mathcal{K}, j \in \{0,1\}, n \in \mathcal{N} / N \tag{3-44}$$

该问题的拉格朗日函数可以表示为

$$L(\boldsymbol{A},\boldsymbol{\varLambda}) = \sum_{i=1}^{K}\sum_{j\in\{0,1\}}\sum_{n=1}^{N-1}\left\{a_{ij}[n]R_{ij}[n] - \lambda_{ij}[n]\left(\sum_{l=n}^{N-1}C_i a_{ij}[l]R_{ij}[l] - \sum_{l=n+1}^{N}f_{ij}[l]\right)\right\}$$

$$(3\text{-}45)$$

$$\boldsymbol{\varLambda} = \{\lambda_{ij}[l] \geqslant 0, \forall i \in \mathcal{K}, j \in \{0,1\}, l \in \mathcal{N}/N\} \tag{3-46}$$

其中，$\boldsymbol{\varLambda}$ 是非负对偶变量。

由于问题（3-44）是凸问题且满足斯莱特条件，所以问题（3-44）与其对偶问题之间为强对偶，求解问题（3-44）等价于求解问题（3-47）。

$$\min_{\boldsymbol{\varLambda}}\max_{\boldsymbol{A}} L(\boldsymbol{A},\boldsymbol{\varLambda})$$

s.t. 式（3-39）、式（3-45）的第2行约束条件

$$(3\text{-}47)$$

为了在满足约束（3-39）和式（3-45）的第 2 行约束条件的前提下最大化问题（3-44）的目标函数，对于任意给定的 $i \in \mathcal{K}$ 和 $n \in \mathcal{N}/N$，拥有最大系数 $\varOmega_{ij}[n]$ 的 $a_{ij}[n]$ 应取 1，其他为 0。因此，可以通过解决以下问题得到最优的 j_{im}^*。

$$j_{im}^* = \arg\max_{j\in\{0,1\}} \varOmega_{ij}[n] \tag{3-48}$$

所以，最优解 $a_{ij}^*[n]$ 可以表示为

$$a_{ij}^*[n] = \begin{cases} 1, j = j_{im}^* \\ 0, j \neq j_{im}^* \end{cases} \tag{3-49}$$

可以看出，问题（3-47）的解也满足问题（3-43）中的整数约束（3-38）。因此，问题（3-47）的解可以通过式（3-49）得到。

（2）轨迹与算力资源优化问题

给定任意通信调度 $\boldsymbol{A}$，问题（3-42）可以转化为

$$\max_{\boldsymbol{Q},\boldsymbol{F}} \sum_{i=1}^{K}\sum_{j\in\{0,1\}}\sum_{n=1}^{N-1} a_{ij}[n]R_{ij}[n]$$

s.t. 式（3-30）~式（3-32）、式（3-40）、式（3-41）

$$(3\text{-}50)$$

可以看出，在目标函数和约束（3-41）中，$R_{ij}[n]$ 对于 $\boldsymbol{q}_j[n]$ 既不是凸函数也不是凹函数。因此，问题（3-50）仍然是非凸问题，一般很难直接求解。引入松弛变量 $\boldsymbol{\varTheta} = \{\theta_{ij}[n], \forall i \in \mathcal{K}, j \in \{0,1\}, n \in \mathcal{N}/N\}$，则问题（3-50）被转化为

$$\max_{\boldsymbol{Q},\boldsymbol{F},\boldsymbol{\varTheta}} \sum_{i=1}^{K}\sum_{j\in\{0,1\}}\sum_{n=1}^{N-1} a_{ij}[n]R_{ij}^{\theta}[n]$$

s.t. 式（3-30）~式（3-32）、式（3-40）

$$(3\text{-}51)$$

$$\sum\nolimits_{n=l}^{N-1} C_i a_{ij}[n] R_{ij}^{\theta}[n] \leqslant \sum\nolimits_{n=l+1}^{N} f_{ij}[n], \forall i \in \mathcal{K}, j \in \{0,1\}, l \in \mathcal{N} / N \qquad (3\text{-}52)$$

$$\theta_{ij}[n] \leqslant \Gamma_{ij}[n], \forall i \in \mathcal{K}, j \in \{0,1\}, n \in \mathcal{N} / N \qquad (3\text{-}53)$$

其中，$R_{ij}^{\theta}[n] = B \mathrm{lb}(1+\theta_{ij}[n]) - \varsigma \sqrt{1-(1+\theta_{ij}[n])^{-2}}$。

可证，$R_{ij}^{\theta}[n]$ 对于 $\theta_{ij}[n]$ 是凹函数。所以，在问题（3-51）的最优解处，约束（3-53）为等式，否则总是可以通过增大 $\theta_{ij}[n]$ 来增大问题（3-51）的目标函数值。因此，问题（3-50）等价于问题（3-51）。

可以看出，约束（3-52）和（3-53）仍然是非凸的。为了解决这个问题，采用连续凸近似方法在每次迭代中将原始函数在给定局部点处近似为一个更易处理的函数。令 $\boldsymbol{\Theta}^r = \left\{ \theta_{ij}^r[n], \forall i \in \mathcal{K}, j \in \{0,1\}, n \in \mathcal{N} / N \right\}$ 和 $\boldsymbol{Q}^r = \{ \boldsymbol{q}_j^r[n], j \in \{0,1\}, n = 1, \cdots, N+1 \}$ 分别表示在第 r 次迭代中给定的松弛变量以及车辆和无人机的轨迹。通过连续凸近似方法可以推导得出 $R_{ij}^{\theta}[n]$ 在给定局部点 $\boldsymbol{\Theta}^r$ 处的上界 $R_{ij}^{\theta,\mathrm{ub}}[n]$，以及 $\Gamma_{ij}[n]$ 在给定局部点 $\boldsymbol{Q}^r$ 处的下界 $\Gamma_{ij}^{\mathrm{lb}}[n]$。

对于任意给定的局部点 $\boldsymbol{\Theta}^r = \left\{ \theta_{ij}^r[n], \forall i \in \mathcal{K}, j \in \{0,1\}, n \in \mathcal{N} / N \right\}$、$\boldsymbol{Q}^r = \{ \boldsymbol{q}_j^r[n], j \in \{0,1\}, n = 1, \cdots, N+1 \}$，问题（3-51）可被近似为

$$\max_{\boldsymbol{Q},\boldsymbol{F},\boldsymbol{\Theta}} \sum\nolimits_{i=1}^{K} \sum\nolimits_{j \in \{0,1\}} \sum\nolimits_{n=1}^{N-1} a_{ij}[n] R_{ij}^{\theta}[n] \qquad (3\text{-}54)$$
$$\text{s.t. 式（3-30）} \sim \text{式（3-32）、式（3-43）}$$

$$\sum\nolimits_{n=l}^{N-1} C_i a_{ij}[n] R_{ij}^{\theta,\mathrm{ub}}[n] \leqslant \sum\nolimits_{n=l+1}^{N} f_{ij}[n], \forall i \in \mathcal{K}, j \in \{0,1\}, l \in \mathcal{N} / N \qquad (3\text{-}55)$$

$$\theta_{ij}[n] \leqslant \Gamma_{ij}^{\mathrm{lb}}[n], \forall i \in \mathcal{K}, j \in \{0,1\}, n \in \mathcal{N} / N \qquad (3\text{-}56)$$

在该问题中，目标函数是凹函数，约束（3-30）、（3-40）和（3-55）是线性约束，其他约束都是凸约束。因此，问题（3-54）是一个凸优化问题，可以通过标准优化方法解决，如内点法。如此，问题（3-50）可以通过迭代优化局部点 $\boldsymbol{\Theta}^r$ 和 $\boldsymbol{Q}^r$ 处的问题（3-54）来求解。

（3）总算法

基于通信调度优化问题以及轨迹与算力资源优化问题的解，我们提出一种迭代算法来求解原始问题（3-42）。首先，在第 $r+1$ 次迭代中，给定轨迹 $\boldsymbol{Q}^r$ 和算力资源 $\boldsymbol{F}^r$，求解问题（3-47）得到通信调度 $\boldsymbol{A}^{r+1}$。然后，使用求得的 $\boldsymbol{A}^{r+1}$，求解问题（3-54）得到 $\boldsymbol{Q}^{r+1}$ 和 $\boldsymbol{F}^{r+1}$。该过程交替进行，直到问题（3-42）的目标函数值收敛。

具体算法步骤如下。

算法 3-1 迭代算法

$r \leftarrow 0$

初始化车辆和无人机的轨迹 $\boldsymbol{q}_j^r[n]$ 和算力资源 $f_{ij}^r[n]$，执行循环：

给定局部点 $\boldsymbol{q}_j^r[n]$ 和 $f_{ij}^r[n]$，通过拉格朗日对偶分解方法求解问题（3-47）得到解 $a_{ij}^*[n]$；给定局部点 $a_{ij}^{r+1}[n]$，通过连续凸近似方法求解问题（3-54）得到解 $\boldsymbol{q}_j^*[n]$ 和 $f_{ij}^*[n]$

更新通信调度 $a_{ij}^{r+1}[n] \leftarrow a_{ij}^*[n]$，更新局部点 $\boldsymbol{q}_j^{r+1}[n] \leftarrow \boldsymbol{q}_j^*[n]$ 和 $f_{ij}^{r+1}[n] \leftarrow f_{ij}^*[n]$

$r \leftarrow r+1$

若目标函数值收敛，结束循环

8. 仿真结果

下面验证所提算法的有效性。根据实际应用，设置车辆高度为 $H_0 = 1.5\text{m}$。考虑到无人机的信道质量和能耗，设置无人机的高度为 $H_1 = 40\text{m}$。假设车辆从起始点 $\boldsymbol{q}_I = [0,0]^T\text{m}$ 沿直线行驶到终止点 $\boldsymbol{q}_F = [0,1000]^T\text{m}$。为了保证无人机能在终止点飞回车辆，分别设置车辆和无人机的最大速度为 $V_0^{\max} = 20\text{m/s}$ 和 $V_1^{\max} = 30\text{m/s}$。假设在无人机辅助的车辆短包通信和边缘计算系统中，$K = 20$ 个物联网设备在 $1\text{km}\times1\text{km}$ 的正方形区域内随机均匀分布。为了便于分析，假设所有物联网设备具有相同的属性，即它们以相同的功率 $P_i = 0.01\text{W}$ 传输数据，单位比特数据的算力需求相同且 $C_i = 1000$ 周期/比特。参考距离 $d_0 = 1\text{m}$ 处的信道功率增益为 $\rho_0 = -60\text{dB}$，时间衰落系数 $\alpha = 0.98$，莱斯因子 $\beta = 1$，信道估计误差方差 $\sigma_h^2 = 1$，接收噪声功率 $\sigma_z^2 = -80\text{dBm}$，解码错误概率 $\epsilon = 10^{-9}$，信道带宽 $B = 5\text{MHz}$。

图 3-24 和图 3-25 分别展示了车辆和无人机（在无人机最大算力 $f_1^{\max} = 10\text{MHz}$ 和 $f_1^{\max} = 1\text{GHz}$ 时）的轨迹。从图 3-24 可以看出，无人机先服务车辆行驶路径上方的物联网设备，再服务车辆行驶路径下方的物联网设备。这是因为当 $x > 500\text{m}$ 时，车辆行驶路径下方的设备更多，可以卸载更多的计算数据。但是，从图 3-25 可以看出，即使车辆行驶路径下方的设备距离更近，具有足够算力资源的无人机也更多地服务车辆行驶路径上方的设备。这是因为随着时间的推移，时间相关性信道的估计越来越不准确，导致信噪比的下限随着时间的推移而降低。因此，无人机先遇到的设备（车辆行驶路径上方的设备）可以传输更多的计算数据。

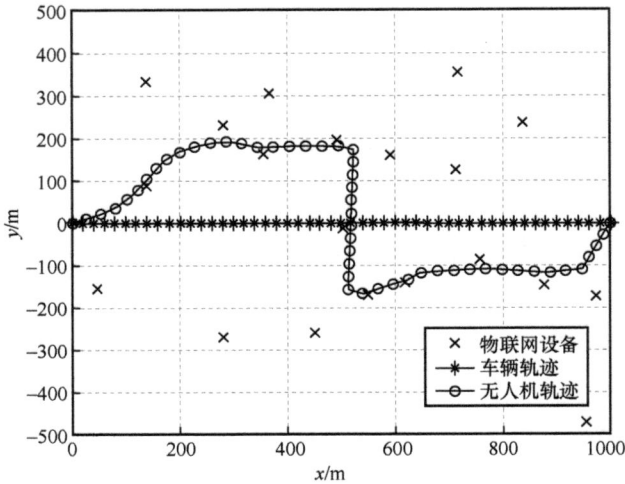

图 3-24　车辆和无人机的轨迹（ $f_1^{max} = 10\text{MHz}$ ）

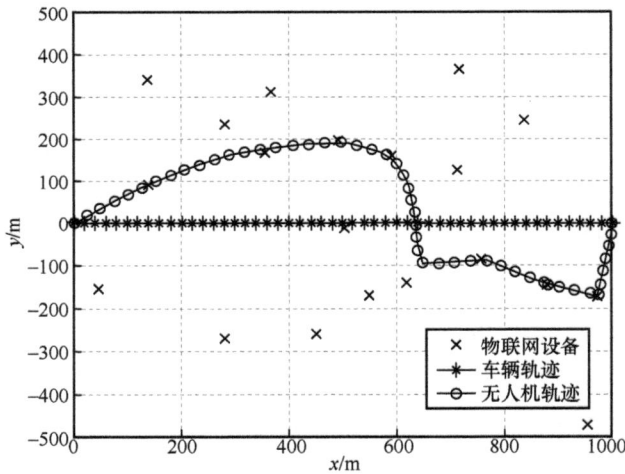

图 3-25　车辆和无人机的轨迹（ $f_1^{max} = 1\text{GHz}$ ）

　　为了进一步研究车辆行驶时间和无人机算力资源对总计算量的影响，分别在不同车辆行驶时间和无人机算力资源下对所提算法进行仿真实验，结果如图 3-26 和图 3-27 所示。从图 3-26 可以看出，总计算量随着车辆行驶时间的增加而增加，这是因为车辆和无人机有更多的时间来处理更多的数据。但是，随着车辆行驶时间的增加，计算量的增长率通常会减小。这是因为无人机能够在较短的时间内飞到足够靠近服务设备的位置，更多的时间只能增加悬停时间，对计算量的提升有限。从图 3-27 可以观察到，总计算量首先随着无人机算力资源的增加而增加，当无人机算力资源达到一定水平后，总计算量保持不变。这是因为随着算力资源的增加，无人机可以处理更多的计算数据，但是当其达到一定水平时，车辆和无人机的总算力资源超过了物联网设备的最大算力需求。

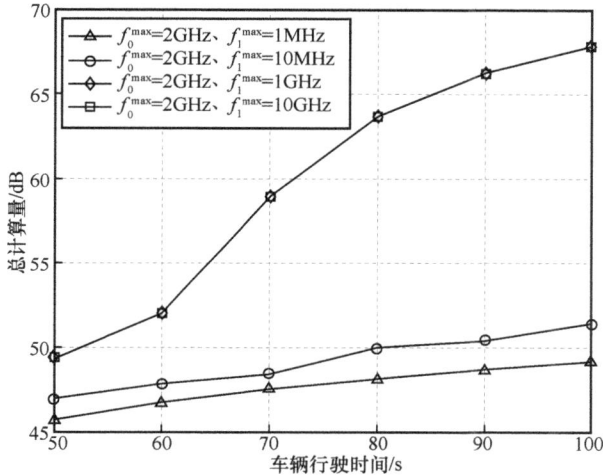

图 3-26　不同车辆行驶时间下的总计算量

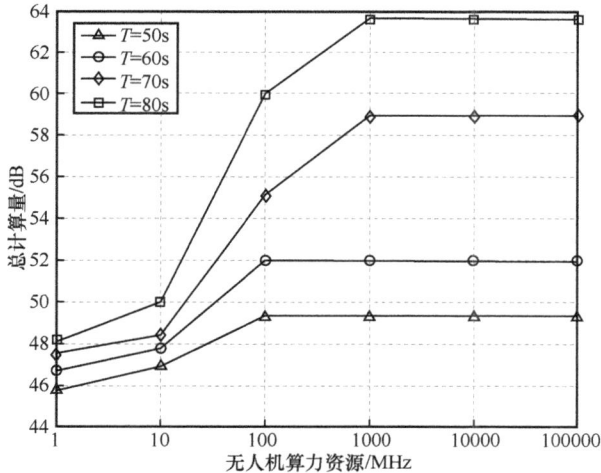

图 3-27　不同无人机算力资源下的总计算量

　　为了进一步证明对图 3-26 和图 3-27 的分析，在图 3-28 和图 3-29 中绘制了不同车辆行驶时间和无人机算力资源下的系统计算效率曲线。从图 3-28 可以看出，随着车辆行驶时间的增加，总计算量增加，系统计算效率提高。这与对图 3-26 的分析是一致的。从图 3-29 可以看出，随着无人机算力资源的增加，系统计算效率先增加后减少。这些都验证了上文的分析。

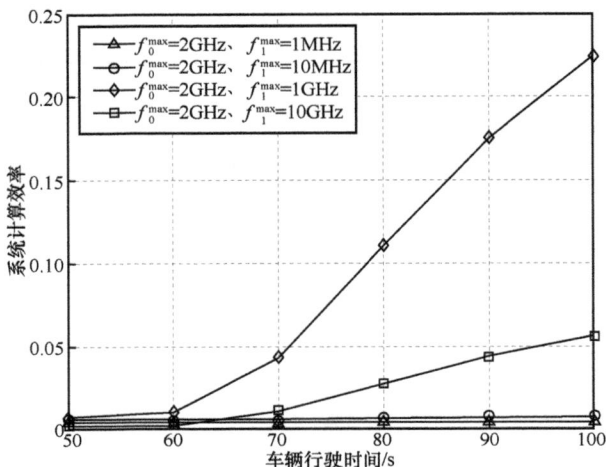

图 3-28　不同车辆行驶时间下的系统计算效率

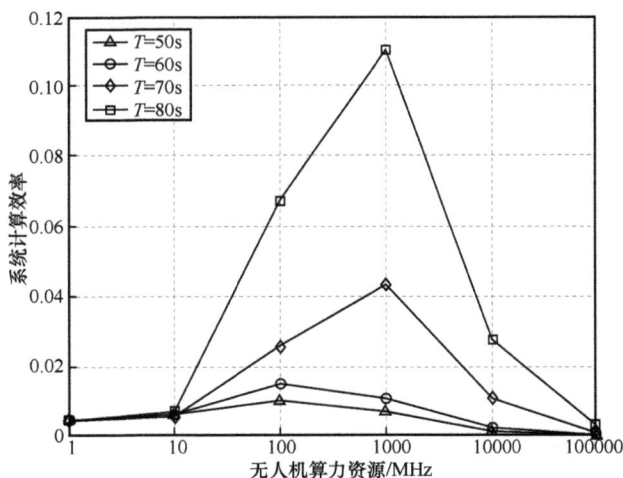

图 3-29　不同无人机算力资源下的系统计算效率

3.3.2　基于流水线原理的单无人机通算能联合优化系统

本节就单无人机 MEC 资源分配问题展开讨论。针对无人机 MEC 资源有限问题, 本节给出基于物联网设备匹配的通信调度方案和基于芯片计算频率控制的计算资源分配策略。在构建基于无人机的 MEC 数学模型的基础上, 本节对单无人机和物联网设备之间的匹配进行了优化, 并优化了无人机提供 MEC 服务时的计算频率以及 MEC 任务各部分的时序。所提出的资源分配策略降低了单无人机提供 MEC 服务时的能耗。

3.3.2.1　单无人机单流水线 MEC 资源分配

无人机作为一个移动的能量平台为物联网设备（Internet of Things Device, IoTD）供电。此外, 无人机还安装了单天线以供无线传输, 并安装了高性能计算单元。在无人机的一个飞行周期中, 无人机将按照固定轨迹飞行, 然后飞回初始位置。为了指明物理问题并说明所提出的无人机辅助系统的工作方式, 以智慧农场为例进行解释。

智慧农场远离城市, 并且安装了许多不同类型的 IoTD 用于监控。IoTD 能够以一定的频率从环境中收集数据, 并在本地存储数据。这些低功耗的 IoTD 由电池供电, 且充电十分不便。与此同时, IoTD 普遍较小, 无法安装高性能计算单元, 因此无法满足智慧农场的智能需求。

为了解决这一问题, IoTD 将安装能量接收器用于收割环境中的无线电波并将其转化为电能。无人机将作为一个移动的能源和计算平台, 为 IoTD 提供辅助供电和边缘计算服务。无人机的目标是在不消耗物联网能量的情况下, 收集 IoTD 的监测数据, 并处理这些数据, 最后通过计算得到指令（如 IoTD 的开关指令）并将其下达到对应的 IoTD。

更具体地说, 本节所考虑的无人机边缘计算系统的工作方式可概括为以下 3 个部分。

① 服务初始化: 无人机飞到特定位置并悬停, 然后向 IoTD 发送信号, 将其工作模式切换到能量收割模式以获取射频能量。IoTD 将准备好被无人机充电。

② 无线供电: 无人机通过 WPT 技术向 IoTD 传输能量。请注意, 其他远端 IoTD 处于数据收集模式, 在这种模式下, 无人机无法为 IoTD 充电。而且, 远端 IoTD 距离无人机太远, 无法获取无线能量。

③ 移动边缘计算: 物联网将其收集的数据上传到无人机。无人机可以应用经过训练的机器学习模型来处理传输的数据, 然后将指令返回给 IoTD。根据无人机的计算结果, 无人机返给 IoTD 的指令包括调整其数据收集频率或工作模式等。

不失一般性，本节使用 3D 欧氏坐标系来进行系统模型的构建。单无人机移动边缘计算系统如图 3-30 所示，坐标原点 o 为所有 IoTD 的几何中心。假定有 N 个 IoTD 和一架无人机。在一个飞行周期中，无人机将按照确定的轨迹飞行，并在飞行期间于 M 个位置上空进行悬停。本节中 IoTD 和无人机的悬停位置是固定的。第 i 个 IoTD 的位置坐标固定为 $(x_i, y_i, 0)$，$i \in \mathcal{N} = \{1, 2, \cdots, N\}$。无人机在一个飞行周期中的第 j 个悬停位置坐标为 (X_j, Y_j, H)，$j \in \mathcal{M} = \{1, 2, \cdots, M\}$。同时，无人机在第 j 个悬停位置的停留时间为 T_j 秒。在此期间，无人机将选择部分 IoTD 进行数据收集和计算。本节假设无人机飞行轨迹设计良好，所有 IoTD 都将有机会接受无人机的 MEC 服务。在无人机的一个飞行周期中，每个 IoTD 只给无人机上传一次数据，然而无人机可以在每个悬停位置收集多个 IoTD 的数据并为其提供 MEC 服务。定义 a_{ij} 为无人机与 IoTD 的匹配变量。这里，$a_{ij} = 1$ 表示第 i 个 IoTD 选择在无人机飞到第 j 个悬停位置时传输数据，否则，$a_{ij} = 0$。因此，可以得到以下约束。

$$\sum_{j=1}^{M} a_{ij} = 1, \forall i \in \mathcal{N}, \forall j \in \mathcal{M} \tag{3-57}$$

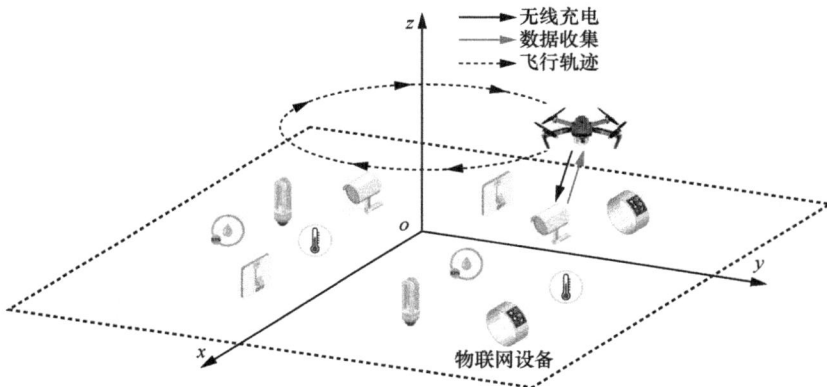

图 3-30　单无人机移动边缘计算系统

除此之外，可以得到

$$a_{ij} = \{0,1\}, \forall i \in \mathcal{N}, \forall j \in \mathcal{M} \tag{3-58}$$

更进一步，每一个 IoTD 接受无人机 MEC 服务的流程包括 3 个阶段，如图 3-31 所示。无线能量传输阶段：无人机将能量通过射频传给 IoTD。监测数据上传阶段：IoTD 将数据上传给无人机。计算任务处理阶段：无人机对收到的数据进行计算处理，得到相关指令。这里将指令信息的下载省略。这 3 个阶段所用的时间可依次表示为 t_{ij}^{w}、t_{ij}^{u}、t_{ij}^{c}。

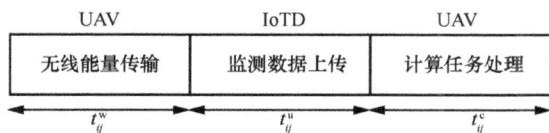

图 3-31　无人机 MEC 服务流程的 3 个阶段

定义 D_i 为第 i 个 IoTD 传输给无人机的数据量，F_i 为无人机处理这些数据所需要的总 CPU 运行周期数，可以得到第 i 个 IoTD 的计算任务为 $\left(D_i, F_i, t_i^{\mathrm{qos}}\right), \forall i \in \mathcal{N}$。定义系统信道总带宽为 B，p_i 是第 i 个 IoTD 的天线发射功率，σ^2 为噪声功率，则第 i 个 IoTD 在无人机飞到第 j 个悬停位置时，与无人机之间的距离可表示为

$$d_{ij} = \sqrt{(X_j - x_i)^2 + (Y_j - y_i)^2 + H^2} \qquad (3\text{-}59)$$

信道增益为

$$h_{ij} = \frac{h_0}{d_{ij}^2} \qquad (3\text{-}60)$$

因此，在无人机飞到第 j 个悬停位置时，第 i 个 IoTD 可以获得的上行通信速率为

$$r_{ij} = B\mathrm{lb}\left(1 + \frac{p_i h_{ij}}{\sigma^2}\right), \forall i \in \mathcal{N}, \forall j \in \mathcal{M} \qquad (3\text{-}61)$$

相应的上行通信所需时间为

$$t_{ij}^{\mathrm{u}} = \frac{D_i}{r_{ij}}, \forall i \in \mathcal{N}, \forall j \in \mathcal{M} \qquad (3\text{-}62)$$

定义 f_{ij} 为无人机在第 j 个悬停位置分配给第 i 个 IoTD 的计算资源，则无人机执行计算操作所需要的时间为

$$t_{ij}^{\mathrm{c}} = \frac{F_i}{f_{ij}}, \forall i \in \mathcal{N}, \forall j \in \mathcal{M} \qquad (3\text{-}63)$$

在本节所提出的无人机 MEC 系统中，无人机在同一时刻仅为一个 IoTD 进行计算服务，因此，所有 IoTD 的计算任务是一个接着一个执行的。由于无人机所携带的计算资源是有限的，即无人机搭载的 CPU 主频是有限的，因此计算资源约束

如下。

$$0 \leqslant f_{ij} \leqslant f_{\max}, \forall i \in \mathcal{N}, \forall j \in \mathcal{M} \qquad (3\text{-}64)$$

其中，$f_{\max}$ 为无人机可以分配的最大的计算资源量。针对每一个 IoTD，其无线充电、数据上传和计算都必须在规定时间 t_i^{qos} 之内完成，才可以确保无人机 MEC 系统的 QoS，因此

$$a_{ij}\left(t_{ij}^{\mathrm{w}} + t_{ij}^{\mathrm{u}} + t_{ij}^{\mathrm{c}}\right) \leqslant t_i^{\mathrm{qos}}, \forall i \in \mathcal{N}, \forall j \in \mathcal{M} \qquad (3\text{-}65)$$

无人机的能耗包括无线充电、计算和飞行三大部分。在本节考虑的模型中，无人机无线充电和计算的能量来源于负载的电池，而无人机螺旋翼的能量来自太阳能。因此，本节的无人机能耗由两个权重不同的部分加权求和得到。无人机处理第 i 个 IoTD 的计算任务的实际能耗为 $\kappa_i(f_{ij})^{\gamma_i} t_{ij}^{\mathrm{c}}$。无人机在第 j 个悬停位置必须停留到为 IoTD 完成 MEC 服务后才可以离开，因此

$$T_j \geqslant \sum_{i=1}^{N} a_{ij}\left(t_{ij}^{\mathrm{w}} + t_{ij}^{\mathrm{u}} + t_{ij}^{\mathrm{c}}\right), \forall j \in \mathcal{M} \qquad (3\text{-}66)$$

与此同时，IoTD 收割的无线能量需要满足自身上传数据所消耗的能量，因此可得如下约束。

$$E_{ij}^{\mathrm{W}} = v_i h_{ij} P_{\mathrm{uav}}^{\mathrm{W}} t_{ij}^{\mathrm{w}} \geqslant p_i t_{ij}^{\mathrm{u}}, \forall i \in \mathcal{N}, \forall j \in \mathcal{M} \qquad (3\text{-}67)$$

定义 $P_{\mathrm{uav}}^{\mathrm{H}}$ 为无人机悬停功率，$P_{\mathrm{uav}}^{\mathrm{W}}$ 为无人机固定的 WPT 天线发射功率，ϕ 和 φ 分别为电池供电和太阳能供电的优化权重。无人机在第 j 个悬停位置的悬停能耗为 E^{H}。这里，无人机在两个悬停位置之间直线飞行的能耗为定值，因此本模型未加入无人机移动能耗。因此，无人机总能耗 E 可表示为

$$E = \phi(E^{\mathrm{C}} + E^{\mathrm{W}}) + \varphi E^{\mathrm{H}} = \qquad (3\text{-}68)$$

$$\phi \sum_{i=1}^{N}\sum_{j=1}^{M} a_{ij}\kappa_i(f_{ij})^{\gamma_i} t_{ij}^{\mathrm{c}} + \phi \sum_{i=1}^{N}\sum_{j=1}^{M} a_{ij} E_{ij}^{\mathrm{W}} + \varphi \sum_{j=1}^{M} E_j^{\mathrm{H}} = \qquad (3\text{-}69)$$

$$\phi \sum_{i=1}^{N}\sum_{j=1}^{M} \kappa_i F_i a_{ij}(f_{ij})^2 + \phi \sum_{i=1}^{N}\sum_{j=1}^{M} a_{ij} v_i h_{ij} P_{\mathrm{uav}}^{\mathrm{W}} t_{ij}^{\mathrm{w}} + \varphi P_{\mathrm{uav}}^{\mathrm{H}} \sum_{j=1}^{M} T_j \qquad (3\text{-}70)$$

在上述场景中，无人机要在一次飞行任务中完成多项多用户任务（如 WPT、通信和计算任务）。针对以上场景，可将无人机 MEC 资源分配问题数学形式化。定义优化变量：IoTD 与无人机悬停位置的关联矩阵 $\boldsymbol{A} = \{a_{ij}, \forall i \in \mathcal{N}, \forall j \in \mathcal{M}\}$，无人机计算资源分配矩阵 $\boldsymbol{F} = \{f_{ij}, \forall i \in \mathcal{N}, \forall j \in \mathcal{M}\}$，无线能量传输时间矩阵

$\boldsymbol{\tau} = \{t_{ij}^{\mathrm{w}}, \forall i \in \mathcal{N}, \forall j \in \mathcal{M}\}$，无人机在所有悬停位置停留的时间矩阵 $\boldsymbol{T} = \{T_j, \forall j \in \mathcal{M}\}$。

在下面的优化问题中，优化目标为最小化单无人机的能耗。单无人机单流水线 MEC 资源分配优化问题被建模为

$$\mathcal{P}3\text{-}1\text{:}\quad \underset{\boldsymbol{A,F,\tau,T}}{\mathrm{minimize}}[\phi(E^{\mathrm{C}} + E^{\mathrm{W}}) + \varphi E^{\mathrm{H}}] \tag{3-71}$$

$$\mathrm{s.t.}\ a_{ij} = \{0,1\}, \forall i \in \mathcal{N}, \forall j \in \mathcal{M} \tag{3-72}$$

$$\sum_{j=1}^{M} a_{ij} = 1, \forall i \in \mathcal{N}, \forall j \in \mathcal{M} \tag{3-73}$$

$$0 \leqslant f_{ij} \leqslant f_{\max}, \forall i \in \mathcal{N}, \forall j \in \mathcal{M} \tag{3-74}$$

$$v_i h_{ij} P_{\mathrm{uav}}^{\mathrm{W}} t_{ij}^{\mathrm{w}} \geqslant p_i t_{ij}^{\mathrm{u}}, \forall i \in \mathcal{N}, \forall j \in \mathcal{M} \tag{3-75}$$

$$a_{ij}\left(t_{ij}^{\mathrm{w}} + t_{ij}^{\mathrm{u}} + t_{ij}^{\mathrm{c}}\right) \leqslant t_i^{\mathrm{qos}}, \forall i \in \mathcal{N}, \forall j \in \mathcal{M} \tag{3-76}$$

$$T_j \geqslant \sum_{i=1}^{N} a_{ij}\left(t_{ij}^{\mathrm{w}} + t_{ij}^{\mathrm{u}} + t_{ij}^{\mathrm{c}}\right), \forall i \in \mathcal{N}, \forall j \in \mathcal{M} \tag{3-77}$$

可以注意到，问题 $\mathcal{P}3\text{-}1$ 是一个混合整数型非凸规划问题。求得问题的全局最优解是十分困难的。为了满足实际应用的需求，本节重点寻找此问题较好的次优解。因此，本节对问题 $\mathcal{P}3\text{-}1$ 进行松弛和转化，进而在不改变问题原始物理含义的条件下，使问题可解。同时，本节将采用块坐标下降方法对问题进行求解。

通过观察问题的结构和约束的物理含义，本节首先对约束进行松弛。针对整数型约束（3-72），首先将其松弛为连续变量约束。

$$0 \leqslant a_{ij} \leqslant 1, \forall i \in \mathcal{N}, \forall j \in \mathcal{M} \tag{3-78}$$

通过分析约束（3-77）的物理含义可知，无人机悬停时间要满足无人机给所有 IoTD 进行 MEC 服务的需求。与此同时，为了最小化无人机能耗，即目标函数值，最节能的做法是在无人机完成给 IoTD 的 MEC 服务的时刻，就飞往下一悬停位置，这样就不会因为无人机闲置而浪费宝贵的能量。所以，目标函数值最小时，无人机悬停时间约束（3-77）取等。因此，可得无人机悬停时间解的表达式为

$$T_j^* \geqslant \sum_{i=1}^{N} a_{ij}\left(t_{ij}^{\mathrm{w}} + t_{ij}^{\mathrm{u}} + t_{ij}^{\mathrm{c}}\right), \forall i \in \mathcal{N}, \forall j \in \mathcal{M} \tag{3-79}$$

同时，目标函数由 3 个部分组成，包括计算能耗、无线能量传输能耗和悬停能耗。问题 $\mathcal{P}3\text{-}1$ 可被分解为 $N \times M$ 个独立的子问题。同理，分析约束（3-75）可知，针对每一个 IoTD，无线能量传输的能耗在刚好满足 IoTD 的通信需求时最低，即约束（3-75）取等。因此，可得无人机无线能量传输时间解满足的表达式为

$$t_{ij}^{\mathrm{w}*} = \frac{p_i t_{ij}^{\mathrm{u}}}{v_i h_{ij} p_{\mathrm{uav}}^{\mathrm{w}}}, \forall i \in \mathcal{N}, \forall j \in \mathcal{M} \tag{3-80}$$

通过上述分析和松弛，原问题 $\mathcal{P}3\text{-}1$ 可以被转化为下述问题。

$$\mathcal{P}3\text{-}2: \underset{A,F}{\mathrm{minimize}} \left[\phi \sum_{i=1}^{N} \sum_{j=1}^{M} \kappa_i F_i a_{ij} f_{ij}^2 + \phi \sum_{i=1}^{N} \sum_{j=1}^{M} a_{ij} p_i t_{ij}^{\mathrm{u}} \right] +$$
$$\varphi P_{\mathrm{uav}}^{\mathrm{H}} \sum_{i=1}^{N} \sum_{j=1}^{M} a_{ij} \left(p_i t_{ij}^{\mathrm{u}} / v_i h_{ij} p_{\mathrm{uav}}^{\mathrm{w}} + t_{ij}^{\mathrm{u}} + F_i / f_{ij} \right) \tag{3-81}$$

$$\mathrm{s.t.}\, 0 \leqslant a_{ij} \leqslant 1, \forall i \in \mathcal{N}, \forall j \in \mathcal{M} \tag{3-82}$$

$$\sum_{j=1}^{M} a_{ij} = 1, \forall i \in \mathcal{N}, \forall j \in \mathcal{M} \tag{3-83}$$

$$0 \leqslant f_{ij} \leqslant f_{\mathrm{max}}, \forall i \in \mathcal{N}, \forall j \in \mathcal{M} \tag{3-84}$$

$$a_{ij} \left(t_{ij}^{\mathrm{w}} + t_{ij}^{\mathrm{u}} + F_i / f_{ij} \right) \leqslant t_i^{\mathrm{qos}}, \forall i \in \mathcal{N}, \forall j \in \mathcal{M} \tag{3-85}$$

下面针对 $\mathcal{P}3\text{-}2$ 的非凸性，使用块坐标下降方法进行求解。本节将 $\mathcal{P}3\text{-}2$ 分为两个子问题进行求解，详细过程叙述如下。

给定设备关联矩阵 A，$\mathcal{P}3\text{-}2$ 可被重构为以下问题。

$$\underset{F}{\mathrm{minimize}} \sum_{i=1}^{N} \sum_{j=1}^{M} \left(\phi \kappa_i F_i a_{ij} f_{ij}^2 + \frac{\varphi P_{\mathrm{uav}}^{\mathrm{H}} a_{ij} F_i}{f_{ij}} \right) \tag{3-86}$$
$$\mathrm{s.t.}\, f_{ij}^l \leqslant f_{ij} \leqslant f_{\mathrm{max}}$$

问题（3-86）是一个凸优化问题，并且其计算资源分配的最优解为

$$f_{ij}^* = \begin{cases} f_{ij}^l, & \sqrt[3]{\dfrac{\varphi P_{\mathrm{uav}}^{\mathrm{H}}}{2\kappa_i}} < f_{ij}^l \\[3mm] \sqrt[3]{\dfrac{\varphi P_{\mathrm{uav}}^{\mathrm{H}}}{2\kappa_i}}, & f_{ij}^l \leqslant \sqrt[3]{\dfrac{\varphi P_{\mathrm{uav}}^{\mathrm{H}}}{2\kappa_i}} \leqslant f_{\mathrm{max}} \\[3mm] f_{\mathrm{max}}, & \sqrt[3]{\dfrac{\varphi P_{\mathrm{uav}}^{\mathrm{H}}}{2\kappa_i}} > f_{\mathrm{max}} \end{cases} \tag{3-87}$$

需要注意的是，本节将 f_{ij} 的下界定义为 $f_{ij}^l = \dfrac{a_{ij} F_i}{t_i^{\mathrm{qos}} - a_{ij} \left(t_{ij}^{\mathrm{w}} + t_{ij}^{\mathrm{u}} \right)}$。

下面给出上述结论的证明。问题（3-71）的目标函数由 3 个独立的部分组成，即计算能耗、无线能量传输能耗和悬停能耗。因此，其可以被分解为 $N \times M$ 个独立的子问题。

$$\operatorname*{minimize}_{f_{ij}}\left(\phi\kappa_i F_i a_{ij} f_{ij}^2 + \frac{\varphi P_{\text{uav}}^{\text{H}} a_{ij} F_i}{f_{ij}}\right) \tag{3-88}$$

$$\text{s.t. } f_{ij}^l \leqslant f_{ij} \leqslant f_{\max}$$

令 $\mathcal{F}(f_{ij}) = \phi\kappa_i F_i a_{ij} f_{ij}^2 + \dfrac{\varphi P_{\text{uaf}}^{\text{H}} a_{ij} F_i}{f_{ij}}$

$$\frac{\partial \mathcal{F}}{\partial f_{ij}} = 2\phi\kappa_i F_i a_{ij} f_{ij} - \frac{\varphi P_{\text{uav}}^{\text{H}} a_{ij} F_i}{f_{ij}^2} \tag{3-89}$$

$$\frac{\partial^2 \mathcal{F}}{\partial f_{ij}^2} = 2\phi\kappa_i F_i a_{ij} + \frac{2\varphi P_{\text{uav}}^{\text{H}} a_{ij} F_i}{f_{ij}^3} \tag{3-90}$$

根据式（3-90）可知，一元函数 $\mathcal{F}$ 的二阶导数不小于 0，因此函数 $\mathcal{F}$ 为凸函数。进而，问题（3-86）的目标函数为凸函数的非负加权求和。因此，问题（3-86）为一个凸优化问题，令 $\dfrac{\partial \mathcal{F}}{\partial f_{ij}} = 0$，可得

$$f_{ij}^* = \sqrt[3]{\frac{\varphi P_{\text{uav}}^{\text{H}}}{2\phi\kappa_i}}, \ f_{ij}^l \leqslant \sqrt[3]{\frac{\varphi P_{\text{uav}}^{\text{H}}}{2\phi\kappa_i}} \leqslant f_{\max} \tag{3-91}$$

除此之外，根据式（3-89）可知，当 $\sqrt[3]{\dfrac{\varphi P_{\text{uav}}^{\text{H}}}{2\phi\kappa_i}} < f_{ij}^l$ 时，$\mathcal{F}$ 的一阶导数大于 0，这就意味着 $\mathcal{F}$ 为单调增函数。另外，当 $\sqrt[3]{\dfrac{\varphi P_{\text{uav}}^{\text{H}}}{2\phi\kappa_i}} > f_{\max}$ 时，$\mathcal{F}$ 的一阶导数小于 0，即 $\mathcal{F}$ 单调递减。又因为凸优化问题的最优解在极值点或定义域端点处取到，所以通过讨论极值点与优化变量定义域的关系即可得到 f_{ij}^*。因此，式（3-87）得证。

传统的块坐标下降方法一般使用梯度下降方法搜索凸问题最优解，这将增加搜索算法的复杂性，同时不利于计算机快速并行求解。而本节的解为闭式解，通过计算比较算法输入参数之间的关系即可得到最优解，这将极大地降低块坐标下降方法的复杂度。与此同时，通过闭合式可以观察到以下结论：螺旋翼无人机最优计算频率 f_{ij} 与其悬停功率 $P_{\text{uav}}^{\text{H}}$ 存在正相关关系，由式（3-87）可知，在其他变量不变的情况下，提升悬停功率，无人机的最优计算频率将呈现上升趋势，直到达到最大计算频率。这一结论对于实现无人机边缘计算系统有着重要的指导意义。设计人员可以依据无人机的最大悬停功率来选取合适型号和规格的处理器，从而实现经济效益和能量效用的最大化。

为了最小化无人机能耗，每个 IoTD 都必须选择一个合适的时机将自身数据发送给无人机。因此，需要求得 IoTD 和每个无人机悬停位置的关联矩阵 $\boldsymbol{A}$，即每个 IoTD 在无人机飞到特定悬停位置时才上传自己的监测数据。给定无人机计算资源分配矩阵 $\boldsymbol{F}$，则设备关联问题可表示为

$$\sum_{i=1}^{N}\sum_{j=1}^{M}\Big[\phi\big(\kappa_i F_i f_{ij}^{\ 2}+p_i t_{ij}^{\mathrm{u}}\big)+\varphi P_{\mathrm{uav}}^{\mathrm{H}}\big(t_{ij}^{\mathrm{w}}+t_{ij}^{\mathrm{u}}+t_{ij}^{\mathrm{c}}\big)\Big]a_{ij}$$
$$\mathrm{s.t.}\ \ 0\leqslant a_{ij}\leqslant 1,\forall i\in\mathcal{N},\forall j\in\mathcal{M} \tag{3-92}$$
$$\sum_{j=1}^{M}a_{ij}=1,\forall i\in\mathcal{N},\forall j\in\mathcal{M}$$

问题（3-90）是一个标准的线性规划（Linear Programming，LP）问题，其属于凸优化问题。LP 问题已有很多快速的求解方法和工具，可以求得线性规划问题的全局最优解。本节不再对 LP 问题进行推导，而是使用成熟的优化工具包，即 CVX 工具包进行求解。

由于 $\mathcal{P}$3-1 为整数 0-1 规划问题，因此 a_{ij} 的有效解为 0 或 1。传统的整数规划在将变量松弛为连续变量 $0\leqslant a_{ij}\leqslant 1$ 之后，一般需要将求解得到的小数解使用四舍五入或其他方式重构成 0-1 整数型解，因此会产生较大的截断误差，导致求得的解的次优性较强。

相比之下，$\mathcal{P}$3-1 由于有约束（3-57），同时根据线性规划解的"针对线性规划问题，问题的解在边界或端点处取到"这一性质，$\mathcal{P}$3-1 的解只在 0 或 1 处取到。因此，本模型问题的解为 0-1 整数型且不需要解的重构步骤，进而问题的解将不会因为重构而产生截断误差，故无须针对小数解的截断误差进行解的重构。这将提升解的有效性并降低松弛解的次优性，也在一定程度上降低了算法的复杂程度。

本节主要介绍了单无人机在执行 MEC 服务时的资源分配算法，从物理问题描述、数学建模、优化问题求解、资源分配算法构建和仿真分析等角度详细讨论了单无人机 MEC 资源分配问题；综合考虑了单无人机 MEC 系统的计算资源分配、能量资源分配和通信调度等问题，具有一定的理论和实际价值。

通过上述讨论可以注意到，在移动边缘计算系统中，无人机需要处理多种任务，多个用户的任务是按时序进行的。换言之，无人机在执行一个用户的 MEC 任务时，其他用户的 MEC 任务将被搁置。这将带来不必要的无人机悬停能量资源的浪费。针对多用户多任务的 MEC 场景，下一节将提出有效的创新型方案来解决此问题。

3.3.2.2 单无人机多流水线 MEC 资源分配

本节将在第 3.3.2.1 节的基础上进行扩展，解决单无人机在多用户多任务场景下的资源分配问题。以无人机作为研究对象，其悬停时间越久，则能耗越大。有效地调度无人机处理各用户的各类任务，就可以达到有效分配无人机有限机载能量资源的目的。

在传统的 MEC 系统中，MEC 服务的无线接入点，如本节 MEC 系统中的无人机，一般只有一个工作流。换言之，当无人机为一个用户提供 MEC 服务时，下一个用户需要等待。直到被服务的 IoTD 的充电、通信、计算任务全部完成后，下一个用户才会被服务，这将导致系统总的服务时间延长。由于停滞时间过久，悬停状态的无人机将消耗过多的机载能量，这对原本能量受限的无人机十分不利。

与传统无人机 MEC 系统不同，本节提出基于时分多址（Time Division Multiple Access，TDMA）的多流水线架构。这种多流水线架构可以允许多个用户在同一时间接受并行的 MEC 服务。换言之，在基于 TDMA 的多流水线架构下，当无人机为一个 IoTD 提供 MEC 服务时，下一个 IoTD 不需要等待该 IoTD 的全部操作完成，即可开始接受 MEC 服务。这将大大减小无人机总的悬停时间，同时也将保证所有 IoTD 接受 MEC 服务的 QoS。

为了更直观地叙述无人机多流水线系统，举个具体的例子进行描述。

现考虑 3 个 IoTD 用户，每个用户需要按时序进行 3 个不同种类的任务，对应图 3-31 的无线能量传输、监测数据上传和计算任务处理 3 个阶段。考虑单无人机在一个位置悬停，所有用户在无人机悬停时接受无人机的 MEC 服务。基于 TDMA 的无人机流水线架构（三用户举例）如图 3-32 所示，展示了采用传统单流水线和双流水线之后的无人机系统的悬停时间。在图 3-32（a）中，3 个用户的 MEC 任务按照时序依次进行，后一个用户必须等待前一个用户的 3 个任务完成之后，才能进行自身的 MEC 任务。在图 3-32（b）中，用户的 3 种任务被分为两组，分别在不同的流水线上进行。换言之，针对每一个用户，其无线充电和通信任务被分到一个流水线上按照时序串行执行，而其计算任务单独在另一个流水线上进行。这样，后一个用户就不必等待前一个用户的计算任务结束，而可以提前进行无线充电和通信操作。

图 3-32（b）中，无线充电和通信任务被分到一个流水线上的原因如下：无人机

WPT 天线发射无线能量时的功率远远超过 IoTD 上传数据时的通信天线发射功率，因此若两种任务并行执行，则 IoTD 上传数据时的信号将淹没在 WPT 无线充电射频信号中，这将直接导致通信失败，因此，无线充电和通信两类任务必须串行执行。

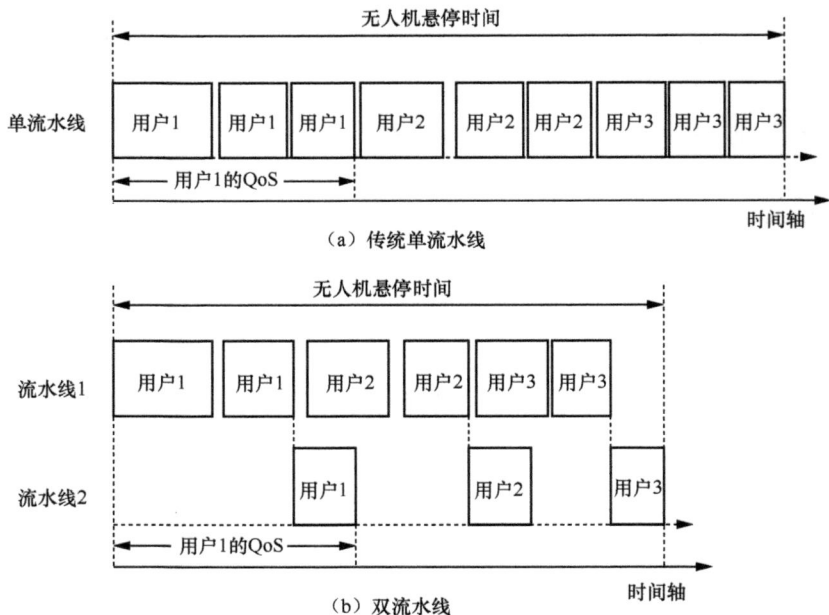

（a）传统单流水线

（b）双流水线

图 3-32　基于 TDMA 的无人机流水线架构（三用户举例）

通过图 3-32 可以直观地看出，采用无人机多流水线架构后，无人机悬停时间减少，进而达到节能的目的。需要注意的是，图 3-32 所展示的流水线任务尚未进行优化，其时序安排和时间分配不是最优的，因此流水线中任务与任务之间存在随机闲时间隙。尽管如此，多流水线架构仍具有不可忽视的优越性，与单流水线相比，其节省了可观的悬停时间和无人机机载能量。更重要的是，当系统中存在更多用户设备时，多流水线架构将节省更可观的时间，这对物联网环境下的大规模传感系统十分有利。

作业车间调度或作业车间问题（Job Shop Problem，JSP）是计算机科学和运筹学中的一类组合优化问题。在 JSP 中，需在特定时间内为不同作业分配不同类型的资源，其最基本描述如下：为 n 个作业 J_1, J_2, $\cdots$, J_n 提供不同的处理时间，这些作业需要在具有不同处理能力的 m 台机器上进行调度。优化问题的目标是尝试最小化完成时间，即所有作业均已完成的处理时间。这个问题是著名的组合优化问题。

更形象的描述是：当前有 n 个作业 J_1, J_2, $\cdots$, J_n 需要完成，每个作业都必须进行一组操作 O_1, O_2, O_3, $\cdots$，每个操作需要在特定的机器上进行处理，每个机器在同一时间之内只能处理一个作业的一个操作。

映射到单无人机 MEC 问题上来，JSP 可以被描述为：当前有 n 个 IoTD 需要接受 MEC 服务，每个 IoTD 都必须进行无线充电、通信和计算操作，无线充电需要使用无人机 WPT 天线，通信需要使用 IoTD 通信天线，计算需要在无人机搭载的计算单元上进行，上述 3 种设备在同一时间只能处理一个 IoTD 的一个操作。

需要注意的是，在 JSP 问题中，工件在机器上的处理顺序可以是不同的，工件需要完整经历所有机器，也可能在同一台机器上处理多次。然而，本节所考虑的 MEC 的 3 个阶段具有一定的顺序，即 IoTD 必须获得能量后才可以通信，无人机接收到 IoTD 的数据后才可以进行计算。因此，JSP 问题在本节中被划归为约束更加严格的流水线车间问题（Flow Shop Problem，FSP）。

针对同一车间问题场景，JSP 与 FSP 的具体区别如图 3-33 所示。

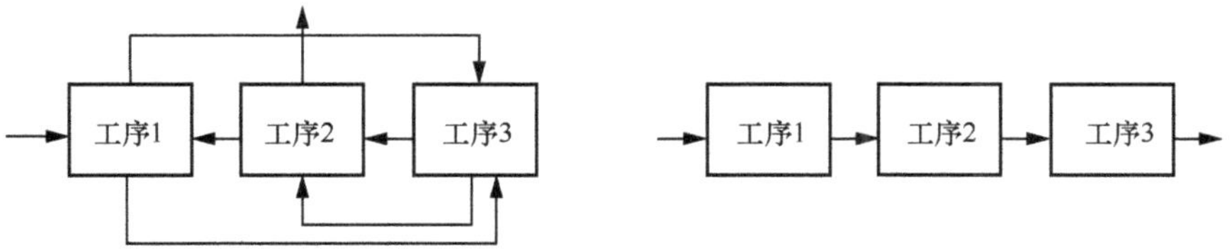

（a）作业车间问题　　　　　　　　　　　（b）流水线车间问题

图 3-33　两类车间问题

在图 3-33（a）中，工件经过的工序为 1-3-2-1-3-2；而在图 3-33（b）中，工件经过的工序为 1-2-3。从图 3-33 中可以看到，JSP 的工件经过了多次同一工序。本节所考虑的车间问题是约束更严格的 FSP。

按照单无人机系统模型，定义 T_j 为无人机在第 j 个悬停位置的停留时间。更进一步，本节使用图 3-34 来描述无人机多流水线系统的优化效果。图 3-34（a）为多个用户的随机时序分配，即无人机虽然使用多流水线架构，但未对 IoTD 及其任务做任何优化。

为了直观描述，图 3-34（b）给出了图 3-34（a）中的 4 个用户的最优时序分配。从图 3-34（b）中可以观察到，优化不仅改变了 IoTD 的服务顺序，还确定了每一个操作的起始和终止时间。

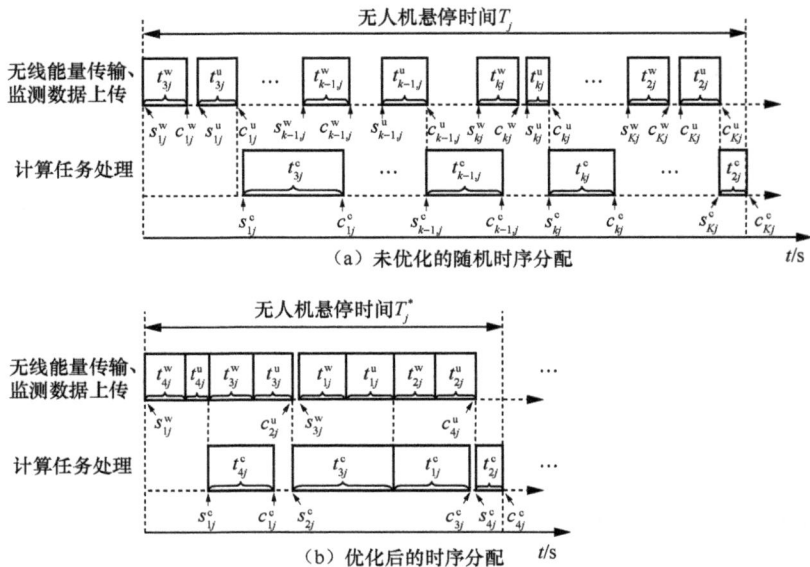

（a）未优化的随机时序分配

（b）优化后的时序分配

图 3-34　无人机多流水线系统的优化效果

无人机多流水线架构可被建模成典型的三阶段流水线调度模型。需要注意的是，流水线调度模型将被应用于单无人机的所有悬停位置。下面给出基于 TDMA 的无人机多流水线的数学模型。

为了简明表示，定义 K_j 为无人机在第 j 个悬停位置所服务的 IoTD 总数。$\mathcal{K}_j$ 为这些 IoTD 的集合。令 $\mathcal{S}_j$ 表示 K_j 个 IoTD 的所有排列组合（即 IoTD 的时序），定义阶乘符号为"!"，那么 $\mathcal{S}_j$ 为 K_j!个排列组合的集合。

例如，第 1、第 2、第 3 个 IoTD 选择在无人机的第一个悬停位置上传数据，那么，$K_1 = 3$，$\mathcal{K}_1 = \{\text{IoTD-1, IoTD-2, IoTD-3}\}$。假设这 3 个 IoTD 被无人机服务的先后顺序为 IoTD-2、IoTD-1、IoTD-3，那么 $S_1 = 213$。所有 3!个排列组合的集合为 $\mathcal{S}_1 = \{123, 132, 213, 231, 312, 321\}$。因此，可得约束

$$S_j \in \mathcal{S}_j, \forall j \in \mathcal{M} \tag{3-93}$$

与 IoTD 总索引 i 不同，为了叙述和求解方便，定义 k 为 IoTD 在流水线中的次序索引。以上述例子来说明，IoTD-1 在流水线中是第 2 个被执行的，那么 IoTD-1 的总索引 $i = 1$，$k = 2$。

如图 3-34（a）所示，令 $s_{kj} = \left(s_{kj}^{\text{w}}, s_{kj}^{\text{u}}, s_{kj}^{\text{c}}\right)$ 表示流水线服务流中第 k 个设备的 3 个阶段（包括无线能量传输、监测数据上传和计算任务处理）起始时刻的向量。

令 $\boldsymbol{t}_{kj} = \left(t_{kj}^{\mathrm{w}}, t_{kj}^{\mathrm{u}}, t_{kj}^{\mathrm{c}} \right)$ 表示流水线服务流中第 k 个设备的 3 个阶段的时间长度的向量。

令 $\boldsymbol{c}_{kj} = \left(c_{kj}^{\mathrm{w}}, c_{kj}^{\mathrm{u}}, c_{kj}^{\mathrm{c}} \right)$ 表示流水线服务流中第 k 个设备的 3 个阶段结束时刻的向量，其与 $\boldsymbol{s}_{kj}$ 一一对应。需要注意的是，3 个阶段必须连续执行，不可被打断，因此

$$\boldsymbol{s}_{kj} + \boldsymbol{t}_{kj} = \boldsymbol{c}_{kj}, S_j \in \mathcal{S}_j, \forall j \in \mathcal{M} \tag{3-94}$$

在多流水线架构中，针对流水线中第 k 个设备的服务流，无线能量传输、监测数据上传和计算任务处理这 3 个阶段是串行执行的。如图 3-33 所示，针对每个 IoTD，监测数据上传必须在无线能量传输之后，计算任务处理必须在监测数据上传之后。因此，可得约束

$$\begin{cases} s_{kj}^{\mathrm{w}} \geqslant 0 \\ s_{kj}^{\mathrm{u}} \geqslant c_{kj}^{\mathrm{w}} \\ s_{kj}^{\mathrm{c}} \geqslant c_{kj}^{\mathrm{u}} \end{cases} \tag{3-95}$$

其中，$k \in \mathcal{K}_j, \forall j \in \mathcal{M}$。除此之外，在同一时刻，一个设备（所有设备，包括无人机 WPT 天线、IoTD 通信天线和无人机计算单元）只能为一个 IoTD 提供服务。换言之，第 k 个工作流必须在第 $(k-1)$ 个工作流之后执行。因此，可得约束

$$\begin{cases} s_{kj}^{\mathrm{w}} \geqslant c_{k-1,j}^{\mathrm{w}} \\ s_{kj}^{\mathrm{u}} \geqslant c_{k-1,j}^{\mathrm{u}} \\ s_{kj}^{\mathrm{c}} \geqslant c_{k-1,j}^{\mathrm{c}} \end{cases} \tag{3-96}$$

其中，$k \in \mathcal{K}_j, \forall j \in \mathcal{M}$。

如前文所述，流水线系统中第 k 个无线能量传输操作需要在第 $(k-1)$ 个监测数据上传操作后执行。因此，可得约束

$$s_{kj}^{\mathrm{w}} \geqslant c_{k-1,j}^{\mathrm{u}}, k \in \mathcal{K}_j, \forall j \in \mathcal{M} \tag{3-97}$$

除此之外，无人机还需要为每个 IoTD 提供足够的计算资源和服务时间，以确保每个计算任务都被有效完成，因此可得

$$\sum_{j=1}^{M} a_{ij} f_{ij} t_{ij}^{\mathrm{c}} \geqslant F_i, \forall i \in \mathcal{N}, \forall j \in \mathcal{M} \tag{3-98}$$

与无人机单流水线 MEC 系统不同，无人机多流水线 MEC 系统的 QoS 约束定义为

$$a_{ij} \left(c_{ij}^{\mathrm{c}} - s_{ij}^{\mathrm{w}} \right) \leqslant t_i^{\mathrm{qos}}, \forall i \in \mathcal{N}, \forall j \in \mathcal{M} \tag{3-99}$$

与此同时，无人机在第 j 个悬停位置必须停留到最后一个计算任务完成，即第 K 个 IoTD 完成 MEC 服务的最后一步后，无人机才可以离开，因此

$$T_j \geqslant c_{Kj}^{\mathrm{c}}, \forall j \in \mathcal{M} \qquad (3\text{-}100)$$

在上述模型中，无人机要在每一个悬停位置为多个设备进行多流水线的 MEC 服务。为了得到最节能有效的无人机 MEC 资源分配方案，可将无人机多流水线资源分配问题数学形式化为以下描述。

定义优化变量：IoTD 与无人机悬停位置的关联矩阵 $\boldsymbol{A} = \{a_{ij}, \forall i \in \mathcal{N}, \forall j \in \mathcal{M}\}$，无人机计算资源分配矩阵 $\boldsymbol{F} = \{f_{ij}, \forall i \in \mathcal{N}, \forall j \in \mathcal{M}\}$，无线能量传输时间矩阵 $\boldsymbol{\tau} = \{t_{ij}^{\mathrm{w}}, \forall i \in \mathcal{N}, \forall j \in \mathcal{M}\}$，无人机时间分配矩阵 $\boldsymbol{t} = \{T_j, t_{ij}^{\mathrm{w}}, t_{ij}^{\mathrm{u}}, t_{ij}^{\mathrm{c}}, \forall i \in \mathcal{N}, \forall j \in \mathcal{M}\}$，无人机多流水线变量 $\boldsymbol{S} = \{S_j, \boldsymbol{s}_{kj}, \boldsymbol{c}_{kj}, k \in \mathcal{K}_j, \forall j \in \mathcal{M}\}$。

在下述资源分配优化问题中，优化目标为最小化无人机的能耗，无人机 MEC 多流水线资源分配优化问题被建模为

$$\mathcal{P}\text{3-3}: \underset{\boldsymbol{A}, \boldsymbol{F}, \boldsymbol{t}, \boldsymbol{S}}{\mathrm{minimize}} \; \left(\phi(E^{\mathrm{C}} + E^{\mathrm{W}}) + \varphi E^{\mathrm{H}} \right) \qquad (3\text{-}101)$$

$$\mathrm{s.t.} \;\; a_{ij} = \{0,1\}, \forall i \in \mathcal{N}, \forall j \in \mathcal{M} \qquad (3\text{-}102)$$

$$\sum_{j=1}^{M} a_{ij} = 1, \forall i \in \mathcal{N}, \forall j \in \mathcal{M} \qquad (3\text{-}103)$$

$$0 \leqslant f_{ij} \leqslant f_{\max}, \forall i \in \mathcal{N}, \forall j \in \mathcal{M} \qquad (3\text{-}104)$$

$$v_i h_{ij} P_{\mathrm{uav}}^{\mathrm{W}} t_{ij}^{\mathrm{w}} \geqslant p_i t_{ij}^{\mathrm{u}}, \forall i \in \mathcal{N}, \forall j \in \mathcal{M} \qquad (3\text{-}105)$$

$$a_{ij} \left(\boldsymbol{c}_{ij}^{\mathrm{c}} - \boldsymbol{s}_{ij}^{\mathrm{w}} \right) \leqslant t_i^{\mathrm{qos}}, \forall i \in \mathcal{N}, \forall j \in \mathcal{M} \qquad (3\text{-}106)$$

$$T_j \geqslant c_{Kj}^{\mathrm{c}}, \forall j \in \mathcal{M} \qquad (3\text{-}107)$$

$$S_j \in \mathcal{S}_j, \forall j \in \mathcal{M} \qquad (3\text{-}108)$$

$$\boldsymbol{s}_{kj} + \boldsymbol{t}_{kj} = \boldsymbol{c}_{kj}, k \in \mathcal{K}, \forall j \in \mathcal{M} \qquad (3\text{-}109)$$

$$s_{kj}^{\mathrm{w}} \geqslant c_{k-1,j}^{\mathrm{u}}, k \in \mathcal{K}_j, \forall j \in \mathcal{M} \qquad (3\text{-}110)$$

$$\sum_{j=1}^{M} a_{ij} f_{ij} t_{ij}^{\mathrm{c}} \geqslant F_i, \forall i \in \mathcal{N}, \forall j \in \mathcal{M} \qquad (3\text{-}111)$$

可以观察到，$\mathcal{P}$3-3 是一个十分复杂的混合多种整数变量的非凸规划问题，想要在有限时间内找到其全局最优解是不现实的。然而，通过仔细观察 $\mathcal{P}$3-3 的结构，可以分析得到优秀解需要满足的一些关系式，从而在这些关系式的帮助下成功将 $\mathcal{P}$3-3 松弛为可解的优化问题。利用变量松弛的方法，首先可以通过物理问题本身的特征得到无人机无线能量传输优秀解满足的表达式为式（3-80）；接着，通过分析多流水线架构，可以得到无人机在其第 i 个位置的最优悬停时间需要满足的表达式为

$$T_j^* = c_{Kj}^{\mathrm{c}*}, \forall j \in \mathcal{M} \qquad (3\text{-}112)$$

首先，无人机为了尽可能地减少每一次的悬停时间，必须不浪费每一段悬停的时间。因此，无人机将在悬停刚开始的时候就对流水线中的第一个 IoTD 进行无线充电，即 $s_{1j}^{w*} = 0$。除此之外，无人机在完成流水线中最后一个 IoTD 的计算任务之后，为了避免闲置停留，必须立刻飞往下一悬停位置。因此，实际的悬停时间由 $T_j = c_{Kj}^c - s_{1j}^w$ 得到，进而可以得到式（3-112）。通过以上讨论，并为了最大限度地简化 $\mathcal{P}$3-3，可以利用式（3-80）和式（3-112）将 $\mathcal{P}$3-3 转化为

$$\mathcal{P}\text{3-4}: \underset{A,F,\tau,S}{\text{minimize}}\left(\phi(E^C + E^W) + \varphi P_{uav}^H \sum_{j=1}^{M} c_{Kj}^c\right)$$

$$\text{s.t.}\ \ a_{ij}\left(t_{ij}^w + t_{ij}^u + t_{ij}^c\right) \leqslant t_i^{qos}, \forall i \in \mathcal{N}, \forall j \in \mathcal{M}$$

$$0 \leqslant a_{ij} \leqslant 1, \forall i \in \mathcal{N}, \forall j \in \mathcal{M} \tag{3-113}$$

$$t_{ij}^w \geqslant \frac{p_i t_{ij}^u}{v_i h_{ij} P_{uav}^w}, \forall i \in \mathcal{N}, \forall j \in \mathcal{M}$$

$$\text{式（3-57）、式（3-64）、式（3-93）、式（3-98）}$$

需要注意的是，式（3-113）的第一个约束条件由式（3-65）根据式（3-94）至式（3-97）松弛得到。根据式（3-80）可知，最优的无线能量传输时间 t_{ij}^w 与 a_{ij}、f_{ij} 和 S_j 无关。因此，将式（3-80）代入 $\mathcal{P}$3-4 中，在 t_{ij}^u 确定的前提下，可以将问题继续转化为

$$\mathcal{P}\text{3-5}: \underset{A,F,S}{\text{minimize}}\left(\phi(E^C + E^W) + \varphi P_{uav}^H \sum\nolimits_{j=1}^{M} c_{Kj}^c\right)$$

$$\text{s.t. 式（3-57）、式（3-64）、式（3-93）、式（3-98）}$$

$$a_{ij}\left(t_{ij}^w + t_{ij}^u + t_{ij}^c\right) \leqslant t_i^{qos}, \forall i \in \mathcal{N}, \forall j \in \mathcal{M} \tag{3-114}$$

$$0 \leqslant a_{ij} \leqslant 1, \forall i \in \mathcal{N}, \forall j \in \mathcal{M}$$

给定设备关联矩阵 A 和多流水线变量 S，无人机计算资源分配方案可通过解决以下问题得到。

$$\underset{F}{\text{minimize}}\ \ \sum_{i=1}^{N} \sum_{j=1}^{M} \kappa_i F_i a_{ij} f_{ij}^2$$

$$\text{s.t.}\ \ \frac{a_{ij} r_{ij} F_i}{t_i^{qos} r_{ij} - a_{ij}\left(D_i + t_{ij}^w r_{ij}\right)} \leqslant f_{ij} \leqslant f_{max} \tag{3-115}$$

$$\text{式（3-98）}$$

问题（3-115）为一个凸优化问题，其可以使用内点法求解。为了得到问题的闭式解，下面将使用拉格朗日对偶法（Lagrange Dual Method）对问题进行求解。

定义约束（3-98）对应的拉格朗日乘子为 $\mu \triangleq \{\mu_i \geqslant 0, \forall i \in \mathcal{N}\}$。问题（3-115）

的部分拉格朗日函数（Partial Lagrangian Function）为

$$\mathcal{L}(F,\mu) = \sum_{i=1}^{N}\sum_{j=1}^{M}\kappa_i F_i a_{ij} f_{ij}^2 + \sum_{i=1}^{N}\mu_i\left(F_i - \sum_{j=1}^{M}a_{ij}f_{ij}t_{ij}^c\right) \tag{3-116}$$

问题（3-115）的对偶函数可表示为

$$g(\mu) = \min_{F}\mathcal{L}(F,\mu)$$

$$\text{s.t. } \frac{a_{ij}r_{ij}F_i}{t_i^{\text{qos}}r_{ij} - a_{ij}\left(D_i + t_{ij}^w r_{ij}\right)} \leqslant f_{ij} \leqslant f_{\max} \tag{3-117}$$

因此，问题（3-115）的对偶问题为

$$\max_{\mu} g(\mu)$$

$$\text{s.t. } \mu_i \geqslant 0, \forall i \in \mathcal{N} \tag{3-118}$$

因为问题（3-115）是凸问题，且其满足斯莱特条件。因此，问题（3-115）和（3-118）之间存在强对偶关系，问题（3-115）的解可以通过求解其对偶问题（3-118）得到。

（1）推导对偶函数 $g(\mu)$

给定任意的 μ，可以通过求解问题（3-117）得到 $g(\mu)$。需要注意的是，问题（3-117）可以被分解为以下 $N \times M$ 个子问题。

$$\min_{F}\kappa_i F_i a_{ij} f_{ij}^2 - \mu_i a_{ij}f_{ij}t_{ij}^c$$

$$\text{s.t. } \frac{a_{ij}r_{ij}F_i}{t_i^{\text{qos}}r_{ij} - a_{ij}\left(D_i + t_{ij}^w r_{ij}\right)} \leqslant f_{ij} \leqslant f_{\max} \tag{3-119}$$

通过分析目标函数的单调性，可以得到问题（3-119）的最优解为

$$f_{ij,\text{a}}^* = \frac{a_{ij}r_{ij}F_i}{t_i^{\text{qos}}r_{ij} - a_{ij}\left(D_i + t_{ij}^w r_{ij}\right)}, 0 \leqslant \mu_{i,\text{a}} < b_{ij}$$

$$f_{ij,\text{b}}^* = \frac{\mu_i t_{ij}^c}{2\kappa_i F_i}, b_{ij} \leqslant \mu_{i,\text{b}} \leqslant \frac{2\kappa_i F_i f_{\max}}{t_{ij}^c} \tag{3-120}$$

$$f_{ij,\text{c}}^* = f_{\max}, \mu_{i,\text{c}} > \frac{2\kappa_i F_i f_{\max}}{t_{ij}^c}$$

在式（3-120）的 3 个约束条件中，将最优解 $\boldsymbol{F}^*$ 按照 μ 的三部分定义域依次分为 $f_{ij,\text{a}}^*$、$f_{ij,\text{b}}^*$、$f_{ij,\text{c}}^*$。令 $\mu_{i,\text{a}}$、$\mu_{i,\text{b}}$ 和 $\mu_{i,\text{c}}$ 表示式（3-120）中的 3 种不同变量。为了简明表示，定义 $b_{ij} = \dfrac{2\kappa_i a_{ij}r_{ij}F_i^2}{t_{ij}^c\left[t_i^{\text{qos}}r_{ij} - a_{ij}\left(D_i + t_{ij}^w r_{ij}\right)\right]}$。

（2）求解最大化 $g(\mu)$ 的 μ^*

求解对偶问题（3-118）意味着在定义域内求解 μ^*，使其最大化 $g(\mu)$。与式（3-120）的第一个约束条件和第二个约束条件相对应，将式（3-120）的第二个约束条件代入问题（3-118），可得

$$\max_{\mu} g(\mu) = \sum_{i=1}^{N}\left[-\left(\sum_{t=1}^{M}\frac{a_{ij}\left(t_{ij}^{c}\right)^2}{4\kappa_i F_i}\right)\mu_i^2 + F_i\mu_i\right] \tag{3-121}$$

$$\text{s.t. } b_{ij} \leqslant \mu_i \leqslant \frac{2\kappa_i F_i f_{\max}}{t_{ij}^{c}}$$

注意到问题（3-121）可以被分解为 N 个子问题。

$$\max_{\mu} -\left(\sum_{t=1}^{M}\frac{a_{ij}\left(t_{ij}^{c}\right)^2}{4\kappa_i F_i}\right)\mu_i^2 + F_i\mu_i \tag{3-122}$$

$$\text{s.t. } b_{ij} \leqslant \mu_i \leqslant \frac{2\kappa_i F_i f_{\max}}{t_{ij}^{c}}$$

根据目标二次函数的单调性，可以得到式（3-121）的约束条件对应的 μ^*。同理，可以得到式（3-120）的第一个约束条件和第三个约束条件对应的 μ^*。因此，最优的 μ^* 为

$$\mu_{i,a}^* = \begin{cases} b_{ij}, & \sum_{t=1}^{M}\dfrac{a_{ij}^2 r_{ij} t_{ij}^{c}}{t_i^{qos} r_{ij} - a_{ij}D_i + t_{ij}^{w} r_{ij}} < 1 \\ 0, & \text{其他} \end{cases} \tag{3-123}$$

为了简明表示，定义 $\beta_i = \sum_{t=1}^{M}\dfrac{a_{ij}\left(t_{ij}^{c}\right)^2}{4\kappa_i F_i}$ ，可以得到

$$\mu_{i,b}^* = \begin{cases} \dfrac{2\kappa_i F_i f_{\max}}{t_{ij}^{c}}, & \beta_i < \dfrac{t_{ij}^{c}}{4\kappa_i f_{\max}} \\ b_{ij}, & \dfrac{F_i}{2\beta_i} < b_{ij} \\ \dfrac{F_i}{2\beta_i}, & \text{其他} \end{cases} \tag{3-124}$$

$$\mu_{i,c}^* = \begin{cases} \dfrac{2\kappa_i F_i f_{\max}}{t_{ij}^{c}}, & F_i \leqslant \sum_{t=1}^{M} a_{ij} t_{ij}^{c} f_{\max} \\ +\infty, & \text{其他} \end{cases} \tag{3-125}$$

根据约束（3-98）可知，$F_i \leqslant \sum_{t=1}^{M} a_{ij} t_{ij}^c f_{\max}$ 将总被满足，因此

$$\mu_{i,c}^* = \frac{2\kappa_i F_i f_{\max}}{t_{ij}^c} \tag{3-126}$$

闭式解 $\boldsymbol{F}^*$ 可以通过式（3-127）求得。

$$f_{ij}^* = \underset{f_{ij}^*}{\arg\max} \left\{ g\left(\mu_{ij}^*, a, \mu_{i,a}^*\right), g\left(f_{ij,b}^*, \mu_{i,b}^*\right), g\left(f_{ij,c}^*, \mu_{i,c}^*\right) \right\} \tag{3-127}$$

给定计算资源分配矩阵和多流水线变量 $\{\boldsymbol{F}, \boldsymbol{S}\}$，同时根据式（3-80），设备关联矩阵可通过求解以下优化问题得到。

$$\underset{A}{\text{minimize}} \sum_{i=1}^{N} \sum_{j=1}^{M} a_{ij} \left[\kappa_i F_i f_{ij}^2 + \frac{p_i D_i}{B \text{lb}\left(1 + \dfrac{p_i h_{ij}}{\sigma^2}\right)} \right] \tag{3-128}$$

$$\text{s.t. } \text{式 (3-57)}, 0 \leqslant a_{ij} \leqslant 1, \forall i \in \mathcal{N}, \forall j \in \mathcal{M}$$

需要注意的是，使用式（3-63），约束（3-98）可以被转化为强约束（3-57）。给定 t_{ij}^w 和 f_{ij}，对于第 i 个 IoTD，当且仅当 $\kappa_i F_i (f_{ij})^2 + p_i D_i / r_{ij}$ 最小时 $a_{ij} = 1$ 成立，否则 $a_{ij} = 0$。因此，问题（3-128）为一个 LP 问题，同样可以使用 CVX 工具包进行快速有效求解。

为了最小化无人机的悬停时间，需要对多流水线架构下的任务服务顺序进行合理安排，同时需要通过最优排序来优化多流水线中的时序资源。给定设备关联矩阵和计算资源分配矩阵 $\{\boldsymbol{A}, \boldsymbol{F}\}$，问题（3-114）中的多流水线变量 $\boldsymbol{S}$ 可通过求解以下优化问题得到。

$$\underset{S}{\text{minimize}} \, P_{\text{uav}}^{\text{H}} \sum_{j=1}^{M} c_{Kj}^c \tag{3-129}$$

$$\text{s.t. } \text{式 (3-93)}$$

上述问题可以被分解并等效转化为 M 个独立的子问题。

$$\underset{S_j, s_{kj}, c_{kj}}{\text{minimize}} \, c_{Kj}^c \tag{3-130}$$

$$\text{s.t. } \text{式 (3-93)} \sim \text{式 (3-97)}$$

可以注意到，上述三阶段流水线车间调度是一个经典的 NP 困难问题，很难求解到其最优解。根据提出的 TDMA 流水线架构，将无线能量传输阶段和监测数据上传阶段统一为一个阶段：传输阶段，此阶段的总长度为 t_{ij}^{tf}，可得

$$t_{kj}^{\mathrm{tf}} = t_{kj}^{\mathrm{w}} + t_{kj}^{\mathrm{u}}, k \in \mathcal{K}_j, \forall j \in \mathcal{M} \tag{3-131}$$

令 s_{kj}^{tf} 和 c_{kj}^{tf} 表示传输阶段的起始和终止时刻，可得

$$\begin{cases} s_{kj}^{\mathrm{tf}} + t_{kj}^{\mathrm{tf}} = c_{kj}^{\mathrm{tf}} \\ s_{kj}^{\mathrm{c}} + t_{kj}^{\mathrm{c}} = c_{kj}^{\mathrm{c}} \end{cases} \tag{3-132}$$

$$\begin{cases} s_{kj}^{\mathrm{tf}} \geqslant 0 \\ s_{kj}^{\mathrm{c}} \geqslant c_{kj}^{\mathrm{tf}} \end{cases} \tag{3-133}$$

$$\begin{cases} s_{kj}^{\mathrm{tf}} \geqslant c_{k-1,j}^{\mathrm{tf}} \\ s_{kj}^{\mathrm{c}} \geqslant c_{k-1,j}^{\mathrm{c}} \end{cases} \tag{3-134}$$

其中，$k \in \mathcal{K}_j, \forall j \in \mathcal{M}$。

因此，问题（3-130）可被简化为如下两阶段流水线问题。

$$\underset{S_j, s_{kj}, c_{kj}}{\mathrm{minimize}}\, c_{Kj}^{\mathrm{c}} \tag{3-135}$$
$$\mathrm{s.t.}\ 式（3\text{-}131）\sim 式（3\text{-}134）$$

针对两阶段流水线车间调度问题，可以使用最简单有效的 Johnson 法则（Johnson's Rule）进行求解。

在运筹学中，Johnson 法则是一种在两个工作中心进行作业调度的方法，主要目标是找到一个最优的作业序列，以减少完成所有作业所需的总时间（Makespan）。它还减少了两个工作中心之间的空闲时间。在两个工作中心的情况下，该方法可使总的工件制造时间最小化。此外，如果满足额外的约束条件，该方法可以在 3 个工作中心的情况下找到最短的制造时间。Johnson 法则可被描述为如下步骤。

① 列出每个工作中心的工作及其时间。

② 选择时间最短的作业。如果该时间是第一个工作中心的时间，则先安排作业；如果该时间位于第二个工作中心，则最后安排作业。

③ 从作业集合中排除上述时间最短的作业。

④ 重复步骤②和步骤③，直到所有作业都被安排好。

映射到无人机多流水线 MEC 资源分配调度问题上，求解两阶段流水线车间调度问题的步骤如下。

① 列出两条流水线上所有 IoTD 传输阶段和计算阶段的任务及其时间块长度。

② 选择时间最短的时间块。如果该时间块位于传输阶段，则安排此 IoTD 在前接受无人机 MEC 服务；如果该时间块位于计算阶段，则安排此 IoTD 在后接受无人机 MEC 服务。

③ 从 IoTD 集合中排除上述时间块最短的 IoTD。

④ 重复步骤②和步骤③，直到所有 IoTD 都被安排好。

以上为求解所有 M 个 S_j 的过程，具体的算法流程将在下文进行介绍。

3.3.2.3 资源分配算法与仿真

接下来，将基于上述理论推导设计无人机 MEC 资源分配算法，并给出系统仿真的分析。

基于理论推导，单无人机单流水线 MEC 资源分配算法如算法 3-2 所示。

算法 3-2 单无人机单流水线 MEC 资源分配算法

input：初始解 $\boldsymbol{A}^0$、下降阈值 ε、迭代最大次数 $r_{\max}$

output：问题 $\mathcal{P}$3-2 的局部最优解：$\boldsymbol{A}^*$、$\boldsymbol{F}^*$、$\boldsymbol{\tau}^*$ 和 $\boldsymbol{T}^*$

初始化迭代次数 $r = 0$

repeat

   根据固定的 $\boldsymbol{A}^r$，使用式（3-87）得到当前局部最优 $\boldsymbol{F}^{r+1}$

   根据固定的 $\boldsymbol{F}^{r+1}$，使用 CVX 工具包得到当前局部最优 $\boldsymbol{A}^{r+1}$

   $r = r+1$

until 无人机能耗 E 的下降量 $\leqslant \varepsilon$ 或当前迭代次数 $r = r_{\max}$

根据式（3-80），计算局部最优 $\boldsymbol{\tau}^*$

根据式（3-79），计算无人机在每个悬停位置的停留时间

return IoTD 与无人机悬停位置的关联矩阵 $\boldsymbol{A}^*$、无人机计算资源分配矩阵 $\boldsymbol{F}^*$、无线能量传输时间矩阵 $\boldsymbol{\tau}^*$、无人机在所有悬停位置停留的时间矩阵 $\boldsymbol{T}^*$

上述算法在给定初始解 $\boldsymbol{A}^0$ 的基础上，可以得到原混合整数非凸规划问题的一个次优解。下面分析算法 3-2 的计算复杂度。

使用 CVX 工具包求解凸优化问题的核心思想是采用内点法，并通过不断迭代收敛到当前步骤的最优解。算法 3-2 在给定精确度 $\varepsilon > 0$ 的基础上，内循环的计算复杂度为 $\mathcal{O}\left((NM)^{3.5}\log(1/\varepsilon)\right)$。这是因为矩阵 $\boldsymbol{A}$ 的优化是基于 CVX 工具包进行的，即基于内点法进行；又因为块坐标下降方法的计算复杂度是 $\log(1/\varepsilon)$ 阶的，因此算法 3-2 的计算复杂度为 $\mathcal{O}\left((NM)^{3.5}\log^2(1/\varepsilon)\right)$，即算法 3-2 拥有多项式时间计算复杂度。换言之，单无人机单流水线 MEC 资源分配算法可以在多项式时间之内得到一个局部最优解。

在上述算法中，初始解 $\boldsymbol{A}^0$ 的选取会对最后解的优越性产生影响。这是因为 $\mathcal{P}$3-1 是一个非凸规划问题。在使用块坐标下降方法的过程中，$\mathcal{P}$3-1 被转化为 $\mathcal{P}$3-2 进行

求解。与此同时，$\mathcal{P}$3-2 被分为两个子问题（即问题（3-86）和问题（3-92））进行求解。虽然这两个问题都是凸优化问题，但问题（3-92）不具有强凸性，因此，初始值的选取将影响最后求得的解的优越性。下面就初始解 $\boldsymbol{A}^0$ 的选取展开讨论。

从物理意义上来说，IoTD 与无人机悬停位置的关联矩阵 $\boldsymbol{A}$ 将影响每个 IoTD 与无人机之间的信道质量。由于无人机与 IoTD 之间的通信信道是视距的，遵循大尺度衰落规律。因此，IoTD 与无人机之间的距离将是影响信道质量的主要因素。在所提出的系统模型中，IoTD 与无人机之间的距离最短时，通信效果更好，进而通信时间将缩短，所需要的无线能量将减少，充电时间也将缩短。因此，无人机悬停时间将下降。由以上分析可知，在给定 IoTD 天线发射功率、无人机 WPT 天线发射功率和无人机悬停功率时，$\mathcal{P}$3-1 的目标函数将在 IoTD 与无人机最近处获得较好的解。换言之，按照距离最短原则，IoTD 与无人机悬停位置的关联矩阵 $\boldsymbol{A}$ 可以得到较好的解。

基于以上分析，以第 i 个 IoTD 作为研究对象，初始解 $\boldsymbol{A}^0$ 可按照式（3-136）进行选取。

$$a_{ij}^0 = \begin{cases} 1, & d_{ij} = \min\{d_{ij}, \forall j \in \mathcal{M}\} \\ 0, & \text{其他} \end{cases} \qquad (3\text{-}136)$$

根据推导出的闭式解计算式（3-127），单无人机多流水线 MEC 计算资源分配算法如算法 3-3 所示。

算法 3-3　单无人机多流水线 MEC 计算资源分配算法

input：系统环境参数

output：问题 $\mathcal{P}$3-5 的局部最优解：$\boldsymbol{F}^*$

repeat

　　　　根据式（3-123）、式（3-124）和式（3-126）求得 $\mu_{i,x}^*, \forall i \in \mathcal{N}, \forall x \in \{a, b, c\}$

　　　　根据式（3-120）求得 $f_{ij,x}^*, \forall i \in \mathcal{N}, \forall j \in \mathcal{M}, \forall x \in \{a, b, c\}$

　　　　根据式（3-127）求得 $f_{ij}^*, \forall i \in \mathcal{N}, \forall j \in \mathcal{M}$

return　　计算资源分配矩阵 $\boldsymbol{F}^*$

令 $\boldsymbol{T}_1$ 表示第一个阶段（传输阶段）所有时间块 $\{t_{kj}^{\text{tf}}, \forall k \in \mathcal{K}_j\}$ 的集合，令 $\boldsymbol{T}_2$ 表示第二个阶段（计算阶段）所有时间块 $\{t_{kj}^{\text{c}}, \forall k \in \mathcal{K}_j\}$ 的集合。与此同时，根据图 3-34，为了最小化空闲时间隙，本节提出了计算各阶段开始和结束时刻的方法，包括最优 $c_{Kj}^{\text{c}*}$ 的计算，具体来说，每次计算第 k 个 IoTD 的计算阶段结束时刻时，选择计算阶段和传输阶段中较长的时间块累加计算 c_{Kj}^{c}。

举例如下：由图 3-34（b）可得，$c_{4j}^{\text{c}*} = t_{1j}^{\text{tf}} + t_{2j}^{\text{tf}} + t_{3j}^{\text{c}} + t_{4j}^{\text{tf}} + t_{4j}^{\text{c}}$，需要注意的是，

这里的索引是流水线服务顺序 k。

基于以上描述，为了最小化无人机悬停时间，单无人机多流水线时序资源分配算法如算法 3-4 所示。

算法 3-4 单无人机多流水线时序资源分配算法

input：结合系统环境参数，通过式（3-62）、式（3-63）、式（3-80）和式（3-131）得到 t_{ij}^{u*}、t_{ij}^{c*}、t_{ij}^{w*} 和 t_{kj}^{tf*}，初始化算法中间量 $n=0,m=0$

output：问题 $\mathcal{P}$3-5 的局部最优解：$\boldsymbol{S}^*$ 和 $\boldsymbol{t}^*$

repeat

  在集合 $\boldsymbol{T}_1$ 和 $\boldsymbol{T}_2$ 中寻找时间块最短的 $t_{k_{\min}}$

  if $t_{k_{\min}} \in \boldsymbol{T}_1$ then

    $S_{n+1} = k_{\min}$

    $n = n+1$

  else

    $S_{K-m} = k_{\min}$

    $m = m+1$

  end

  将 $t_{k_{\min}}^{tf}$ 从 $\boldsymbol{T}_1$ 剔除，并将 $t_{k_{\min}}^{c}$ 从 $\boldsymbol{T}_2$ 剔除

until $\boldsymbol{T}_1, \boldsymbol{T}_2 = \varnothing$

更新 $n=1, s_1^{tf} = 0$

repeat

  if $t_{n+1}^{tf} \geq t_n^{c}$ then

    $c_{n+1}^{c} = s_n^{tf} + t_n^{tf} + t_{n+1}^{tf} + t_{n+1}^{c}$ 且 $s_{n+1}^{tf} = s_n^{tf} + t_n^{tf}$

  else

    $c_{n+1}^{c} = s_n^{tf} + t_n^{tf} + t_n^{c} + t_{n+1}^{c}$ 且 $s_{n+1}^{tf} = s_n^{tf} + t_n^{tf} + t_n^{c} - t_{n+1}^{tf}$

  end

  $n = n+1$

until $n = K$

$T_j^* = c_{Kj}^{c}$

return $\mathcal{P}$3-5 多流水线变量 $\boldsymbol{S}^*$ 和时间分配矩阵 $\boldsymbol{t}^*$

这里，$\mathcal{P}$3-5 为非凸问题，使用块坐标下降方法得到的解与初始值有关。单无人机多流水线 MEC 资源分配算法如算法 3-5 所示。

算法 3-5　单无人机多流水线 MEC 资源分配算法

input：初始解 $\boldsymbol{A}^0$ 和随机 $\boldsymbol{S}^0$，下降阈值 ε，迭代最大次数 $r_{\max}$

output：问题 $\mathcal{P}$3-1 的局部最优解：$\boldsymbol{A}^*$、$\boldsymbol{F}^*$、$\boldsymbol{\tau}^*$、$\boldsymbol{S}^*$ 和 $\boldsymbol{t}^*$

初始化迭代次数 $r = 0$

repeat

　　根据固定的 $\boldsymbol{A}^r$ 和 $\boldsymbol{S}^r$，使用算法 3-3 得到当前局部最优 $\boldsymbol{F}^{r+1}$

　　根据固定的 $\boldsymbol{S}^r$ 和 $\boldsymbol{F}^{r+1}$，使用 CVX 工具包得到当前局部最优 $\boldsymbol{A}^{r+1}$

　　根据固定的 $\boldsymbol{A}^{r+1}$ 和 $\boldsymbol{F}^{r+1}$，使用算法 3-3 得到当前局部最优 $\boldsymbol{S}^{r+1}$ 和 $\boldsymbol{t}^{r+1}$

　　$r = r+1$

until　无人机能耗 E 的下降量 $\leqslant \varepsilon$ 或当前迭代次数 $r = r_{\max}$

return　IoTD 与无人机悬停位置的关联矩阵 $\boldsymbol{A}^*$、无人机计算资源分配矩阵 $\boldsymbol{F}^*$、无人机时间分配矩阵 $\boldsymbol{t}^*$、无人机多流水线变量 $\boldsymbol{S}^*$

在每一步循环中，设备关联和流水线时序资源分配是串行的，在给定精确度 $\varepsilon > 0$ 的基础上，二者各自的计算复杂度分别为 $\mathcal{O}\left((NM)^{3.5}\log(1/\varepsilon)\right)$ 和 $\mathcal{O}\left(n\log(n)\right)$。又因为块坐标下降方法的计算复杂度是 $\log(1/\varepsilon)$ 阶的，因此算法 3-2 的计算复杂度为 $\mathcal{O}\left((NM)^{3.5}\log^2(1/\varepsilon)\right)$，即算法 3-2 拥有多项式时间计算复杂度。换言之，单无人机多流水线 MEC 资源分配算法可以在多项式时间之内得到一个局部最优解。

考虑系统中有一架无人机和多个 IoTD。众多 IoTD 的位置在 $100\mathrm{m} \times 100\mathrm{m}$ 的二维平面上随机分布，且每个 IoTD 上有不同的待计算任务。无人机将依次在 8 个指定的位置进行悬停，指定高度 $H = 5\mathrm{m}$，令系统带宽 $B = 10\mathrm{MHz}$，在参考距离为 $1\mathrm{m}$ 处测得的信道增益（或路径损耗）为 $-30\mathrm{dB}$，噪声功率为 $-60\mathrm{dBm}$。

无人机携带的可以用于 MEC 服务的计算资源为 $0.5\mathrm{GB}$。每个 IoTD 的传输功率为 $200\mathrm{mW}$。无人机 WPT 天线的发射功率被设定为 $50\mathrm{dBm}$。设定有效开关电容 $\kappa = 10^{-26}$，无人机的悬停功率 $P_{\mathrm{uav}}^{\mathrm{H}} = 59.2\mathrm{W}$。

在图 3-35 和图 3-36 中，设定 IoTD 的数量为 200。在图 3-37 和图 3-38 中，考虑大规模情况，设定 IoTD 的最大数量为 1200。详细仿真参数设定如表 3-2 所示。

表 3-2　仿真参数设定

参数符号	参数含义	设定数值
H	无人机高度	5m
B	系统带宽	10MHz

续表

参数符号	参数含义	设定数值
h_0	参考距离 1m 处的信道增益	-30dB
f_{max}	无人机可分配的计算资源	0.5GB
p	IoTD 的传输功率	200mW
κ	有效开关电容	10^{-26}
P_{uav}^W	无人机 WPT 天线发射功率	50dBm
P_{uav}^H	无人机的悬停功率	59.2W

图 3-35 和图 3-36 展示了资源分配算法的能效和时效性。本节对比了无人机单流水线系统、未优化的双流水线系统、优化后的双流水线系统。未优化的双流水线系统有两个流水线架构，但未进行时序资源的优化。从图 3-35 可以看出，当增加数据量时，无人机能耗相应增加。在图 3-36 中，设定每个 IoTD 的数据量 Di 为 50KB。从图 3-36 中可以看出，当增加 IoTD 数量时，无人机悬停时间相应增加。从图 3-35 和图 3-36 可以看出，所提算法比对照组更优秀。与此同时，多流水线架构对提升无人机能效和降低悬停时间具有决定性作用。通过两幅图可以看到，多流水线架构比单流水线架构的效果有明显提升，优化后的双流水线系统比未优化的双流水线系统也有一定的性能提升。上述分析对实际应用具有一定的指导作用。即在无人机无法执行优化算法时，可以从结构上对系统进行提升，而在无人机有能力、有条件执行优化算法时，采用优化后的流水线架构。

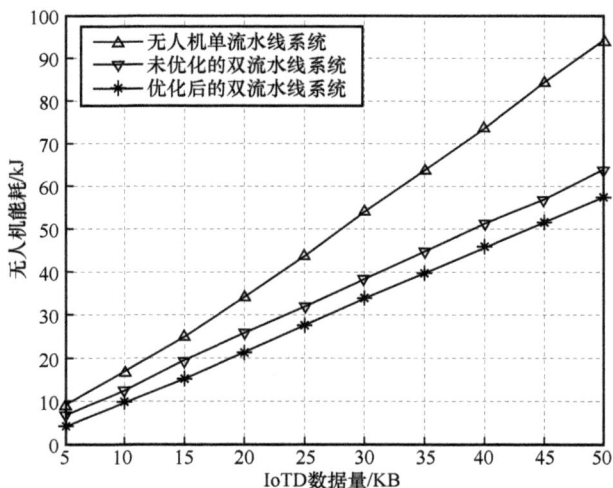

图 3-35　无人机能耗随 IoTD 数据量 Di 变化

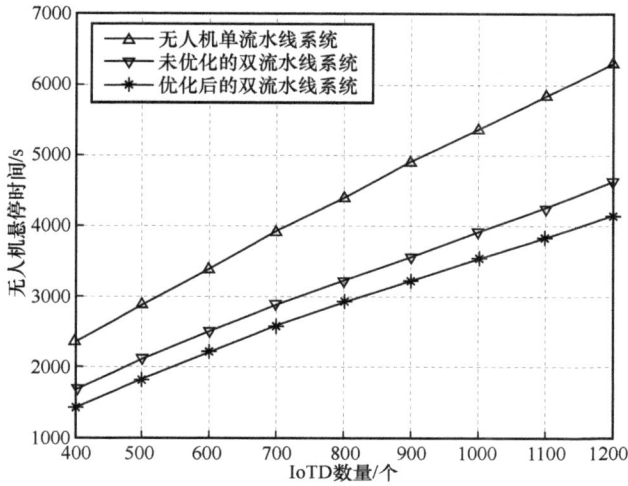

图 3-36　无人机悬停时间随 IoTD 数量 N 变化

根据图 3-37，在增加 IoTD 数量时，双流水线系统节省的无人机悬停时间也相应增加。需要注意的是，未优化的双流水线系统和优化后的双流水线系统可分别节省约 25% 和 35% 的无人机悬停时间。

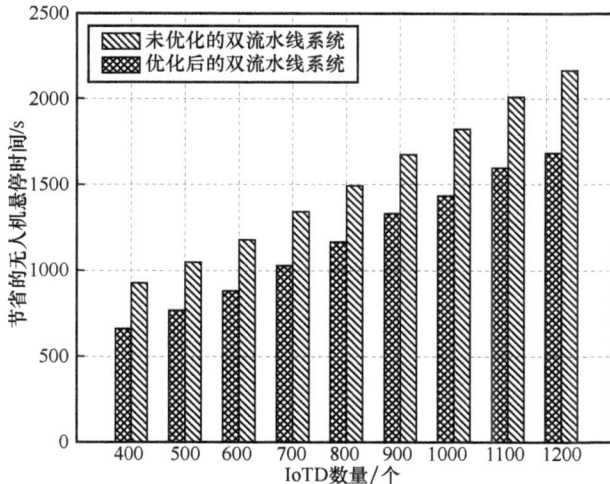

图 3-37　双流水线系统节省的无人机悬停时间随 IoTD 数量 N 变化

从图 3-37 可以看出，优化后的双流水线系统的悬停时间降低效果更明显，这也凸显了优化的作用。在实际的生产生活中，牺牲一部分计算时间和资源，可以得到更好的优化效果。还可以预见，通过增加流水线数目，可以进一步提升系统的性能，同时也将进一步提升算法复杂度并消耗更多的计算时间和资源。

与此同时，根据 IoTD 数量的变化可以看出，多流水线系统在服务多用户甚至海量用户时，可以达到更好的效果。这对将来万物互联的移动网络具有很好的适用性，因此本节所提出的系统优化方案不仅适用于当前的场景，还具有一定的前沿应用价值。

图 3-38 展示了无人机加权总能耗随 IoTD 数据量 Di 的变化情况。随着数据量的增加，无人机的加权总能耗上升。设置固定充电时间对照组，设定充电时间为 $1/5t_i^{qos}$；设置固定计算频率对照组，设定计算频率为 f_{max}。设定仿真中的优化权重为 $\phi = 1$、$\varphi = 0.01$。

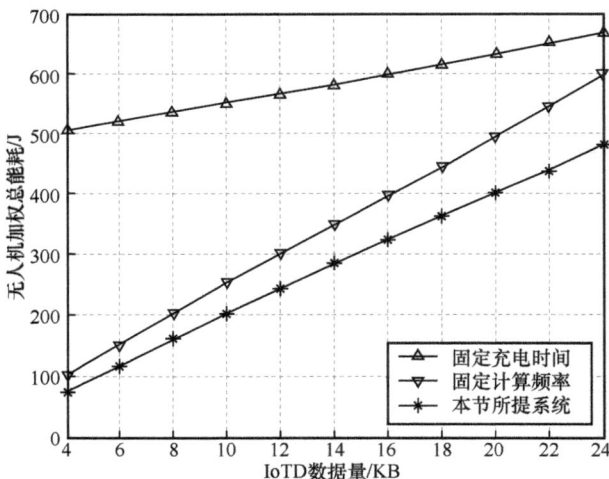

图 3-38 无人机加权总能耗随 IoTD 数据量 Di 变化

可以从图 3-38 中看到，固定充电时间对照组的能耗增加速度较缓慢，但在数据量很大时，其所提供的能量就不足以满足 IoTD 的需求了。换言之，在数据量继续增大时，固定充电时间对照组的能耗虽升高慢，但 MEC 服务将无法有效完成。上述仿真使用了目前常用的两种资源分配方式进行对比。在日常应用中，移动设备缺少对充电时间和计算资源的控制，这导致了有限资源的浪费。在传统有线连接充电的场景下，资源浪费的影响较小，但无人机作为一种独特的移动平台，其在维持自身飞行或静止状态时，需要消耗能量。因此，对于能量有限的无人机，控制其充电时间和分配计算资源就变得不可或缺。

在图 3-39 中，对照组为随机选择系统和随机流水线系统。其中，随机选择系统为无人机随机选择悬停位置与 IoTD 配对，即每个 IoTD 不一定在距离无人机最近处接收能量和上传数据。随机流水线系统是在满足任务调度约束的前提下，所有充电、通信和计算任务的起始时间是随机的，未进行优化。将随机选择系统作为对照组是为了凸显 MEC 系统中设备选择和流水线优化的重要性。

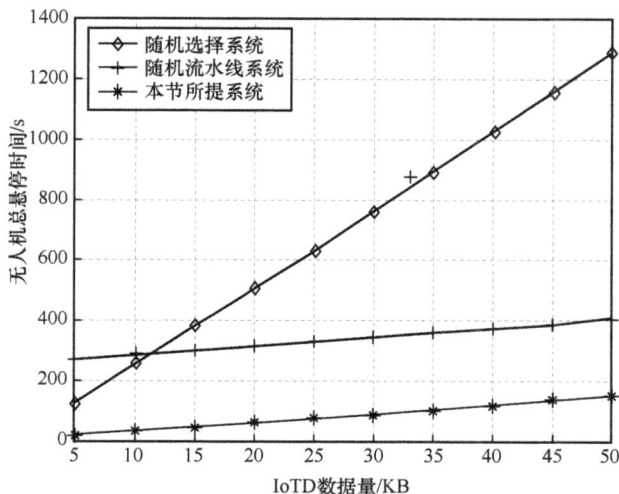

图 3-39　无人机悬停时间随 IoTD 数据量 Di 变化

设定 IoTD 数量为 50。由图 3-39 可知，无人机总悬停时间随 IoTD 数据量 Di 的增加而上升。随机选择系统表示 IoTD 与无人机的关联是随机的。随机流水线系统表示 IoTD 的流水线安排是随机的且任务时间块之间存在闲时时隙。由图 3-39 中可以看出，与对照组相比，本节所提系统的无人机总悬停时间有效降低。

从图 3-39 中可以看到，随机流水线系统比本节所提系统多出一定能耗。这是因为，随机流水线系统中闲时间隙的长度是随机的，但在仿真中进行了多次仿真取平均的操作，因此，多出的能耗趋于稳定。

同时，在 IoTD 数据量较小的条件下，随机选择系统优于随机流水线系统；在 IoTD 数据量较大的条件下，随机流水线系统更优。但两个系统的性能都低于本节所提系统，这也凸显出优化的必要和重要性。

图 3-40 设定 IoTD 数量为 5，对比了本节所提算法的效果和穷举搜索算法的效果。穷举搜索算法搜索到的结果可被认为是最优解，但算法耗时太长，效率低，因

此无法应用于实际场景。从图 3-40 中可以看出，本节所提算法虽然无法获得最优解，但其与最优解的差距在可接受范围内。

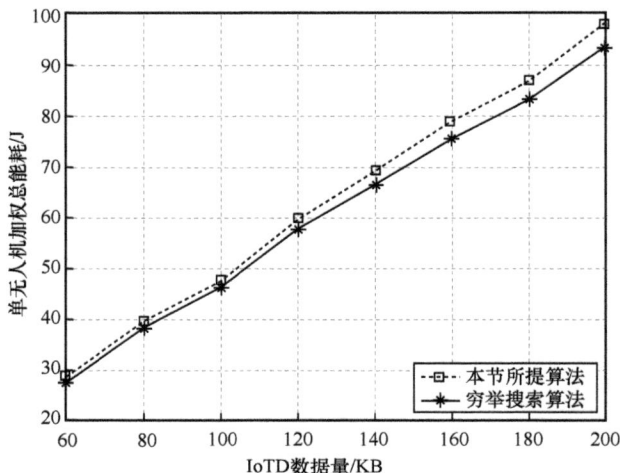

图 3-40　算法局部最优解和全局最优解之间的差距

3.3.3　数字孪生辅助的基于无人机的数能算联合资源分配系统

数字孪生技术是指对物理空间的真实事物进行虚拟数字化，即在虚拟空间中建立物理空间真实事物的镜像模型，然后通过这两个空间的数据交互，实现实时预测、优化、监控、控制和改进决策。在 IoT 中，随着 IoT 设备数量的日益增加，如何对大规模网络中的资源进行动态分配成为一个非常有挑战的问题。DT 技术作为一种有潜力的数字映射技术，可以通过建立物理空间的数字仿真模型来解决大规模 IoT 下的动态资源智能分配问题。除此之外，在 IoT 中，部分 IoT 设备的计算能力有限，对于一些对时延要求较高的应用，如虚拟现实（VR）和增强现实（AR），可能无法满足其时延要求。MEC 作为在 IoT 中降低端到端时延的一项重要技术，针对计算资源紧缺的 IoT 设备，通过卸载其计算任务到附近资源充足的 MEC 服务器上，解决 IoT 设备计算资源不足的问题。结合 DT 与 MEC 技术，可以实时监控整个 MEC 网络的状态，并直接向决策模块提供感知数据。

DT 辅助下的无人驾驶飞行器（Unmanned Aerial Vehicle，UAV，即通常所说的无人机）无线数据与能量传输系统如图 3-41 所示，UAV 在整个飞行周期给 IoT 设备充电，IoT 设备在某些时隙选择卸载任务给 UAV，这里不考虑 IoT 设备的本地计算，假设所有的 IoT 设备将计算任务全部卸载到 UAV 上。UAV 和地面 IoT 设备的 DT 放置在附近的基站，UAV 通过与基站之间的信息交互来获取 IoT 设备的位置和能量信息，IoT 设备通过与基站的信息交互来获取 UAV 的位置和计算资源信息。在 DT 中，通过获取的 IoT 设备的位置和能量信息以及当前 UAV 的位置和计算资源信息，进行 IoT 设备的卸载决策、UAV 的计算资源分配和 UAV 的水平轨迹优化。然后，将当前优化的信息传输到 UAV 和 IoT 设备中，UAV 和 IoT 设备根据 DT 的信息来更新当前的状态，包括 IoT 设备是否卸载计算任务到无人机、无人机给每个 IoT 设备的计算资源分配量、无人机的下一步飞行轨迹。UAV 和 IoT 设备通过与基站进行实时交互，可以减少 UAV 与 IoT 设备之间信息交互的开销以及 UAV 和 IoT 设备各自进行决策的开销。

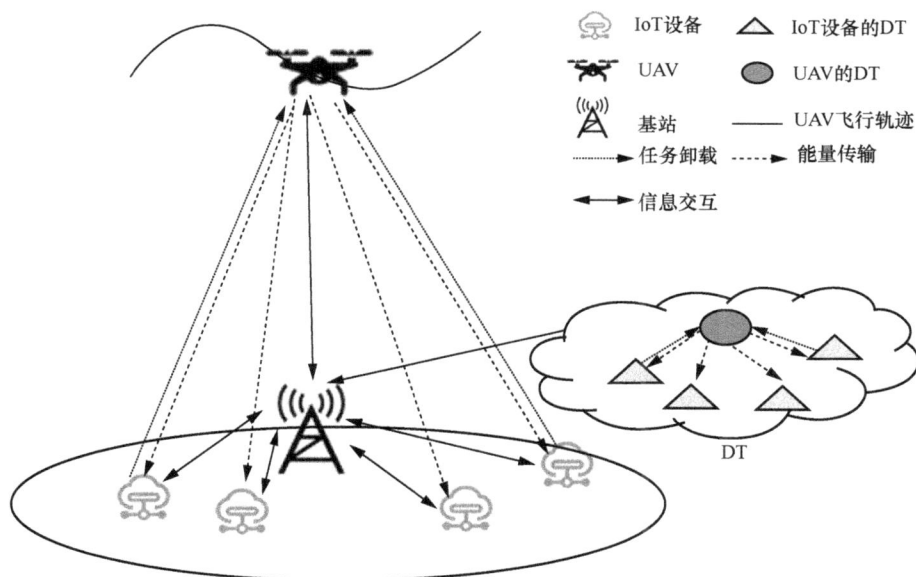

图 3-41　DT 辅助下的无人机无线数据与能量传输系统

设 IoT 设备的集合为 $\mathcal{K} = \{1, \cdots, K\}$，UAV 的轨迹被划分为 M 个点，整个飞行周期被划分为 M 个等长时隙，表示为 $\mathcal{M} = \{1, \cdots, M\}$，则每个时隙长度 $\Delta\tau$ 满足 $T = M\Delta\tau$。UAV 和 IoT 设备的位置可以分别表示为 $[\boldsymbol{q}(t), H]^{\mathrm{T}}, \boldsymbol{q}(t) = [x(t), y(t)]$，$\forall t \in \mathcal{M}$ 和 $[\boldsymbol{w}_{\mathrm{D}}^k, 0]^{\mathrm{T}}, \boldsymbol{w}_{\mathrm{D}}^k = [x_{\mathrm{D}}^k, y_{\mathrm{D}}^k], \forall k \in \mathcal{K}$。

DT 技术通过一个实时的更新和控制机制来与物理系统进行交互，可以表示为

$$DT = \left\{ (U, \tilde{U}), (\mathcal{K}, \tilde{\mathcal{K}}) \right\} \tag{3-137}$$

其中，U 和 $\mathcal{K}$ 分别表示 UAV 和 IoT 设备的物理实体，$\tilde{U}$ 和 $\tilde{\mathcal{K}}$ 分别表示使用 DT 复制出的 UAV 和 IoT 设备的虚拟副本。DT 可以复制不同时隙的 UAV 与 IoT 设备的映射关系，通过调整映射关系，DT 可以调整其对应卸载的调度，从而优化整个系统的性能。对于 IoT 设备 k，在时隙 t 对其剩余能量进行 DT，则可以表示为

$$DT_k(t) = \left\{ e_k(t), \hat{e}_k(t) \right\}, \forall k \in \mathcal{K} \tag{3-138}$$

其中，$e_k(t)$ 表示在时隙 t，IoT 设备 k 的 DT 估计的剩余能量值；$\hat{e}_k(t)$ 表示 IoT 设备 k 在时隙 t 的剩余能量的真实值与估计值之间的偏差。通常 DT 的剩余能量估计值和之前所有时隙内 IoT 设备收集的能量与 IoT 设备卸载数据的能耗的差值有关，并且估计值会受到 IoT 设备电路能耗的影响以及网络实时更新的时延影响，因此会存在一个估计偏差。同样，对于 UAV，对其时隙 t 的计算资源分配进行 DT，表示为

$$DT_u(t) = \left\{ f_u^k(t), \hat{f}_u^k(t) \right\}, \forall k \in \mathcal{K} \tag{3-139}$$

其中，$f_u^k(t)$ 表示在时隙 t，UAV 的 DT 估计的分配给 IoT 设备 k 的计算资源；$\hat{f}_u^k(t)$ 表示 UAV 真实分配的计算资源和估计值之间的偏差。这个偏差形成的原因是 DT 对当前 IoT 设备的计算量的更新有一定的误差。DT 用估计的计算频率来反映当前时隙 UAV 计算能力的状态，通过调整计算资源分配来提升系统的时延表现。

假设 IoT 设备与 UAV 之间的通信链路没有被阻挡，则将其建模为 LoS 链路，因此，在时隙 t，IoT 设备 k 的可达速率可以表示为

$$r_k(t) = B\mathrm{lb}\left(1 + \frac{P_k \beta_0}{\left(H^2 + \left\| q(t) - w_k \right\|^2 \right) \sigma^2} \right) \tag{3-140}$$

其中，B 为无线信道带宽，P_k 为 IoT 设备 k 的发射功率，β_0 表示参考距离为 1m 时的信道增益，σ^2 表示噪声功率。

采用子时隙划分的传输协议，IoT 设备在每个时隙依次卸载其数据，IoT 设备 k 在时隙 t 的卸载时长比例系数表示为

$$0 \leqslant a_k(t) \leqslant 1, \forall k \in \mathcal{K}, t \in \mathcal{M} \tag{3-141}$$

在每个时隙，所有 IoT 设备的卸载时间应该不超过整个时隙的长度，因此得到

的约束条件如下。

$$\sum_{i=1}^{K} a_i(t) \leqslant 1, \forall t \in \mathcal{M} \qquad (3\text{-}142)$$

因此，在时隙 t，IoT 设备 k 卸载的数据量可以表示为

$$D_k(t) = r_k(t) a_k(t) \Delta \tau \qquad (3\text{-}143)$$

其中，$a_k(t)\Delta\tau$ 表示在时隙 t，IoT 设备 k 的传输时间，则 IoT 设备 k 在整个飞行周期的卸载时延可以表示为

$$T_k^{\text{off}} = \sum_{t=1}^{M} a_k(t) \Delta \tau \qquad (3\text{-}144)$$

此外，IoT 设备 k 在前 n 个时隙卸载计算任务所消耗的能量可以表示为

$$E_k^{\text{off}}(n) = \sum_{i=1}^{n} P_k a_k(i) \Delta \tau \qquad (3\text{-}145)$$

IoT 设备将计算任务全部卸载到具有 MEC 能力的 UAV 上，不考虑计算任务的分割情况。在每个时隙，IoT 设备依次卸载完数据之后，UAV 执行计算任务，然后将结果返回。由于计算结果的数据量很小，通常可以忽略计算结果的返回时间。IoT 设备 k 的计算任务可以表示为

$$I_k = \{D_k, F_k\}, \forall k \in \mathcal{K} \qquad (3\text{-}146)$$

其中，D_k 表示从 IoT 设备 k 卸载到 UAV 的数据量，F_k 表示 UAV 处理 IoT 设备卸载的数据所需要的 CPU 循环数。在时隙 t，UAV 的 DT 估计的 IoT 设备 k 的卸载数据的计算时延可以表示为

$$\tilde{T}_k^{\text{C}}(t) = \frac{F_k(t)}{f_{\text{u}}^{k}(t)} \qquad (3\text{-}147)$$

其中，$F_k(t)$ 表示在时隙 t，UAV 处理 IoT 设备 k 的卸载数据所需要的 CPU 循环数。假设可以提前获取 UAV 与其 DT 之间的 CPU 处理频率偏差，则真实的计算时延和其 DT 估计的计算时延之间的偏差可以表示为

$$\hat{T}_k^{\text{C}}(t) = \frac{F_k(t) \hat{f}_{\text{u}}^{k}(t)}{\left(f_{\text{u}}^{k}(t) - \hat{f}_{\text{u}}^{k}(t)\right) f_{\text{u}}^{k}(t)} \qquad (3\text{-}148)$$

因此，实际的 IoT 设备 k 在时隙 t 的计算时延可以表示为

$$T_k^{\text{C}}(t) = \tilde{T}_k^{\text{C}}(t) + \hat{T}_k^{\text{C}}(t) \qquad (3\text{-}149)$$

在整个飞行周期，IoT 设备 k 的计算时延可以表示为

$$T_k^{\text{C}} = \sum_{t=1}^{M} T_k^{\text{C}}(t) \qquad (3\text{-}150)$$

对于 UAV 与 IoT 设备的无线能量传输，本节采用线性的能量传输模型，则在时隙t，第r次迭代中 IoT 设备k接收到的来自 UAV 的能量可以表示为

$$E_k^r(t) = \eta P_U h_k(t) \Delta \tau \tag{3-151}$$

其中，η表示能量转换效率，P_U表示 UAV 的充电功率，$h_k(t)$表示在时隙t，UAV 到 IoT 设备k的路径损耗，可以表示为

$$h_k(t) = \frac{\beta_0}{H^2 + \|\boldsymbol{q}(t) - \boldsymbol{w}_k\|^2} \tag{3-152}$$

则在前n个时隙，IoT 设备k收到的能量可以表示为

$$E_k^r(n) = \sum_{i=1}^n E_k^r(i) = \sum_{i=1}^n \frac{\eta P_U \beta_0}{H^2 + \|\boldsymbol{q}(i) - \boldsymbol{w}_k\|^2} \Delta \tau \tag{3-153}$$

IoT 设备k在时隙t的 DT 估计的剩余能量可以表示为

$$e_k(t) = E_k^r(t) - E_k^{\text{off}}(t) \tag{3-154}$$

式（3-154）表示 IoT 设备在时隙t的剩余能量的估计值为前t个时隙收到的能量减去卸载数据消耗的能量。由于 DT 的剩余能量估计值有一个$\hat{e}_k(t)$的偏差，因此，真实的剩余能量值可以表示为

$$E_k(t) = e_k(t) - \hat{e}_k(t) \tag{3-155}$$

本节提出了最小化 IoT 设备的最大计算任务完成时间的问题，表示为

$$\min_{\boldsymbol{A},\boldsymbol{F},\boldsymbol{Q}} \max_{\forall k \in \mathcal{K}} \left\{ T_k^{\text{total}} \right\}$$
$$\text{s.t.} \quad 0 \leq a_k(t) \leq 1, \forall k \in \mathcal{K}, t \in \mathcal{M}$$
$$\sum_{k=1}^K a_k(t) \leq 1, \forall t \in \mathcal{M}$$
$$\sum_{t=1}^M r_k(t) a_k(t) \Delta \tau \geq D_k, \forall k \in \mathcal{K}$$
$$\left(f_u^k(t) - \hat{f}_u^k(t) \right)\left(1 - \sum_{k=1}^K a_k(t) \right) \Delta \tau \geq F_k(t), \forall k \in \mathcal{K}, t \in \mathcal{M} \tag{3-156}$$
$$E_k(t) \geq 0, \forall k \in \mathcal{K}, t \in \mathcal{M}$$
$$f_u^k(t) \geq 0, \sum_{k=1}^K f_u^k(t) \leq f_{\max}, \forall t \in \mathcal{M}$$
$$\|\boldsymbol{q}(t) - \boldsymbol{q}(t-1)\| \leq V_{\max} \Delta \tau, \forall t \in \mathcal{M}$$

其中，T_k^{total}表示 IoT 设备k的计算任务完成时间，包括卸载时延和计算时延，表示为

$$T_k^{\text{total}} = T_k^{\text{off}} + T_k^{\text{C}} = \sum_{t=1}^M a_k(t) \Delta \tau + \sum_{t=1}^M \frac{F_k(t)}{f_u^k(t) - \hat{f}_u^k(t)} \tag{3-157}$$

$A = \left\{ a_k(t), \forall k \in \mathcal{K}, t \in \mathcal{M} \right\}$ 表示 IoT 设备卸载决策矩阵，$F = \left\{ f_u^k(t), \forall t \in \mathcal{M} \right\}$ 表示 UAV 的计算资源分配矩阵，$Q = \{ q(t), \forall t \in \mathcal{M} \}$ 表示 UAV 的水平轨迹矩阵。式（3-156）的第一个约束条件为 IoT 设备卸载决策变量的数值范围，其中 $a_k(t) = 0$ 表示在时隙 t，IoT 设备 k 不卸载数据给 UAV。式（3-156）的第二个约束条件表示所有 IoT 设备在每个时隙的卸载时间之和不能超过该时隙的长度。式（3-156）的第三个约束条件表示每个 IoT 设备需要在整个飞行周期内卸载所有的计算任务数据。式（3-156）的第四个约束条件表示在每个时隙 UAV 需要完成所有 IoT 设备卸载的计算任务。式（3-156）的第五个约束条件表示 IoT 设备在每个时隙的剩余能量必须大于 0，即保证 IoT 设备有充足能量去完成计算任务卸载。式（3-156）的第六个约束条件保证了 UAV 在时隙 t 提供给所有 IoT 设备的计算任务的计算资源不能超过其最大的计算资源，即 $f_{\max}$。式（3-156）的第七个约束条件为 UAV 的水平飞行速度限制，其中 $V_{\max}$ 表示 UAV 的最大水平飞行速度。该问题是一个多变量的非凸优化问题，下面采用 BCD 算法框架将其分解为 3 个子问题。首先，引入辅助变量 $T_{\max}$ 表示所有 IoT 设备中的最大计算任务完成时间，则有

$$T_{\max} = \max_{\forall k \in \mathcal{K}} \left\{ T_k^{\text{total}} \right\} \tag{3-158}$$

则问题（3-156）可以重新写为

$$\min_{A, F, Q, T_{\max}} \quad T_{\max}$$

$$\text{s.t.} \quad \sum_{t=1}^{M} a_k(t) \Delta \tau + \sum_{t=1}^{M} \frac{F_k(t)}{f_u^k(t) - \hat{f}_u^k(t)} \leq T_{\max}, \forall k \in \mathcal{K}$$

$$0 \leq a_k(t) \leq 1, \forall k \in \mathcal{K}, t \in \mathcal{M}$$

$$\sum_{k=1}^{K} a_k(t) \leq 1, \forall t \in \mathcal{M}$$

$$\sum_{t=1}^{M} r_k(t) a_k(t) \Delta \tau \geq D_k, \forall k \in \mathcal{K} \tag{3-159}$$

$$\left(f_u^k(t) - \hat{f}_u^k(t) \right) \left(1 - \sum_{k=1}^{k} a_k(t) \right) \Delta \tau \geq F_k(t), \forall k \in \mathcal{K}, t \in \mathcal{M}$$

$$E_k(t) \geq 0, \forall k \in \mathcal{K}, t \in \mathcal{M}$$

$$f_u^k(t) \geq 0, \sum_{k=1}^{K} f_u^k(t) \leq f_{\max}, \forall t \in \mathcal{M}$$

$$\| q(t) - q(t-1) \| \leq V_{\max} \Delta \tau, \forall t \in \mathcal{M}$$

对于给定且可行的 UAV 计算资源分配方案和 UAV 的水平飞行轨迹，关于 IoT 设备的卸载决策问题可以表示为

$$\min_{A,T_{max}} T_{max}$$

$$\text{s.t.} \quad \sum_{t=1}^{M} a_k(t)\Delta\tau + \sum_{t=1}^{M} \frac{F_k(t)}{f_u(t) - \hat{f}_u(t)} \leq T_{max}, \forall k \in \mathcal{K}$$

$$0 \leq a_k(t) \leq 1, \forall k \in \mathcal{K}, t \in \mathcal{M}$$

$$\sum_{k=1}^{K} a_k(t) \leq 1, \forall t \in \mathcal{M} \qquad (3\text{-}160)$$

$$\sum_{t=1}^{M} r_k(t) a_k(t) \Delta\tau \geq D_k, \forall k \in \mathcal{K}$$

$$\left(f_u^k(t) - \hat{f}_u^k(t)\right)\left(1 - \sum_{k=1}^{K} a_k(t)\right)\Delta\tau \geq F_k(t), \forall k \in \mathcal{K}, t \in \mathcal{M}$$

$$\sum_{i=1}^{t} \frac{\eta P_U \beta_0}{H^2 + \|q(i) - w_k\|^2}\Delta\tau - \sum_{i=1}^{t} P_k a_k(i)\Delta\tau - \hat{e}_k(t) \geq 0$$

可以看出，问题（3-160）的目标函数与约束条件关于卸载变量 $a_k(t)$ 都是线性的，因此问题（3-160）是关于 IoT 设备卸载决策矩阵 A 的 LP 问题，可以通过标准的线性规划求解器求解。

对于给定且可行的 IoT 设备的卸载决策以及 UAV 的水平飞行轨迹，得到关于 UAV 计算资源分配的子问题，如式（3-161）所示。

$$\min_{F,T_{max}} T_{max}$$

$$\text{s.t.} \quad \sum_{t=1}^{M} a_k(t)\Delta\tau + \sum_{t=1}^{M} \frac{F_k(t)}{f_u^k(t) - \hat{f}_u^k(t)} \leq T_{max}, \forall k \in \mathcal{K}$$

$$\left(f_u^k(t) - \hat{f}_u^k(t)\right)\left(1 - \sum_{k=1}^{K} a_k(t)\right)\Delta\tau \geq F_k(t), \forall k \in \mathcal{K}, t \in \mathcal{M} \qquad (3\text{-}161)$$

$$f_u^k(t) \geq 0, \sum_{k=1}^{K} f_u^k(t) \leq f_{max}, \forall t \in \mathcal{M}$$

可以看出，问题（3-161）的目标函数与约束条件都是关于 $f_u^k(t)$ 的凸函数，因此问题（3-161）是一个凸问题，可以用标准的凸优化求解器求解。下面采用拉格朗日对偶法来获取最优解。

设与式（3-161）的第一个约束条件、第二个约束条件、第三个约束条件分别有关的拉格朗日乘子可表示为

$$\lambda \triangleq \{\lambda_k, \forall k \in \mathcal{K}\} \qquad (3\text{-}162)$$

$$\mu \triangleq \{\mu_{k,t}, \forall k \in \mathcal{K}, t \in \mathcal{M}\} \qquad (3\text{-}163)$$

$$\beta \triangleq \{\beta_t, \forall t \in \mathcal{M}\} \qquad (3\text{-}164)$$

则问题（3-161）的部分拉格朗日函数可以表示为

$$\mathcal{L}(\boldsymbol{F}, T_{\max}, \lambda, \mu, \beta) = \left(1 - \sum_{k=1}^{K} \lambda_k\right) T_{\max} + \sum_{k=1}^{K} \sum_{t=1}^{M} \frac{\lambda_k F_k(t)}{f_u^k(t) - \hat{f}_u^k(t)} -$$

$$\sum_{k=1}^{K} \sum_{t=1}^{M} \mu_{k,t} \left(1 - \sum_{k=1}^{K} a_k(t)\right) f_u^k(t) \Delta\tau + \sum_{k=1}^{K} \sum_{t=1}^{M} \beta_t f_u^k(t) +$$

$$\sum_{k=1}^{K} \sum_{t=1}^{M} \lambda_k a_k(t) \Delta\tau - \sum_{t=1}^{M} \beta_t f_{\max} + \qquad (3\text{-}165)$$

$$\sum_{k=1}^{K} \sum_{t=1}^{M} \mu_{k,t} \left(F_k(t) + \left(1 - \sum_{k=1}^{K} a_k(t)\right) \hat{f}_u^k(t) \Delta\tau\right)$$

则其对偶函数可以表示为

$$f(\lambda, \mu, \beta) = \min_{\boldsymbol{F}, T_{\max}} \mathcal{L}(\boldsymbol{F}, T_{\max}, \lambda, \mu, \beta) \qquad (3\text{-}166)$$
$$\text{s.t.} \quad f_u^k(t) \geqslant 0, \forall k \in \mathcal{K}, t \in \mathcal{M}$$

为了使函数 $f(\lambda, \mu, \beta)$ 有下界，即 $f(\lambda, \mu, \beta) > -\infty$，则下面的表达式成立。

$$\sum_{k=1}^{K} \lambda_k = 1 \qquad (3\text{-}167)$$

证明：如果 $\sum_{k=1}^{K} \lambda_k < 1$ 或者 $\sum_{k=1}^{K} \lambda_k > 1$，可以设置 $T_{\max} \to -\infty$ 或者 $T_{\max} \to +\infty$ 使得函数 $f(\lambda, \mu, \beta) \to -\infty$。因此上述两个不等式都不可能成立，所以得到式（3-167）成立。

基于式（3-167），问题（3-161）的对偶问题表示为

$$\max_{\lambda, \mu, \beta} f(\lambda, \mu, \beta)$$
$$\text{s.t.} \quad \sum_{k=1}^{K} \lambda_k = 1 \qquad (3\text{-}168)$$
$$\lambda \succeq 0, \mu \succeq 0, \beta \succeq 0$$

对于问题（3-161），可以通过同等地解决其对偶问题（3-168）来解决。首先，对于给定的对偶变量 $\{\lambda, \mu, \beta\}$，解决问题（3-166）获得对偶函数 $f(\lambda, \mu, \beta)$ 的值。问题（3-166）可以被分解为 $KM + 1$ 个子问题，可以表示为式（3-169）和式（3-170）。

$$\min_{T_{\max}} \left(1 - \sum_{k=1}^{K} \lambda_k\right) T_{\max} \qquad (3\text{-}169)$$

$$\min_{f_u^k(t)} \frac{\lambda_k F_k(t)}{f_u^k(t) - \hat{f}_u^k(t)} - \mu_{k,t} \left(1 - \sum_{k=1}^{K} a_k(t)\right) f_u^k(t) \Delta\tau + \beta_t f_u^k(t) \qquad (3\text{-}170)$$
$$\text{s.t.} \quad f_u^k(t) \geqslant 0, \forall k \in \mathcal{K}, t \in \mathcal{M}$$

对于子问题（3-169），任意给定的 λ_k 都满足式（3-167），则可以得出其目标函数的值为 0，所以可以选择任意的实数作为最优的 $T_{\max}$，这里为了得到对偶函数 $f(\lambda, \mu, \beta)$ 以及方便后续更新对偶变量，选择 $T_{\max}^*$。对于子问题（3-170），该问题关于 $f_u^k(t)$ 是凸的，其最优解满足卡鲁什·库恩·塔克（Karush-Kuhn-Tucker, KKT）

条件。所以对问题（3-170）的目标函数关于 $f_u^k(t)$ 求导得到最优的计算资源分配，表示为

$$f_u^{k*}(t) = \sqrt{\frac{\lambda_k F_k(t)}{\left[\beta_t + \mu_{k,t}\left(\sum_{k=1}^{K} a_k(t) - 1\right)\Delta\tau\right]^+}} + \hat{f}_u^k(t) \qquad (3\text{-}171)$$

其中，$[x]^+ = \max\{x, 0\}$。将 T_{max}^* 和 $f_u^{k*}(t)$ 代入问题（3-166）可以得到对偶函数 $f(\lambda, \mu, \beta)$。然后通过解决对偶问题（3-168）来获得最优的对偶解。对偶函数 $f(\lambda, \mu, \beta)$ 通常是凸的，但是不可微，所以问题（3-168）通常用基于次梯度的方法（如椭球法）来求解。在每次迭代时，对偶变量 $\{\lambda, \mu, \beta\}$ 基于目标函数和约束的次梯度进行更新，所以目标函数的次梯度可以表示为

$$s_0 = [\Delta\lambda^T, \Delta\mu^T, \Delta\beta^T]^T \qquad (3\text{-}172)$$

其中，$\Delta\lambda \in \mathbb{R}^{K\times 1}, \Delta\mu \in \mathbb{R}^{KM\times 1}, \Delta\beta \in \mathbb{R}^{M\times 1}$ 为向量，其元素可以分别表示为

$$\Delta\lambda_k = \sum_{t=1}^{M} \frac{F_k(t)}{f_u^k(t) - \hat{f}_u^k(t)}, \forall k \in \mathcal{K} \qquad (3\text{-}173)$$

$$\Delta\mu_{k,t} = F_k(t) - \left(1 - \sum_{k=1}^{K} a_k(t)\right)\left(f_u^k(t) - \hat{f}_u^k(t)\right)\Delta\tau, \forall k \in \mathcal{K}, t \in \mathcal{M} \qquad (3\text{-}174)$$

$$\Delta\beta_t = \sum_{k=1}^{K} f_u^k(t) - f_{max}, \forall t \in \mathcal{M} \qquad (3\text{-}175)$$

除此之外，式（3-168）的第一个约束等价于两个不等式约束即 $1 - \sum_{k=1}^{K}\lambda_k \geq 0$ 和 $\sum_{k=1}^{K}\lambda_k - 1 \geq 0$，则这两个约束函数的次梯度可以分别表示为

$$s_1 = [-1, -1, \cdots, -1]^T \in \mathbb{R}^{K\times 1} \qquad (3\text{-}176)$$

$$s_2 = [1, 1, \cdots, 1]^T \in \mathbb{R}^{K\times 1} \qquad (3\text{-}177)$$

利用上述的次梯度，采用有限制条件的椭球法更新对偶变量 $\{\lambda, \mu, \beta\}$，达到全局收敛后得到最优的对偶解，即 $\{\lambda^*, \mu^*, \beta^*\}$。最后使用对偶问题（3-168）的最优解来重构原始问题（3-161）的最优解。值得注意的是，当通过拉格朗日对偶法解决对偶问题（3-168）来解决原问题（3-161）时，如果在最优对偶解 $\{\lambda^*, \mu^*, \beta^*\}$ 下问题（3-166）的解是唯一且原始可行的，则该解是原问题（3-161）的解[42]，也就是说如果该解不是唯一解，则可能不可行或者不是原问题的最优解。当解是唯一的时，原问题（3-161）的最优解可以表示为

$$f_{\mathrm{u}}^{k*}(t) = \sqrt{\frac{\lambda_k^* F_k(t)}{\left[\beta_t^* + \mu_{k,t}^* \left(\sum_{k=1}^{K} a_k(t) - 1\right)\Delta\tau\right]^+}} + \hat{f}_{\mathrm{u}}^k(t) \tag{3-178}$$

$$T_{\max}^* \max_{\forall k \in \mathcal{K}} \left\{T_k^{\mathrm{total}*}\left(f_{\mathrm{u}}^{k*}(t)\right)\right\} \tag{3-179}$$

对于解不唯一或不可行的情况，采用时间分享法来重构原问题的最优解[43]。对于最优对偶解 $\left\{\lambda_k^*, \mu_k^*, \beta_k^*\right\}$，假设问题（3-170）有 N 个最小化目标函数的解，记为 $\left\{f_{\mathrm{u}i}^{k*}(t), \forall i \in \mathcal{N}\right\}$，$\mathcal{N} = \{1, 2, \cdots, N\}$，设 $T_k^{\mathrm{total}}\left(f_{\mathrm{u}i}^{k*}(t)\right), \forall i \in \mathcal{N}$ 为 $f_{\mathrm{u}i}^{k*}(t)$ 对应的计算任务完成时间，在每个时隙 UAV 对 IoT 设备 k 分配的计算资源以时间分配的方式在这 N 个优化解之间切换。设 τ_i 为解 $f_{\mathrm{u}i}^{k*}(t)$ 停留的时间长度，则最优的时间分配方案 $\left\{\tau_i^* > 0, i \in \mathcal{N}\right\}$ 以及最优的 $T_{\max}^*$ 可以通过求解下面的问题获得。

$$\min_{\{\tau_i, i \in \mathcal{N}\}, T_{\max}} T_{\max}$$
$$\mathrm{s.t.} \quad \sum_{i=1}^{N} \tau_i T_k^{\mathrm{total}}\left(f_{\mathrm{u}i}^{k*}(t)\right) \leqslant T_{\max} \tag{3-180}$$
$$\sum_{i=1}^{N} \tau_i = \left(1 - \sum_{k=1}^{K} a_k(t)\right)\Delta\tau$$

问题（3-180）是一个 LP 问题，可以通过标准的凸优化求解器求解，由此可以得到原问题最优的 $T_{\max}^*$。最后，对于原问题，最优的 $f_{\mathrm{u}}^{k*}(t)$ 为

$$f_{\mathrm{u}}^{k*}(t) = f_{\mathrm{u}i}^{k*}(t), \forall t = T_i, i \in \mathcal{N} \tag{3-181}$$

在时隙 t 将整个计算时间划分为 N 个不相交的时间间隔，这个时间间隔的划分由 $\left\{\tau_i^* > 0, i \in \mathcal{N}\right\}$ 给出，其中 T_i 为第 i 个时间区间表示

$$T_i = \left(\sum_{l=1}^{i-1} \tau_l^*, \sum_{l=1}^{i} \tau_l^*\right] \tag{3-182}$$

其中，τ_i^* 为该区间的长度。

根据给定的 IoT 设备的卸载决策以及 UAV 的计算资源分配方案，得到关于 UAV 水平飞行轨迹的子问题表示。

$$\min_{\mathbf{Q}, T_{\max}} T_{\max}$$
$$\mathrm{s.t.} \quad \sum_{t=1}^{M} a_k(t)\Delta\tau + \sum_{t=1}^{M} \frac{F_k(t)}{f_{\mathrm{u}}^k(t) - \hat{f}_{\mathrm{u}}^k(t)} \leqslant T_{\max}, \forall k \in \mathcal{K}$$
$$\sum_{t=1}^{M} B\mathrm{lb}\left(1 + \frac{P_k \beta_0}{(H^2 + \|\mathbf{q}(t) - \mathbf{w}_k\|^2)\sigma^2}\right) a_k(t)\Delta\tau \geqslant D_k, \forall k \in \mathcal{K}$$

$$\left(f_u^k(t) - \hat{f}_u(t)\right)\left(1 - \sum_{k=1}^{k} a_k(t)\right)\Delta\tau \geqslant F_k(t), \forall k \in \mathcal{K}, t \in \mathcal{M}$$

$$\sum_{i=1}^{t} \frac{\eta P_U \beta_0}{H^2 + \|\boldsymbol{q}(i) - \boldsymbol{w}_k\|^2}\Delta\tau - \sum_{i=1}^{t} P_k a_k(i)\Delta\tau - \hat{e}_k(i) \geqslant 0, \forall k \in \mathcal{K}, t \in \mathcal{M} \quad (3\text{-}183)$$

$$\|\boldsymbol{q}(t) - \boldsymbol{q}(t-1)\| \leqslant V_{max}\Delta\tau, \forall t \in \mathcal{M}$$

问题（3-183）除了第一个约束和第四个约束，其余约束条件都是关于水平飞行轨迹 $\boldsymbol{q}(t)$ 的非凸函数，下面采用逐次凸近似（SCA）技术将非凸的部分进行处理。设 $\boldsymbol{Q}_r = \{\boldsymbol{q}^r(t) = [x^r(t), y^r(t)]^T, \forall t \in \mathcal{M}\}$ 为第 r 次迭代时的水平轨迹，设 $m_k = \dfrac{P_k\beta_0}{\sigma^2}$，$r_k(t)$ 在 $\|\boldsymbol{q}^r(t) - \boldsymbol{w}_k\|^2$ 处进行一阶泰勒展开，其下界表示为

$$r_k(t) \geqslant B\left(G_k^r(t) - I_k^r(t)\left(\|\boldsymbol{q}(t) - \boldsymbol{w}_k\|^2 - \|\boldsymbol{q}^r(t) - \boldsymbol{w}_k\|^2\right)\right) \triangleq r_k^{lb}(t) \quad (3\text{-}184)$$

其中，$G_k^r(t)$ 与 $I_k^r(t)$ 分别表示为

$$G_k^r(t) = \mathrm{lb}\left(1 + \frac{m_k}{H^2 + \|\boldsymbol{q}^r(t) - \boldsymbol{w}_k\|^2}\right) \quad (3\text{-}185)$$

$$I_k^r(t) = \frac{m_k \mathrm{lbe}}{\left(H^2 + \|\boldsymbol{q}^r(t) - \boldsymbol{w}_k\|^2 + m_k\right)\left(H^2 + \|\boldsymbol{q}^r(t) - \boldsymbol{w}_k\|^2\right)} \quad (3\text{-}186)$$

在第 r 次迭代中，$G_k^r(t)$ 与 $I_k^r(t)$ 都是常数。同样，对 $E_k^r(t)$ 在 $\|\boldsymbol{q}^r(t) - \boldsymbol{w}_k\|^2$ 进行一阶泰勒展开，其下界表示为

$$E_k^r(t) = \frac{\eta P_U \beta_0}{H^2 + \|\boldsymbol{q}(t)\boldsymbol{w}_k\|^2}\Delta\tau \geqslant$$
$$\frac{\eta P_U \beta_0\left(\|\boldsymbol{q}(t)\boldsymbol{w}_k\|^2 + 2\|\boldsymbol{q}^r(t)\boldsymbol{w}_k\|^2 + H^2\right)}{\left(H^2 + \|\boldsymbol{q}^r(t)\boldsymbol{w}_k\|^2\right)^2}\Delta\tau \triangleq \tilde{E}_k^r(t) \quad (3\text{-}187)$$

因此，问题（3-183）可以重新表示为

$$\min_{\boldsymbol{Q}, T_{max}} T_{max}$$
$$\text{s.t.} \quad \sum_{t=1}^{M} a_k(t)\Delta\tau + \sum_{t=1}^{M} \frac{F_k(t)}{f_u^k(t) - \hat{f}_u^k(t)} \leqslant T_{max}, \forall k \in \mathcal{K}$$
$$\sum_{t=1}^{M} r_k^{lb}(t) a_k(t)\Delta\tau \geqslant D_k, \forall k \in \mathcal{K}$$

$$\left(f_{\mathrm{u}}^k(t)-\hat{f}_{\mathrm{u}}^k(t)\right)\left(1-\sum_{k=1}^k a_k(t)\right)\Delta\tau\geqslant Cr_k^{\mathrm{lb}}(t)a_k(t)\Delta\tau,\forall k\in\mathcal{K},t\in\mathcal{M}$$

$$\sum_{i=1}^t\tilde{E}_k^r(i)-\sum_{i=1}^t P_k a_k(i)\Delta\tau-\hat{e}_k(t)\geqslant 0,\forall k\in\mathcal{K},t\in\mathcal{M} \qquad (3\text{-}188)$$

$$\|\boldsymbol{q}(t)-\boldsymbol{q}(t-1)\|\leqslant V_{\max}\Delta\tau,\forall t\in\mathcal{M}$$

其中，问题（3-188）的第三个约束中的 C 表示计算任务的复杂度，单位为周期/比特（cycle/bit）。可以看出，问题（3-188）是关于 UAV 飞行轨迹 $\boldsymbol{q}(t)$ 的凸问题，因此可以采用标准的凸优化求解器求解。

根据上述的问题求解，最小化 IoT 设备最大计算任务完成时间，如算法 3-6 所示。

算法 3-6　IoT 设备最大计算任务完成时间的最小化算法

input：初始轨迹 $\boldsymbol{Q}^0$，初始计算资源分配方案 $\boldsymbol{F}^0$，迭代次数 $r=0$，迭代阈值 ϵ，迭代最大次数 $r_{\max}$

output：问题（3-23）的局部最优解：$\boldsymbol{A}^*$，$\boldsymbol{Q}^*$，$\boldsymbol{F}^*$

while $\left|\dfrac{T_{\mathrm{maxmin}}^r-T_{\mathrm{maxmin}}^{r-1}}{T_{\mathrm{maxmin}}^{r-1}}\right|>\epsilon$ 且 $r\leqslant r_{\max}$　do

　　对于给定的 $\{\boldsymbol{Q}^r,\boldsymbol{F}^r\}$，求解问题（3-159），得到当前局部最优 $\boldsymbol{A}^{r+1}$

　　对于给定的 $\{\boldsymbol{A}^{r+1},\boldsymbol{Q}^r\}$，求解问题（3-160），得到当前局部最优 $\boldsymbol{F}^{r+1}$

　　对于给定的 $\{\boldsymbol{A}^{r+1},\boldsymbol{F}^{r+1}\}$，求解问题（3-183），得到当前局部最优 $\boldsymbol{Q}^{r+1}$

　　更新 $r=r+1$

end

return　IoT 设备的卸载决策 $\boldsymbol{A}^*$，UAV 的水平飞行轨迹 $\boldsymbol{Q}^*$，UAV 的计算资源分配方案 $\boldsymbol{F}^*$

首先对于初始轨迹和初始的计算资源分配求解 IoT 设备的卸载决策问题，问题（3-159）是一个 LP 问题，可以通过 CVX 工具箱求解得到当前迭代的局部最优的卸载决策，即 $\boldsymbol{A}^{r+1}$；然后利用上一步求解的卸载决策方案和当前的飞行轨迹 $\{\boldsymbol{A}^{r+1},\boldsymbol{Q}^r\}$ 求解问题（3-160），得到当前迭代的局部最优的 UAV 的计算资源分配方案，即 $\boldsymbol{F}^{r+1}$；利用前两步求解的 IoT 设备的卸载决策和 UAV 的计算资源分配方案 $\{\boldsymbol{A}^{r+1},\boldsymbol{F}^{r+1}\}$ 求解问题（3-183），得到局部最优的水平飞行轨迹，即 $\boldsymbol{Q}^{r+1}$，当前迭代结束得到 $\{\boldsymbol{A}^{r+1},\boldsymbol{F}^{r+1},\boldsymbol{Q}^{r+1}\}$，更新迭代次数，判断迭代终止条件，若不满足则进入下一轮迭代，直到到达规定的迭代精度或者设置的最大迭代次数，停止迭代，得到局部最优解：IoT 设备的卸载决策 $\boldsymbol{A}^*$、UAV 的水平飞行轨迹 $\boldsymbol{Q}^*$ 和 UAV 的计算资源

分配方案 F^*。

下面对该算法的数值仿真结果进行分析。假定 UAV 的初始轨迹为经过每个 IoT 设备的多边形，且 UAV 的飞行起点和终点都相同，即 $(0, 20, 10)$，其余的仿真参数如表 3-3 所示。

表 3-3　仿真参数

参数符号	参数含义	设定数值
M	飞行总时隙数	60
K	IoT 设备数量	5
$\Delta \tau$	每个时隙长度	1s
B	信道带宽	1MHz
H	无人机飞行高度	10m
σ^2	噪声方差	110dBm
P_u	无人机充电功率	5W
V_{max}	无人机最大飞行速度	30m/s
f_{max}	无人机最大的计算资源	1×10^9cycle/s
η	能量转换效率	0.8
P_k	IoT 设备的发射功率	0.01mW
β_0	参考距离为 1m 时的信道增益	-30dB
C	计算任务复杂度	120cycle/bit
D_k	计算任务数据量	50Mbit

图 3-42 展示了算法 3-6 下 UAV 的飞行轨迹。图 3-42（a）为计算任务复杂度 $C = 120$cycle/bit 时，不同最大计算资源的 UAV 飞行轨迹。从图 3-42（a）中可以看出，当最大计算资源较小时，UAV 会选择在 IoT 设备附近停留更长的时间，以尽可能卸载更多的计算任务。图 3-42（b）为最大计算资源 $f_{max} = 2 \times 10^9$cycle/s 时，不同计算复杂度下的 UAV 飞行轨迹。从图 3-42（b）中可以看出，计算复杂度越大，UAV 的飞行轨迹与 IoT 设备的距离越近，这是因为计算复杂度越大，所需要的计算时间就越长，而每个时隙的计算时间是从计算任务卸载之后开始的，因此，距离更近是为了保证能够尽快卸载更多的计算数据到 UAV。

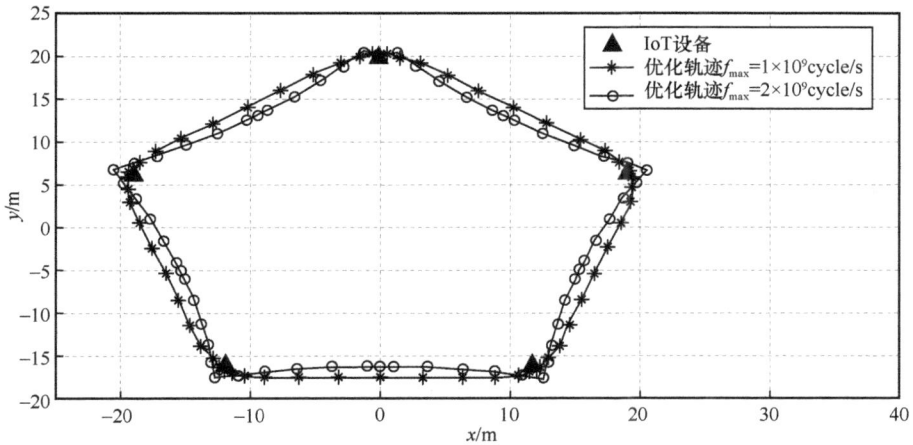

（a）计算复杂度 C = 120cycle/bit

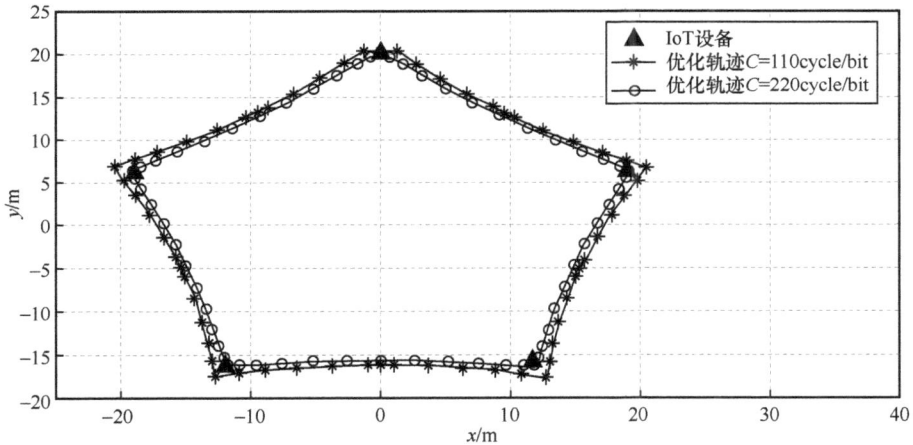

（b）最大计算资源 f_{max} = 2×10⁹cycle/s

图 3-42　UAV 的飞行轨迹

　　图 3-43 为不同最大计算资源下最小的最大计算任务完成时间比较。随机卸载是指 IoT 设备的卸载决策不优化，采用任意可行的卸载策略。固定计算资源是指不优化 UAV 的计算资源分配，整个飞行周期的计算资源分配为一个定值。从图 3-43 中可以看出，随着 UAV 最大计算资源的增加，可以分配更多的计算资源给 IoT 设备从而减少其计算任务完成时间，相应的 IoT 设备最小的最大计算任务完成时间也会减少。与其他两个基本方案比较，算法 3-6 在减少时延上有一定的优势。这里还对数字孪生估计偏差的影响进行了研究，当偏差分别为 5% 和 1% 时，在最大计算资源一定的情况下，偏差越大，其对应最小的最大计算完成时间越长。

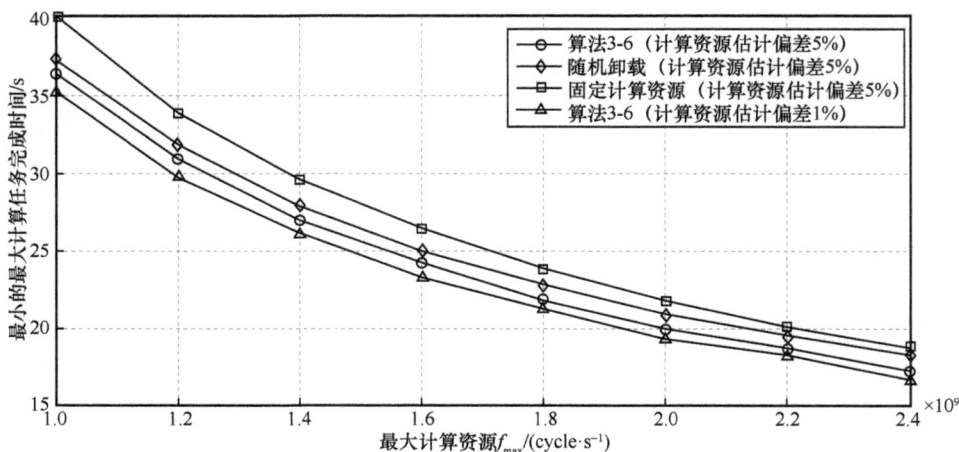

图 3-43　不同最大计算资源下最小的最大计算任务完成时间比较

图 3-44 为不同计算任务数据量下最小的最大计算任务完成时间比较。从图 3-44 中可以看出, 最小的最大计算任务时间随着计算任务量的增加而呈增长趋势, 这是因为计算任务数据量的增加会导致任务卸载和计算时延都相应增长。相比算法 3-6, 固定计算资源的方案无论计算资源估计偏差为 5% 还是 1%, 其最小的最大计算任务完成时间都更大, 体现了算法 3-6 的计算资源分配对减少时延的有效性。

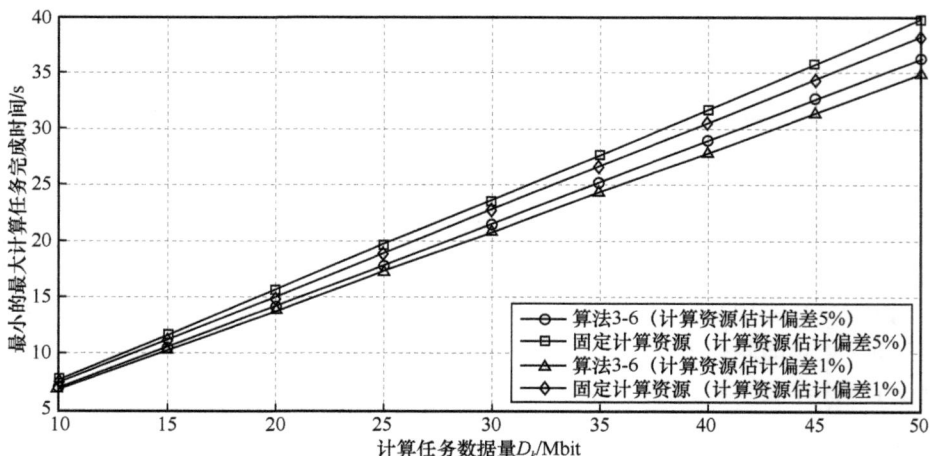

图 3-44　不同计算任务数据量下最小的最大计算任务完成时间比较

图 3-45 为不同计算任务复杂度下最小的最大计算任务完成时间比较, 可以看出随着计算任务复杂度的增加, 其最小的最大计算任务完成时间相应增

加。相比其他两个基本方案，算法 3-6 在相同偏差下最小的最大计算任务完成时间更短，验证了所提算法在时延方面的有效性。同样，在计算复杂度一定的情况下，与偏差为 1% 相比，偏差为 5% 时算法 3-6 的最小的最大计算完成时间更长。

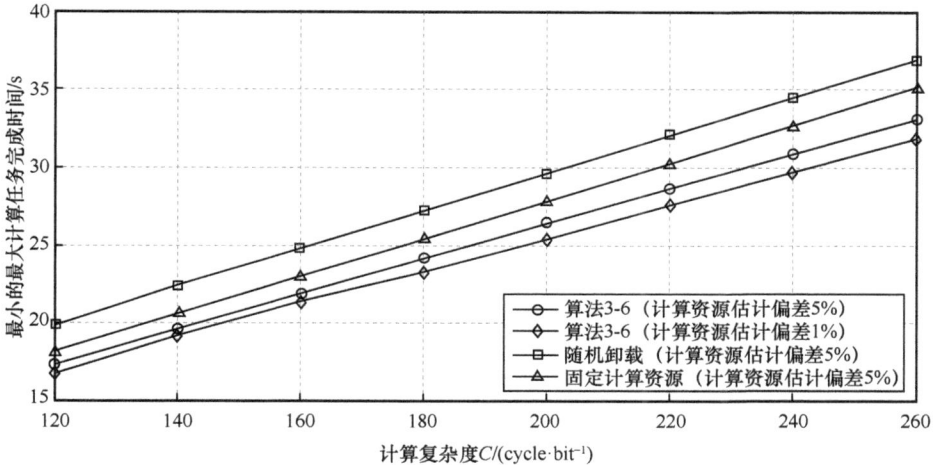

图 3-45　不同计算复杂度下最小的最大计算任务完成时间比较

3.3.4　智能超表面辅助的无人机通算存联合优化系统

智能超表面辅助的无人机作为 MEC 服务器的系统模型，利用智能超表面反射无人机和地面终端之间的传输信号来辅助无人机并改善无线环境，进行物理问题推导与建模。

RIS 辅助的 UAV 作为 MEC 服务器如图 3-46 所示，图中部署了一架旋翼无人机作为 MEC 服务器，并配备缓存以服务于现场的地面终端（Ground Terminal，GT），有 $\mathcal{K} \triangleq \{1, 2, \cdots, K\}$ 个静态 GT，$w_k = [x_k, y_k]^{\mathrm{T}} \in \mathbb{R}^{2 \times 1}$ 表示位置。由于固定翼无人机无法在空中静态悬停以建立稳定的 UAV-GT 链路，本节不会考虑这种无人机。此外，本节假设 UAV 和 GT 配备单个全向天线，UAV-GT 链路以半双工模式工作。第 k 个 GT 有一个预期的计算任务 $U_k = \{F_k, D_k, T_k\}$，其中 F_k 表示要计算的 CPU 周期总数，D_k 表示要通过上行链路传输的输入数据量，T_k 表示任务的完成期限。

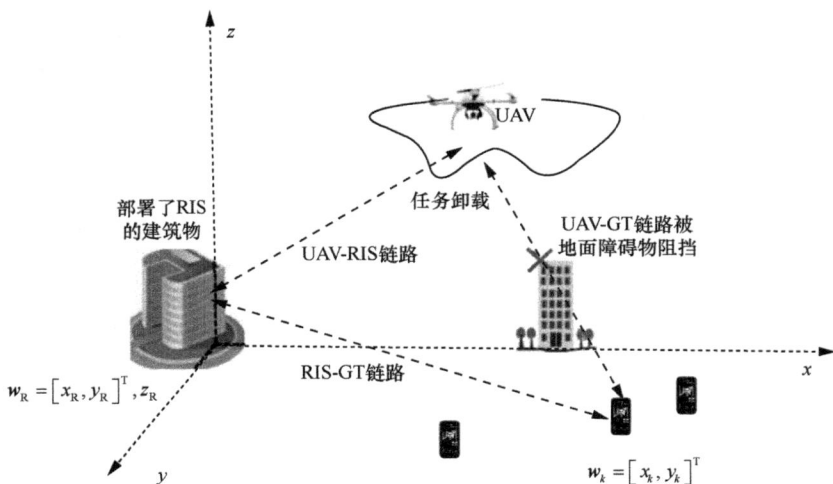

图 3-46　RIS 辅助的 UAV 作为 MEC 服务器

本节将 UAV 路径离散化为 N 条线段，这些线段由二维坐标中的 $N+1$ 个航路点表示为 $\{q_n\}_{n=1}^{N+1}$，其中 $q_n=(x_n,y_n)$ 表示 UAV 在第 n 个航路点。假设 UAV 飞行的轨迹具有固定高度 H，此外，$q_n=q_{N+1}$ 表示 UAV 在每次任务中飞回其初始位置。为了简化分析，本节通过 $\|q_{n+1}-q_n\|\leqslant\Delta_{max}^h$，$n=1,\cdots,N$ 来约束 UAV 以恒定水平速度飞行。此外，UAV 任务完成时间由 $T_u=\sum_{n=1}^{N}t_n$ 给出，$\{t_n\}_{n=1}^{N}$ 表示 UAV 在每条线段内花费的时间。请注意，在给定最大 UAV 水平速度 V_{max}^h 的情况下，可以选择足够大的时隙数 N，与从 UAV 到 GT 的链路距离相比，可以假设 UAV 在每个时隙 t_n 内的位置变化忽略不计。

基于路径离散化，无人机沿第 n 条线段的水平飞行速度可表示为 $0\leqslant v_n^h=\dfrac{\sqrt{\|q_{n+1}-q_n\|^2}}{t_n}\leqslant V_{max}^h$，$n=1,\cdots,N$，在速度 v_n^h 下，无人机在每个时隙的推进能量可以表示为

$$e_n^{uav}=t_n\left(P_0\left(1+\frac{3\left(v_n^h\right)^2}{U_{tip}^2}\right)+\frac{1}{2}d_0\rho sG\left(v_n^h\right)^3+P_1\left(\sqrt{1+\frac{\left(v_n^h\right)^4}{4v_0^4}-\frac{\left(v_n^h\right)^2}{2v_0^2}}\right)^{\frac{1}{2}}\right) \tag{3-189}$$

其中，P_0 和 P_1 分别为悬停状态下的恒定叶廓功率和感应功率；U_{tip} 为转子叶片的叶尖速度；v_0 是悬停时的平均旋翼感应速度；d_0 和 s 分别为机身阻力比和旋翼实度；

ρ 表示以 kg / m³ 为单位的空气密度；$G \triangleq \pi R^2$ 表示以 m² 为单位的转子的盘面积，其中 R 是转子半径。

如图 3-46 所示，建筑物表面部署了一个 RIS，用于重定向 UAV 和 GT 之间的信号，即 UAV-GT 链路可能被 UAV-RIS 链路和 RIS-GT 链路代替。RIS 确保 UAV-RIS 和 RIS-GT 链路都在 LoS 连接中。然而，RIS 反射的信号可能无法保证 UAV 和 RIS 之间的 LoS 连接，如当 UAV-RIS 链路被地面障碍物阻挡时。本节不考虑这种情况。RIS 具有 M 个反射元件以形成均匀线性阵列（Uniform Linear Array，ULA），第一个元件的位置在水平维度上表示为 $\boldsymbol{w}_R = [x_R, y_R]^T$，在垂直维度上表示为 z_R。为了扩展工作以支持 RIS 处的均匀矩形阵列（Uniform Rectangular Array，URA）（可视为镜面反射器），将问题变成同时处理不同组的 ULA。在这种情况下，RIS 的无源相移必须计算出分组为矩形阵列（即矩阵，而不是线性阵列）的相位元素。因此，这种扩展导致 RIS 的被动转移和无人机轨迹–任务–缓存的相关联合优化成为一个更复杂的问题。为模拟 RIS 的相移，令 $\theta_{in} \in [0, 2\pi), i \in M = \{1, \cdots, M\}$，表示第 i 个反射元件在时隙 n 的相位，$\boldsymbol{\Phi}_n = \mathrm{diag}\{e^{j\theta_{1n}}, e^{j\theta_{2n}}, \cdots, e^{j\theta_{Mn}}\}$ 表示时隙 n 的 M 个元素的相阵[44]。在这种部署下，UAV-RIS 链路在第 n 个时隙的信道增益表示为 $\boldsymbol{g}_n^{ur} \in \mathbb{C}^{M \times 1}$。

$$\boldsymbol{g}_n^{ur} = \frac{\sqrt{\xi}}{d_n^{ur}}\left[1, e^{-j\frac{2\pi}{\lambda}d\phi_n^{ur}}, \cdots, e^{-j\frac{2\pi}{\lambda}(M-1)d\phi_n^{ur}}\right]^T \tag{3-190}$$

其中，ξ 是参考距离 $D_0 = 1\mathrm{m}$ 处的路径损耗，$d_n^{ur} = \sqrt{(H-z_R)^2 + (\boldsymbol{q}_n - \boldsymbol{w}_R)^2}$，$\phi_n^{ur} = \frac{x_R - x_n}{d_n^{ur}}$ 表示第 n 个时隙信号到达角（AoA）的余弦值，d 是天线间距，λ 是载波波长。同时，RIS 到第 k 个 GT 的信道增益 $\boldsymbol{g}_k^{rg} \in \mathbb{C}^{M \times 1}$ 由下式给出。

$$\boldsymbol{g}_k^{rg} = \frac{\sqrt{\xi}}{d_k^{rg}}\left[1, e^{-j\frac{2\pi}{\lambda}d\phi_k^{rg}}, \cdots, e^{-j\frac{2\pi}{\lambda}(M-1)d\phi_k^{rg}}\right]^T \tag{3-191}$$

其中，$d_k^{rg} = \sqrt{z_R^2 + (\boldsymbol{w}_R - \boldsymbol{w}_k)^2}$，$\phi_k^{rg} = \frac{x_R - x_k}{d_k^{rg}}$ 表示信号到第 k 个 GT 的水平偏离角（AoD）的余弦值。为此，当 UAV-GT 链路被阻塞时，在第 k 个 GT 处实现的信道增益可以写为

$$\boldsymbol{g}_{kn}^{urg} = c_{kn}\left(\boldsymbol{g}_k^{rg} \cdot \boldsymbol{\Phi}_n \cdot \boldsymbol{g}_n^{ur}\right) \tag{3-192}$$

其中，$c_{kn} = \{0, 1\}$ 表示 RIS 是否会在时隙 n 为第 k 个 GT 服务。其中 $\sum_{k=1}^{K} c_{kn} = 1, \forall n$ 表

示 RIS 在一个时隙仅服务一个 GT，即在 TDMA 模式下。将来会考虑支持 RIS 在同一时隙服务多个 GT 的更复杂的 OFDMA 模式。

为了评估直接 UAV-GT 链路被阻塞的可能性，本节考虑城市环境中的空对地信道模型，其中给出了 UAV 和第 k 个 GT 在时隙 n 之间的阻塞概率。

$$p_{kn} = 1 - \frac{1}{1 + a\exp\left(-b\left(\arctan\left(\frac{H}{d_k^h}\right) - a\right)\right)} \qquad (3\text{-}193)$$

其中，$d_k^h = \sqrt{(\boldsymbol{q}_n - \boldsymbol{w}_k)^2}$，$a$、$b$ 是取决于环境的常量值，利用 $d_k^{ug} = \sqrt{H^2 + (\boldsymbol{q}_n - \boldsymbol{w}_k)^2}$，第 k 个 GT 在时隙 n 的平均可实现信道增益 $\boldsymbol{g}_{kn}$ 和数据速率 r_{kn} 由式（3-194）和式（3-195）给出。

$$\boldsymbol{g}_{kn} = \underbrace{(1 - p_{kn})\frac{\xi}{\left(d_k^{ug}\right)^2}}_{\text{UAV-GT}} + \underbrace{p_{kn}\boldsymbol{g}_{kn}^{urg}}_{\text{UAV-RIS-GT}} \qquad (3\text{-}194)$$

$$r_{kn} = B\text{lb}\left(1 + \frac{p_k\boldsymbol{g}_{kn}}{B\sigma^2}\right) \qquad (3\text{-}195)$$

其中，p_k 是 UAV 对第 k 个 GT 的固定发射功率，B 为带宽，σ^2 是噪声方差。

根据任务卸载策略，任务 U_k 的时延表示为

$$L_k = (1 - a_k)\frac{F_k}{f_k^l} + a_k\left(\frac{F_k}{f_k^o} + \frac{D_k}{r_k}\right), \forall k \qquad (3\text{-}196)$$

其中，$r_k = \sum_{n=1}^{N} r_{kn} / N$ 是第 k 个 GT 的平均数据速率。f_k^o 是 UAV 分配给任务的 CPU 周期，f_k^l 是 GT 分配给任务的 CPU 周期。$a_k = [0,1]$ 表示从第 k 个 GT 卸载到 UAV 的任务部分。$\sum_{k=1}^{K} a_k f_k^o \leqslant C^o$，$C^o$ 是有限的计算能力。由于 UAV-GT 下行链路通常具有更高的数据传输速率，式（3-196）中的下行链路传输时间可以忽略。

UAV 和 GT 在执行任务 U_k 时的能耗为

$$E_k^u = a_k E_k^o, \forall k \qquad (3\text{-}197)$$

$$E_k^{gt} = a_k \frac{D_k}{r_k} p_k + (1 - a_k)E_k^l, \forall k \qquad (3\text{-}198)$$

其中，$E_k^o = \varphi\left(f_k^o\right)^{\vartheta-1} F_k$、$E_k^l = \varphi\left(f_k^l\right)^{\vartheta-1} F_k$ 分别是 UAV 和 GT 执行任务所消耗的能量，φ 是有效开关电容，$\vartheta \geqslant 1$ 是正常数。

众所周知，如果一个 GT 的任务已经缓存在 UAV 中，则它不需要上传其任务数据。因此，式（3-196）、式（3-197）和式（3-198）可以重新表述为

$$L_k^c = (1-x_k)L_k + x_k a_k \frac{F_k}{f_k^o}, \forall k \tag{3-199}$$

$$E_k^c = (1-x_k)\left(\alpha E_k^{gt} + E_k^u\right) + x_k E_k^u, \forall k \tag{3-200}$$

其中，$0 \leqslant x_k \leqslant 1$ 是缓存在 UAV 中任务 U_k 部分的指示符。$\alpha > 0$ 作为 GT 和 UAV 在任务 U_k 上的能耗之间的权衡。假设 $\sum_{k=1}^{K} x_k D_k \leqslant C^c$ 表示 UAV 具有有限的缓存存储 C^c。

令优化变量为 $\boldsymbol{Q} = \{\boldsymbol{q}_n, n \in \mathcal{N}\}, \boldsymbol{A} = \{a_k, k \in \mathcal{K}\}, \boldsymbol{X} = \{x_k, k \in \mathcal{K}\}, \boldsymbol{C} = \{c_{kn}, \forall k, \forall n\}, \boldsymbol{\Phi} = \{\Phi_n, n \in \mathcal{N}\}$，则优化问题建模如下。

$$\mathcal{P}3\text{-}6: \min_{\boldsymbol{Q},\boldsymbol{A},\boldsymbol{X},\boldsymbol{C},\boldsymbol{\Phi}} \left(\sum_{n=1}^{N} e_n^{uav} + \beta \sum_{k=1}^{n} E_k^c \right)$$

$$\text{s.t.} \quad 0 \leqslant a_k \leqslant 1, 0 \leqslant x_k \leqslant 1, \forall k$$

$$\sum_{k=1}^{K} x_k D_k \leqslant C^c$$

$$\sum_{k=1}^{K} a_k f_k^o \leqslant C^o \tag{3-201}$$

$$T_k \geqslant L_k^c, \forall k; \boldsymbol{q}_1 = \boldsymbol{q}_{N+1}$$

$$\| \boldsymbol{q}_{n+1} - \boldsymbol{q}_n \| \leqslant \min\left\{ t_n V_{max}^h, \Delta_{max}^h \right\}, \forall n$$

$$c_{kn} = \{0,1\}, \sum_{k=1}^{K} c_{kn} = 1, \forall n, \forall k$$

其中，$\mathcal{P}3\text{-}6$ 表示在满足任务对时延的 QoS 要求的同时，最小化 UAV 的能耗；$\beta(\beta > 0)$ 是一个权衡因子，表示在 UAV 推进和 GT 执行任务的能耗之间的权衡；问题（3-201）的第四个约束条件是对每个任务的服务需求的约束，即任务的时延应低于其完成期限；问题（3-201）的最后两个约束条件是旋翼无人机在水平维度上的轨迹约束。这里，假设无人机在每条线段的飞行时间是固定的，以简化问题。显然，$\mathcal{P}3\text{-}6$ 是一个非凸问题，对于目前的表现形式，很难解决。

通过 SCA 方法，将 $\mathcal{P}3\text{-}6$ 分解为多个凸子问题。通过分解，可以设计一种迭代算法来解决每个循环步骤中的子问题，这将收敛到预定义的精度并得到最佳结果 $\{\boldsymbol{Q},\boldsymbol{A},\boldsymbol{X},\boldsymbol{C},\boldsymbol{\Phi}\}^*$。

固定变量 $\boldsymbol{Q}$、$\boldsymbol{C}$ 和 $\boldsymbol{\Phi}$，可以直接使用 CVX 工具解决子问题 $\mathcal{P}3\text{-}7$ 和 $\mathcal{P}3\text{-}8$，得

到 $\boldsymbol{A}$ 和 $\boldsymbol{X}$。

$$\mathcal{P}3\text{-}7 : \min_{\boldsymbol{A}} \sum_{k=1}^{K} \hat{E}_k^c \text{ s.t. } 0 \leqslant a_k \leqslant 1, \forall k \tag{3-202}$$

$$\mathcal{P}3\text{-}8 : \max_{\boldsymbol{X}} \sum_{k=1}^{K} x_k a_k D_k \text{ s.t. } 0 \leqslant x_k \leqslant 1, \forall k \tag{3-203}$$

其中，通过引入 $H_k = \min \left\{ \max \left\{ \dfrac{T_k - \dfrac{r_k}{f_k^1}}{\dfrac{D_k}{r_k} + \dfrac{F_k}{f_k^o} - \dfrac{F_k}{f_k^1}}, 0 \right\}, 1 \right\} r_k$，将 $\hat{E}_k^c = a_k E_k^o + \dfrac{\alpha H_k E_k^1}{a_k} +$

$\alpha H_k \left(\dfrac{D_k}{r_k} p_k - E_k^1 \right)$ 改写为 E_k^c，r_k 是在给定 $\boldsymbol{Q}$、$\boldsymbol{C}$ 和 $\boldsymbol{\Phi}$ 的情况下由式（3-202）计

算的平均数据速率。$\mathcal{P}3\text{-}7$ 和 $\mathcal{P}3\text{-}8$ 是为了最小化移动计算的能耗，同时满足时延上
的任务 QoS。

固定变量 $\boldsymbol{A}$、$\boldsymbol{X}$、$\boldsymbol{C}$、$\boldsymbol{\Phi}$，$\mathcal{P}3\text{-}6$ 可被改写为

$$\mathcal{P}3\text{-}9 : \min_{\boldsymbol{Q}} \sum_{n=1}^{N} \hat{e}_n^{\text{uav}}$$

$$\text{s.t. } \boldsymbol{q}_1 = \boldsymbol{q}_{N+1}$$

$$\| \boldsymbol{q}_{n+1} - \boldsymbol{q}_n \| \leqslant \min \left\{ t_n v_{\max}^h, \varDelta_{\max}^h \right\}, \forall n \tag{3-204}$$

$$\sum_{n=1}^{N} r_{kn} \geqslant N R_k, \forall k$$

$$\gamma_n^2 + \frac{\left(v_n^h \right)^2}{v_0^2} \geqslant \frac{1}{\gamma_n^2}$$

$\hat{e}_n^{\text{uav}} \triangleq t_n \left(P_0 \left(1 + \dfrac{3 \left(v_n^h \right)^2}{U_{\text{tip}}} \right) + \dfrac{1}{2} d_0 \rho s G \left(v_n^h \right)^3 + P_1 \gamma_n \right)$，通 过 引 入 松 弛 变 量

$\gamma_n = \left(\sqrt{1 + \dfrac{\left(v_n^h \right)^4}{4 v_0^4}} - \dfrac{\left(v_n^h \right)^2}{2 v_0^2} \right)^{\frac{1}{2}}$ 得到，$R_k = D_k \Big/ \left(\dfrac{T_k f_k^o - a_k x_k F_k}{a_k (1 - x_k) f_k^o} - \dfrac{(1 - a_k) F_k}{a_k f_k^1} - \dfrac{F_k}{f_k^o} \right)$ 是常数，

通过将式（3-199）代入式（3-201）的第五个约束条件获得。可以发现，受式（3-204）
的第三个和第四个约束条件限制，$\mathcal{P}3\text{-}9$ 仍然是非凸的。

对于式（3-204）的第三个约束条件，本节只考虑 UAV 和 GT 之间的 LoS 连接，
在局部点 $\boldsymbol{q}_n^1$ 处对式（3-204）的第三个约束条件大于或等于号左边进行不等式变换
和一阶泰勒展开得到

$$r_{kn} > B\text{lb}\left(1 + \frac{(1 - p_{kn})E}{(\boldsymbol{q}_n - \boldsymbol{w}_k)^2 + H^2}\right) \geqslant$$

$$B\text{lb}\left(1 + \frac{\left(1 - \tau p_{kn}^{\text{l}}\right)E}{(\boldsymbol{q}_n - \boldsymbol{w}_k)^2 + H^2}\right) \geqslant \qquad (3\text{-}205)$$

$$J_{kn}^{\text{l}}\left((\boldsymbol{q}_n - \boldsymbol{w}_k)^2 - \left(\boldsymbol{q}_n^{\text{l}} - \boldsymbol{w}_k\right)^2\right) + S_{kn}^{\text{l}} = r_{kn}^{\text{bl}}$$

其中，$\quad J_{kn}^{\text{l}} = \dfrac{-BE\left(1 - \tau p_{kn}^{\text{l}}\right)}{\ln 2\left(\left(\left(\boldsymbol{q}_n^{\text{l}} - \boldsymbol{w}_k\right)^2 + H^2\right)^2 + \left(1 - \tau p_{kn}^{\text{l}}\right)E\left(\left(\boldsymbol{q}_n^{\text{l}} - \boldsymbol{w}_k\right)^2 + H^2\right)\right)}$，

$S_{kn}^{\text{l}} = B\text{lb}\left(1 + \dfrac{\left(1 - \tau p_{kn}^{\text{l}}\right)E}{(\boldsymbol{q}_n - \boldsymbol{w}_k)^2 + H^2}\right)$，$E = \dfrac{p_k \xi}{B\sigma^2}$，$p_{kn}^{\text{l}}$ 是局部点 q_n^{l} 处 N-LoS 连接的概率，τ 是松弛变量。令 $p_{kn} \leqslant \tau p_{kn}^{\text{l}}$ 表示 UAV-GT 链路以足够高的概率获得 LoS 连接。然后有一个新的约束。

$$d_k^h = \sqrt{(\boldsymbol{q}_n - \boldsymbol{w}_k)^2} \leqslant \frac{H}{\tan\left(a - \dfrac{1}{b}\ln\dfrac{\tau p_{kn}^{\text{l}}}{a\left(1 - \tau p_{kn}^{\text{l}}\right)}\right)} \qquad (3\text{-}206)$$

其次，考虑式（3-204）的第四个约束条件，在给定的局部点，γ_n^{l} 和 $\hat{v}_n^h$ 是根据 UAV 的最后状态获得的，可以对 γ_n 应用一阶泰勒展开将式（3-204）的第四个约束条件转换为

$$\gamma_n^4 + \gamma_n^2 \frac{\left(v_n^h\right)^2}{v_0^2} \geqslant X_n^{\text{bl}} =$$

$$\left(4\left(\gamma_n^{\text{l}}\right)^3 + 2\gamma_n^{\text{l}}\frac{\left(\hat{v}_n^h\right)^2}{v_0^2}\right)\gamma_n - 3\left(\gamma_n^{\text{l}}\right)^4 - \frac{\left(\gamma_n^{\text{l}}\hat{v}_n^h\right)^2}{v_0^2} \geqslant 1 \qquad (3\text{-}207)$$

最后，$\mathcal{P}$3-9 可被简化为

$$\mathcal{P}3\text{-}10 : \min_{\boldsymbol{Q}, \gamma_n} \sum_{n=1}^{N} \hat{e}_n^{\text{uav}}$$

$$\text{s.t. } \boldsymbol{q}_1 = \boldsymbol{q}_{N+1}$$

$$\| \boldsymbol{q}_{n+1} - \boldsymbol{q}_n \| \leqslant \min\left\{t_n v_{\max}^h, \varDelta_{\max}^h\right\}, \forall n \qquad (3\text{-}208)$$

$$\text{式}（3\text{-}206）、\text{式}（3\text{-}207）$$

$$\sum_{n=1}^{N} r_{kn}^{\text{bl}} \geqslant \epsilon N R_k$$

其中，$0<\epsilon<1$ 是松弛变量，式（3-208）的最后一个约束条件表示 UAV-GT 链路必须达到由 ϵ 协调的特定水平的数据传输速率。式（3-208）是凸的，可以直接用 CVX 工具求解。

在变量 A、X、Q 固定的情况下，$\mathcal{P}$3-6 可被改写为

$$\mathcal{P}3\text{-}11 : \max_{C,\Phi} \min_{\forall k} \left(\sum_{n=1}^{N} t_n r_{nk} \right)$$

$$\text{s.t. 式（3-204）}$$

$$c_{kn} = \{0,1\}, \frac{k}{2} c_{kn} = 1, \forall n, \forall k \qquad (3\text{-}209)$$

其中，式（3-209）旨在优化 RIS 以实现所有 GT 之间最大的最小数据传输速率。

为了使式（3-209）可跟踪，本节将式（3-209）转换为更简单的形式，考虑 RIS 的无源相移。具体地，假设 RIS 在时隙 n 为第 k 个 GT 服务，即 $r_{kn}=1$，则式（3-192）中的 $\boldsymbol{g}_k^{\mathrm{rg}} \cdot \boldsymbol{\Phi}_n \cdot \boldsymbol{g}_n^{\mathrm{ur}}$ 被改写为

$$\boldsymbol{g}_k^{\mathrm{rg}} \cdot \boldsymbol{\Phi}_n \cdot \boldsymbol{g}_n^{\mathrm{ur}} = \frac{\xi}{d_n^{\mathrm{ur}} d_k^{\mathrm{rg}}} \sum_{i=1}^{M} \mathrm{e}^{j\left(\theta_{in} + \frac{2\pi}{\lambda}(i-1)d\left(\phi_k^{\mathrm{rg}} - \phi_n^{\mathrm{ur}} \right) \right)} \qquad (3\text{-}210)$$

为了最大化第 k 个 GT 的可实现数据传输速率，可以设置

$$\theta_{in} = \frac{2\pi}{\lambda}(i-1)d\left(\phi_n^{\mathrm{ur}} - \phi_k^{\mathrm{rg}} \right) \qquad (3\text{-}211)$$

这意味着在给定 UAV 轨迹的情况下，可以实现第 k 个 GT 处信号的相位对齐，那么 $\boldsymbol{g}_k^{\mathrm{rg}} \cdot \boldsymbol{\Phi}_n \cdot \boldsymbol{g}_n^{\mathrm{ur}}$ 可被改写为

$$\boldsymbol{g}_k^{\mathrm{rg}} \cdot \boldsymbol{\Phi}_n \cdot \boldsymbol{g}_n^{\mathrm{ur}} = \frac{M\xi}{d_n^{\mathrm{ur}} d_k^{\mathrm{Tg}}} \qquad (3\text{-}212)$$

如果将式（3-212）代入式（3-195），只考虑 N-LoS 连接，则式（3-204）的第三个约束条件左边可被改写为

$$R_{kn}' = B\mathrm{lb}(1+F) \geqslant B\mathrm{lb}\left(1 + \frac{p_{kn} p_k \boldsymbol{g}_{kn}^{\mathrm{urg}}}{B\sigma^2} \right) \qquad (3\text{-}213)$$

其中，R_{kn}' 是 N-LoS 连接的数据传输速率上限，$F = \dfrac{p_{kn} p_k M\xi}{B\sigma^2 d_n^{\mathrm{ur}} d_k^{\mathrm{Tg}}}$。为此，考虑到每个 GT，可以将式（3-209）转换为 k 个背包问题，每个问题都可被表示为

$$\mathcal{P}3\text{-}12 : \max_{c_{kn}, \forall n} \left(\sum_{n=1}^{N} t_n c_{kn} r_{kn}' \right)$$

$$\text{s.t. } c_{kn} = \{0,1\}, \sum_{k=1}^{k} c_{kn} = 1, \forall n, \forall k, \sum_{n=1}^{N} c_{kn} R_k' \geqslant \delta N R_k \qquad (3\text{-}214)$$

其中，δ 是松弛变量。显然，可以使用线性程序工具求解式（3-214）得到 C，并通过式（3-211）得到 Φ。

总的来说，求解式（3-201）的总体算法如算法 3-7 所示。可以证明，该算法在可承受的计算复杂度下肯定收敛。

算法 3-7　IoT 设备最大计算任务完成时间的最小化算法

初始化系统

  repeat：

    给定 Q^i，C^i，Φ^i，解式（3-202）、式（3-203），得到 A^{i+1}, X^{i+1}

    给定 X^{i+1}，A^{i+1}，C^i，Φ^i，解式（3-208），得到 Q^{i+1}

    给定 $A^{i+1}, X^{i+1}, Q^{i+1}; i=i+1$，解式（3-211）、式（3-214）求得 Φ^{i+1}、C^{i+1}

  until　收敛到规定的精度

return　$A^{i+1}, X^{i+1}, Q^{i+1}, C^{i+1}, \Phi^{i+1}$

所提出的解决方案通过 MATLAB 仿真进行了验证。假设 UAV 最初按照圆形轨迹飞行。设置 B=2GHz，p_k=5mW，$\sigma^2=-169$dBm/Hz，路径损耗参数 a、b、η_{Los}、η_{NLOS}、ξ、$\dfrac{d}{\lambda}$ 分别为 0.961、1.6、1、20、3dB、0.5[7]，时隙 t_n=1s，$N=100$，任务计算和缓存参数 φ、ϑ、f_k^0、f_k^1、C^c、C^o 为 10^{-9}、3、200～400MHz、100～200MHz、1Gbit、1GHz。设置 RIS 参数 M、θ_{i1}、w_R、z_R 分别为 100、0°、$[0,0]$、20m。

下面将提出的解决方案与基准解决方案进行比较，基准解决方案不考虑 GT 任务的缓存和动态卸载，因此，基准解决方案必须将 GT 任务卸载到无人机。此外，基准解决方案也不考虑 RIS 无源相移。同时，本节还将提出的解决方案与不考虑 RIS 无源相移的解决方案（考虑 GT 任务的缓存和动态卸载）进行了比较。这是为了证明 RIS 无源相移如何帮助无人机和 GT 之间的数据传输。UAV 轨迹和不同解决方案的推进能耗比较如图 3-47 所示，根据图 3-47（a）和图 3-47（c），可以很容易地发现，与基准解决方案相比，所提出的解决方案可以控制无人机以节能路线飞行。因此，图 3-47（b）和图 3-47（d）中所提出的解决方案的无人机推进能耗较低（较低的无人机推进能耗累积分布在 x 轴左侧）。在图 3-48（a）和图 3-48（b）中，每个时隙中每个 UAV-GT 链路的数据速率以累积分布函数（Cumulative Distribution Function，CDF）表示。可以看到，所提出的解决方案具有最高的 UAV-GT 数据传输速率（高 UAV-GT 数据传输速率累积分布在 x 轴的右侧）。这证明 RIS 无源相移确实有助于改善无线传输环境，同时与无人机轨迹–任务–缓存优化共同作用。

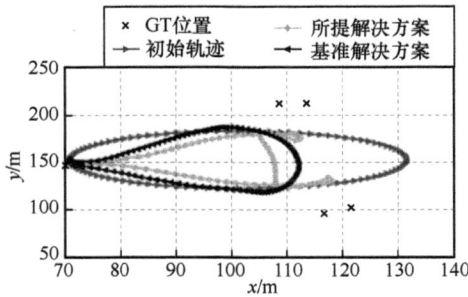

（a）6个地面终端下的UAV轨迹

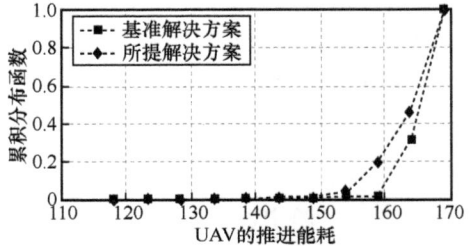

（b）6个地面终端下的UAV推进能耗

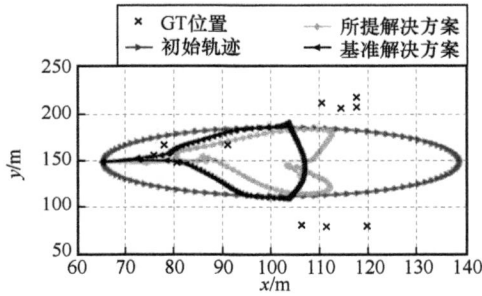

（c）12个地面终端下的UAV轨迹

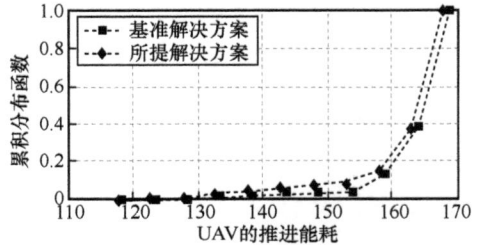

（d）12个地面终端下的UAV推进能耗

图 3-47　UAV 轨迹和不同解决方案的推进能耗比较

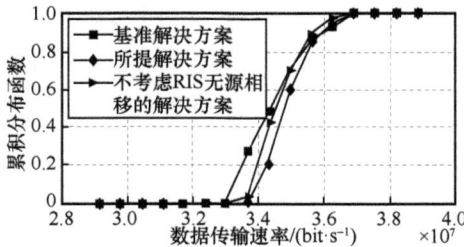

（a）6个地面终端下的UAV-GT数据传输速率

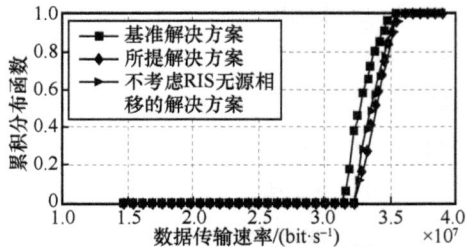

（b）12个地面终端下的UAV-GT数据传输速率

图 3-48　数据传输速率性能比较

3.4　通算一体网络中节能联邦学习的博弈激励机制

随着人工智能的快速发展，机器学习（Machine Learning，ML）技术的使用变得越来越普遍。但是，它也面临着一些挑战，如隐私安全问题。数据隐私问题是最突出的问题，因为 ML 主要是数据驱动的，这意味着需要将数据传输到执行 ML 算法的集中式云服务器或数据中心。为了解决这个问题，联邦学习（Federated Learning，FL）作为一种新的分布式 ML 技术应运而生，它允许其参与者通过聚合梯度数据[30]来共享学习模型。参与者在本地设备上维护自己的学习过程，即使没有将数据传输到中心也可以更新学习模型，大大降低了直接上传原始数据导致用户隐私泄露的风险。然而，在 FL 系统中，当参与者使用他们的数据集训练学习模型并将参数传输给模型所有者时，将导致额外的巨大能耗，这将限制 FL 系统的应用[31]。因此，设计激励机制，同时降低 MEC 服务器和算力中心的计算和通信能耗至关重要。

目前，一些研究提出了联合通信和计算算法，以提高系统的能效[45-46]；一些研究利用图论等方法提出了联合近优和低复杂度次优解决方案，旨在降低整体能耗[47]；一些研究致力于联合优化能量和时延框架，以平衡能耗和时间时延[48]；一些研究提出了能量感知分散博弈算法来优化系统的资源利用率[49]；一些研究则着眼于设计节能框架，通过优化关键参数来降低机器学习模型的总体能耗[50]；一些研究提出了多种激励机制，如契约理论方法、基于斯塔克尔伯格博弈（Stackelberg Game）的方法以及基于伯川德博弈（Bertrand Game）的框架等，以鼓励参与者积极参与学习模型的构建[51-52]。尽管已有不少进展，但仍需要进一步地研究来优化这些方案，以推动联邦学习系统的应用。

本节面向 B5G/6G 提出了一种基于 FL 的通算一体网络，选择 MEC 服务器作为参与者，它们是部署在无线接入点的许多小型数据中心。MEC 服务器可以帮助移动设备进行计算。本节为每个 MEC 服务器设计了基于 Stackelberg Game 的奖励机制，同时考虑了真实的性能指标，即训练和通信能耗。本节首先展示了每个 MEC 服务器的训练和通信能耗模型；然后，为了吸引 MEC 服务器进行更多的本地迭代以获得更好的准确性，设计了一个 Stackelberg Game 来奖励每一轮全局迭代中的参与者；接着，每个参与游戏的 MEC 服务器制定联合效用函数并解决能耗优化问题；最后，在博弈的纳什均衡处，算力中心以最小的代价实现一组指定的性能指标，而每个 MEC 服务器寻求最佳性能以最大化自己的效用。

基于 FL 无线通信的通算一体网络模型如图 3-49 所示。假设有一个算力中心和 K 个 MEC 服务器。MEC 服务器 k（$k \in \mathcal{K}$，$\mathcal{K}$ 表示 MEC 服务器集合）有一个数据集 $\mathcal{D}_k$。数据集 $\mathcal{D}_k$ 中的第 i 个数据样本表示为 $d_{k,i} = \{x_{k,i}, y_{k,i}\}, \forall d_{k,i} \in \mathcal{D}_k$，其中 $x_{k,i} \in R^P$ 是一个具有 P 特征的输入，$y_{k,i} \in R$ 是对应的输出。

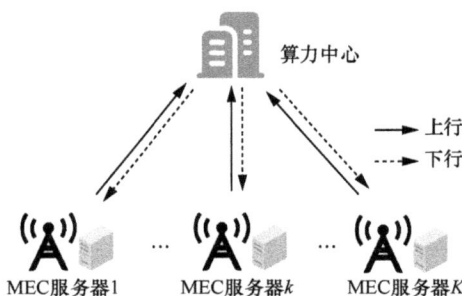

图 3-49　基于 FL 无线通信的通算一体网络模型

令 $\phi(\omega)$ 表示算力中心的全局损失函数，其中 ω 为模型参数，那么整体模型就是最小化全局损失函数 $\min\limits_{\omega} \phi(\omega) = \sum_{k=1}^{K} \frac{D_k}{D} \phi_k(\omega)$，其中 $D = \sum_{k=1}^{K} D_k$。$\phi_k(\omega)$ 是 MEC 服务器 k 的局部损失函数。每个 MEC 服务器训练自己的模型，旨在最小化其上定义的相应损失函数，即 $\min\limits_{\omega_k} \frac{1}{D_k} \sum_{i=1}^{D_k} \phi(d_{k,i}; \omega_k), \forall d_{k,i} \in \mathcal{D}_k$。令 ϵ 表示全局准确度，每个参与的 MEC 服务器在解决全局学习问题时都可以使用学习算法通过多次局部迭代来获得局部准确度 θ_k。MEC 服务器与算力中心之间的 FL 流程如图 3-50 所示，可以用 3 个步骤来描述一轮全局训练的过程，如下。

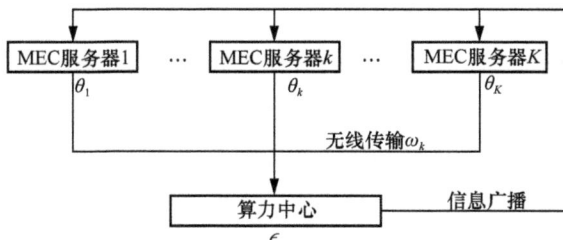

图 3-50　MEC 服务器与算力中心之间的 FL 流程

（1）初始化：算力中心选择训练参数、目标、参与通算一体网络的 MEC 服务器。算力中心将模型参数 ω 广播给集合 $\mathcal{K}$ 中的 MEC 服务器。

（2）本地训练和上传：每个 MEC 服务器在本地训练自己的模型，并将其模型参数 ω_k 上传到算力中心。

（3）全局模型聚合更新：算力中心计算所有上传的参数并更新模型参数，更新后的模型参数为 $\omega = \sum_{k=1}^{K} \frac{D_k}{D} \omega_k$。

由于 MEC 服务器的异构性，全局迭代次数 I^{g} 的一般上限定义为[53]

$$I^{\mathrm{g}}\left(\epsilon,\theta_k\right)=\frac{\zeta\log(1/\epsilon)}{1-\max\limits_{k}\theta_k},\forall k\in\mathcal{K} \tag{3-215}$$

其中，$\zeta>0$ 是常数。从式（3-215）可以观察到，当迭代次数固定时，随着局部准确度的降低，全局准确度升高。局部迭代的上限为[53]

$$I_k=\eta_k\log\left(1/\theta_k\right),\forall k\in\mathcal{K} \tag{3-216}$$

其中，$\eta_k>0$ 是由 MEC 服务器 k 设置的参数。ϵ 和 θ_k 之间的联系，可以激励参与的 MEC 服务器在每次全局迭代中为较小的 θ_k 增加局部迭代次数。

为了获得本地模型，每个参与的 MEC 服务器都需要根据模型参数及其本地数据进行本地训练，这会造成能耗。假设 MEC 服务器 k 的 CPU 频率为 f_k，优化后不变。MEC 服务器 k 的训练时间为[54]

$$t_k^{\mathrm{tm}}=\frac{I_kC_kD_k}{f_k},\forall k\in\mathcal{K} \tag{3-217}$$

其中，C_k 是 MEC 服务器上每个样本的 CPU 周期数。在一轮全局迭代中，每个参与的 MEC 服务器本地训练的能耗为[54]

$$E_k^{\mathrm{tm}}=\kappa I_kC_kD_kf_k^2 \tag{3-218}$$

其中，κ 是取决于芯片架构的有效开关电容。

根据香农公式，数据传输速率为

$$R_k=b_k\mathrm{lb}\left(1+\frac{g_kp_k}{N_0b_k}\right) \tag{3-219}$$

其中，g_k 为算力中心与 MEC 服务器 k 之间的信道增益，p_k 为传输功率，b_k 为分配给 MEC 服务器 k 的带宽，并假设其最大带宽为 B，N_0 为高斯噪声的功率谱密度。

由于下行链路带宽远大于上行链路带宽，算力中心与 MEC 服务器之间的下行链路时间与上行链路时间相比可以忽略不计，因此本节只考虑上行链路时间。经过多轮本地训练后，MEC 服务器 k 需要上传更新后的模型参数 ω_k。传输所需的时间可以表示为

$$t_k^{\mathrm{com}}=\frac{L_k}{R_k} \tag{3-220}$$

其中，L_k 表示参数 ω_k 的大小。因此，通信能耗可以表示为

$$E_k^{\mathrm{com}}=p_kt_k^{\mathrm{com}} \tag{3-221}$$

为了激励 MEC 服务器参与网络，本节将激励问题设为算力中心（Leader）和 MEC 服务器（Follower）之间的两阶段斯塔克尔伯格博弈。

由于信息不对称，算力中心应该针对不同的 MEC 服务器、不同的计算资源和数据集，给予不同的激励。首先，算力中心宣布参与的 MEC 服务器 k 的奖励率 $r_k > 0$（单位为焦耳/迭代次数）[40]。然后，参与的 MEC 服务器将增加局部迭代以获得奖励，从而获得更多高的效用。显然，参与的 MEC 服务器也希望在执行联邦学习任务时最小化能耗以最大化其收益。因此，MEC 服务器的整体效用可被定义为

$$U_k = \beta r_k I_k - E_k^{\text{tm}} - E_k^{\text{com}}, \forall k \in \mathcal{K} \tag{3-222}$$

其中，β 是预定义的奖励权重因子。显然，如果一个 MEC 服务器的效用 $U_k < 0$，它就不愿意参与通算一体网络。此外，还应该避免在 MEC 服务器上消耗过多的能量，那么一个简单的 MEC 服务器部分策略可以为

$$\begin{cases} s_k = 1, \left(E_k^{\text{tm}} + E_k^{\text{com}} \leq E \right) \bigcap (U_k > 0) \\ s_k = 0, \text{其他} \end{cases} \tag{3-223}$$

其中，E 表示本地能耗阈值；$s_k = 1$ 表示 MEC 服务器 k 参与了通算一体网络，$s_k = 0$ 表示没有参与。最后令 f_k^{ex} 代表 MEC 服务器当前的最大 CPU 频率，考虑到每个 MEC 服务器有限的计算资源和有限的可用无线带宽资源，效用函数最大化问题可被定义为

$$\begin{aligned} \mathcal{P}3\text{-}13: \max_{\theta_k, f_k, p_k, b_k} & \quad U_k \\ \text{s.t.} \quad & \text{C1}: 0 \leq \theta_k \leq 1, \forall k \in \mathcal{K} \\ & \text{C2}: 0 \leq f_k \leq f_k^{\text{ex}}, \forall k \in \mathcal{K} \\ & \text{C3}: t_k^{\text{tm}} + t_k^{\text{com}} \leq T, \forall k \in \mathcal{K} \\ & \text{C4}: 0 \leq p_k \leq p_k^{\text{max}}, \forall k \in \mathcal{K} \\ & \text{C5}: 0 \leq b_k \leq B, \forall k \in \mathcal{K} \end{aligned} \tag{3-224}$$

其中，C1 是对局部准确度 θ_k 的约束，C2 表示参与网络的 MEC 服务器 k 的 CPU 频率不能高于当前最大 CPU 频率，C3 是一轮全局迭代的最大时间约束，C4 为传输功率约束，C5 为传输带宽约束。

遵循 MEC 服务器 k 的策略 θ_k^*，算力中心可以优化奖励 r_k 以降低其成本 U_c，定义为

$$U_c = \beta \sum_{k=1}^{K} \eta_k r_k \log\left(1/\theta_k^*\right) \tag{3-225}$$

令 δ 表示最大全局迭代次数，然后可以将（3-215）重写为

$\dfrac{\zeta \log(1/\epsilon)}{1-\theta_k^*(r_k)} \leqslant \delta, \forall k \in \mathcal{K}$ 。因此算力中心的总体目标是减少 U_c 。

$$\mathcal{P}3\text{-}14 : \min_{r_k} U_\mathrm{c}$$

$$\text{s.t. }\ \mathrm{C1}: \frac{\zeta \log(1/\epsilon)}{1-\theta_k^*(r_k)} \leqslant \delta, \forall k \in \mathcal{K} \tag{3-226}$$

$$\mathrm{C2}: s_k = \{0,1\}, \forall k \in \mathcal{K}$$

其中，C1 是最大全局迭代次数的约束，C2 表示 MEC 服务器是否参与通算一体网络。

可以发现式（3-224）是一个多约束优化问题，很难解决。本节采用 SCA 来解决它。基于 SCA，可以将式（3-224）分成两个子问题。

子问题 1：

$$\max_{\theta_k, f_k} \beta r_k \log(1/\theta_k) - \kappa \eta_k \log(1/\theta_k) C_k D_k f_k^2, \forall k \in \mathcal{K} \tag{3-227}$$

$$\text{s.t. 式（3-224）的 C1, C2, C3}$$

子问题 2：

$$\min_{p_k, b_k} \frac{p_k L_k}{b_k \mathrm{lb}\left(1+\dfrac{g_k p_k}{N_0 b_k}\right)}, \forall k \in \mathcal{K} \tag{3-228}$$

$$\text{s.t. 式（3-224）的 C4, C5}$$

显然，子问题 1 只考虑局部准确度和计算能力，而将传输功率和带宽固定，这将大大简化整个问题。为了解决子问题 1，首先需要优化 MEC 服务器 k 的计算资源 f_k 。根据式（3-217）和式（3-224）的 C2，很容易将 f_k 约束为

$$f_k \geqslant \frac{I_k C_k D_k}{T - t_k^{\mathrm{com}}}, \forall k \in \mathcal{K} \tag{3-229}$$

由此，可以将 $f_k^* = \dfrac{I_k C_k D_k}{T - t_k^{\mathrm{com}}}, \forall k \in \mathcal{K}$ 作为优化后的 f_k 。但是请注意，MEC 服务器当前可能正在处理其他任务，其最大计算能力可能不足以满足上述最低要求。因此，f_k^* 应该被约束为

$$f_k^* = \min\{f_k^*, f_k^{\mathrm{ex}}\}, \forall k \in \mathcal{K} \tag{3-230}$$

那么子问题 1 可以转化为单目标优化，即

$$\max_{\theta_k} \beta r_k \eta_k \log(1/\theta_k) - \kappa \eta_k \log(1/\theta_k) C_k D_k f_k^{*2}, \forall k \in \mathcal{K} \tag{3-231}$$

$$\text{s.t. 式（3-224）的 C1, C3}$$

根据式（3-229）和式（3-231），定义

$$F(\theta_k) = \beta r_k \eta_k \log(1/\theta_k) - \frac{\kappa^2 \eta_k \log^2(1/\theta_k) C_k^3 D_k^3}{\left(T - t_k^{\mathrm{com}}\right)^2}, \forall k \in \mathcal{K} \quad (3\text{-}232)$$

那么式（3-231）中的问题就变成了寻找 $F(\theta_k)$ 的最大值。可得 $F(\theta_k)$ 关于 θ_k 的一阶偏导数为

$$\frac{\partial F(\theta_k)}{\partial \theta_k} = \frac{\eta_k}{\theta_k \ln 2} \left[-\beta_k r_k + \frac{3\kappa \eta_k^2 C_k^3 D_k^3}{\left(T - t_k^{\mathrm{com}}\right)^2} \log^2(\theta_k) \right] \quad (3\text{-}233)$$

可以观察到，一阶导数在 $\theta_k \in [0,1]$ 中有一个唯一的驻点 θ_k^*。具体来说，当 $\theta_k < \theta_k^*, \frac{\partial F(\theta_k)}{\partial \theta_k} > 0$ 和 $\theta_k > \theta_k^*, \frac{\partial F(\theta_k)}{\partial \theta_k} < 0$ 时，$F(\theta_k)$ 在 $\theta_k = \theta_k^*$ 处达到最大值。因此，设 $\frac{\partial F(\theta_k)}{\partial \theta_k} = 0$，则优化后的 θ_k^* 为

$$\theta_k^* = 2^{\frac{T - t_k^{\mathrm{com}}}{\eta_k C_k D_k} \sqrt{\frac{\beta r_k}{3\kappa C_k D_k}}} \quad (3\text{-}234)$$

然后根据式（3-230）得到的 f_k^* 和式（3-234）得到的 θ_k^*，子问题 1 即可解决。

在问题（3-228）中，可以看到，随着 p_k 增加，通信能耗也会增加。然而，p_k 是一个大于零的变量，这使得它很难处理。因此，根据式（3-219），将 p_k 表示为 b_k 的函数，即

$$p_k = \frac{N_0 b_k}{g_k} \left(2^{\frac{L_k}{t_k^{\mathrm{com}} b_k}} - 1 \right), \forall k \in \mathcal{K} \quad (3\text{-}235)$$

那么子问题 2 可被转化为

$$\min_{b_k} \frac{N_0 b_k}{g_k} \left(2^{\frac{L_k}{t_k^{\mathrm{com}} b_k}} - 1 \right) t_k^{\mathrm{com}}, \forall k \in \mathcal{K} \quad (3\text{-}236)$$

可以很容易地得到式（3-236）的目标函数的一阶导数为

$$\frac{\partial p_k}{\partial b_k} = \frac{N_0 t_k^{\mathrm{com}}}{g_k} \left[2^{\frac{L_k}{t_k^{\mathrm{com}} b_k}} \left(1 - \frac{L_k \ln 2}{t_k^{\mathrm{com}} b_k} \right) - 1 \right], \forall k \in \mathcal{K} \quad (3\text{-}237)$$

那么目标函数的二阶导数为

$$\frac{\partial^2 p_k}{\partial b_k^2} = \frac{N_0 L_k^2 \ln^2 2}{g_k b_k^3 t_k^{\mathrm{com}}} 2^{\frac{L_k}{t_k^{\mathrm{com}} b_k}}, \forall k \in \mathcal{K} \quad (3\text{-}238)$$

可见其非负，即 $\frac{\partial^2 p_k}{\partial b_k^2} \geqslant 0$。此外，从式（3-238）还可以观察到，当 $b_k \to +\infty$

时，$\dfrac{\partial p_k}{\partial b_k}=0$。因此，对于 $\forall b_k>0$，有 $\dfrac{\partial p_k}{\partial b_k}<0$，这证明 p_k 随着 b_k 的增加而减少。

因此，最大化带宽 B 始终是最佳选择，让每个 MEC 服务器消耗尽可能少的能量，然后可以解决子问题 2 并获得优化的 p_k。

$$p_k^*=\frac{N_0 B}{g_k}\left(2^{\frac{L_k}{t_k^{\text{com}}B}}-1\right),\forall k\in\mathcal{K}\tag{3-239}$$

得到局部准确度 θ_k^* 后，根据式（3-226）的 C1 和式（3-234），可以得到

$$r_k\geqslant\frac{3\kappa\eta_k^2 C_k^3 D_k^3}{\beta\left(T-t_k^{\text{com}}\right)^2}\left[\log^2\left(1-\frac{\zeta\log(1/\epsilon)}{\delta}\right)\right],\forall k\in\mathcal{K}\tag{3-240}$$

因此，问题 $\mathcal{P}$3-14 的优化变为

$$\min_{r_k}\sum_{k=1}^{K}s_k\frac{T-t_k^{\text{com}}}{\eta_k C_k D_k}\sqrt{\frac{\beta}{3\kappa C_k D_k}}r_k^{\frac{3}{2}}\tag{3-241}$$

s.t. 式（3-226）的 C1, C2

可以看出，算力中心的成本随着 r_k 的增加而增加。因此，可以得到优化后的 r_k 为

$$r_k^*=\frac{3\kappa\eta_k^2 C_k^3 D_k^3}{\beta\left(T-t_k^{\text{com}}\right)^2}\left[\log^2\left(1-\frac{\zeta\log\left(1/\epsilon\right)}{\delta}\right)\right],\forall k\in\mathcal{K}\tag{3-242}$$

那么可以得到算力中心的最小成本为 $\displaystyle\sum_{k=1}^{K}s_k\frac{3\kappa\eta_k^2 C_k^3 D_k^3}{\beta\left(T-t_k^{\text{com}}\right)^2}\log^3\left(1-\frac{\zeta\log\left(1/\epsilon\right)}{\delta}\right)$。

对于固定的 T，通信时间 t_k^{com} 应该满足

$$\begin{cases}t_k^{\text{com}}\geqslant\dfrac{L_k}{b_k\text{lb}\left(1+\dfrac{p_k^{\max}g_k}{N_0 b_k}\right)}\\[4mm]t_k^{\text{com}}\leqslant T-t_k^{\text{tm}}=T-\dfrac{\eta_k\text{lb}(1/\theta_k)C_k D_k}{f_k^{\text{ex}}}\end{cases}\tag{3-243}$$

可以看出，若 $p_k=p_k^{\max}$，则得到最小通信时间 t_k^{com}。同时，可以很容易地从式（3-243）中得到优化后的 T。

根据前面的优化工作，可以通过解决每个子问题来获得优化后的 MEC 服务器局部准确度、计算资源分配、发射功率和带宽资源。联合优化方法如算法 3-8 所示。

算法 3-8 中，算力中心在第 1 步（即算法 3-8 的第一行）将性能参数发送给所

有 MEC 服务器。然后每个 MEC 服务器在第 3 步计算奖励 r_k^*，在第 4 步计算局部准确度 θ_k^*，分别在第 5 步计算 CPU 频率 f_k^*，在第 6 步计算传输功率 p_k^*。根据第 7 至第 9 步，如果 MEC 服务器的效用 $U_k < 0$ 或 $E_k^{com} + E_k^{trn} > E$ 或 t_k^{com} 不满足式（3-243），则它不会加入通算一体网络，反之 MEC 服务器愿意加入网络并计算出所有参数，算法将在第 11 步返回结果。可以看到算法 3-8 的时间复杂度为 $O(n)$，这意味着求解优化问题的时间随着参与 MEC 服务器数的增加而线性增加。总体而言，所提出的算法 3-8 可以使用 Stackelberg Game 准确地解决问题 $\mathcal{P}3\text{-}13$ 和 $\mathcal{P}3\text{-}14$。

算法 3-8 MEC 服务器的奖励、本地训练和通信能耗的联合优化

算力中心指定并广播其性能参数： ϵ, δ, t_k^{com}, T

while $k \leqslant K$ do

    对于 MEC 服务器 k，使用式（3-242）来计算 r_k^*

    使用式（3-234）获得局部准确度 θ_k^*

    根据式（3-230）计算 f_k^*

    由式（3-239）并与 MEC 服务器 k 的最大发射功率 p_k^{max} 比较得到 p_k^*

    if $U_k > 0$、$E_k^{trn} + E_k^{com} \leqslant E$ 和 t_k^{com} 满足式（3-243）then

        $s_k = 1$

    end

end

Return $f_k^*, \theta_k^*, b_k^*, p_k^*$

在模拟设置中，假设小尺度衰落是独立的圆对称高斯过程，分布为 $\mathcal{CN}(0,1)$。假定噪声功率谱密度为 $-114\text{dBm}/\text{Hz}$，带宽 B 为 1MHz，奖励的权重因子 $\beta = 10$，每个 MEC 服务器当前的最大 CPU 频率 f_k^{ex} 为 2×10^9 cycle/s，此外，在模拟中使用的其他仿真参数如表 3-4 所示。

表 3-4　仿真参数设置

参数	值
K	20
D_k	$2 \times 10^4 \sim 1 \times 10^5$ bit
κ	10^{-28}
δ	[30,45]
g_k	1
C_k	2×10^4

续表

参数	值
T	[8,20]s
L_k	5×10^6

　　所有 MEC 服务器的设置都相同，基于此证明所提算法的正确性。在仿真中，对于算力中心和 MEC 服务器，将随机策略定义为 MEC 服务器和算力中心随机选择策略，并将优化策略定义为算法 3-8 中的 MEC 服务器和算力中心选择优化策略。下面比较采用随机策略和优化策略时 MEC 服务器的效用和能耗。

　　能耗和 U_k 变化变化如图 3-51 所示，结果表明，MEC 服务器在选择优化策略时，可以获得比随机策略更高的效用和消耗更少的能量，证明了本节提出的算法的有效性。另外，可以看出，随着数据样本量 D_k 的增加，优化策略下的能耗和 U_k 相应上升，这是因为拥有更多数据样本的 MEC 服务器可以获得更多的奖励，正如预期的那样。

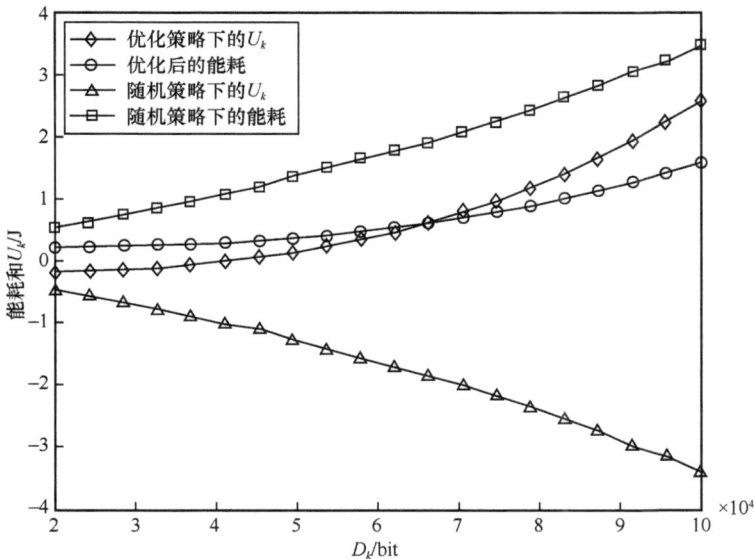

图 3-51　能耗和 U_k 变化

　　图 3-52 展示了 MEC 服务器的局部准确度 θ_k 与全局准确度 ϵ 的关系。可以看出，随着全局准确度 ϵ 的增加，局部准确度增大。另外，可以看出，随着最大全局迭代次数 δ 增加，正如预期的那样，需要更大的 θ_k。

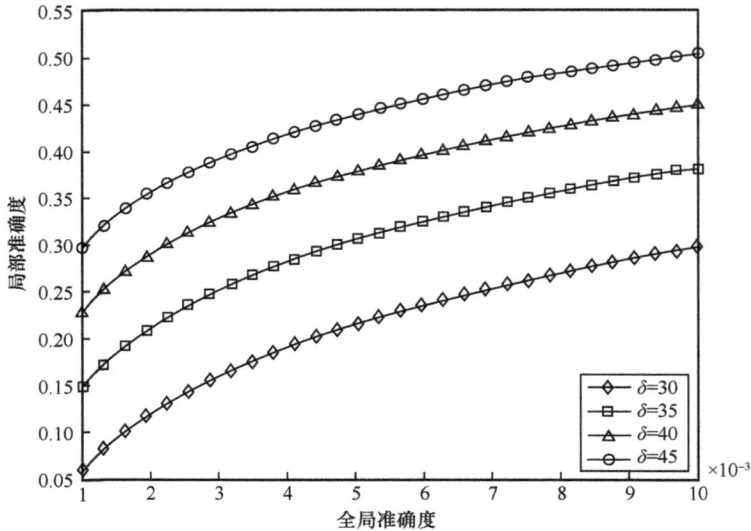

图 3-52　MEC 服务器的局部准确度 θ_k 与全局准确度 ϵ 的关系

图 3-53 显示了 MEC 服务器的能耗与最大传输功率 $p_k^{\max}$ 的关系。可以看出，随着最大传输功率的增大，能耗先上升；随后，随着最大传输功率 $p_k^{\max}$ 的继续增大，能耗保持不变。这是因为优化后的 $p_k^{\max}$ 小于此时能够提供的最大传输功率。当然，随着 t_k^{com} 增加，能耗也会增加。

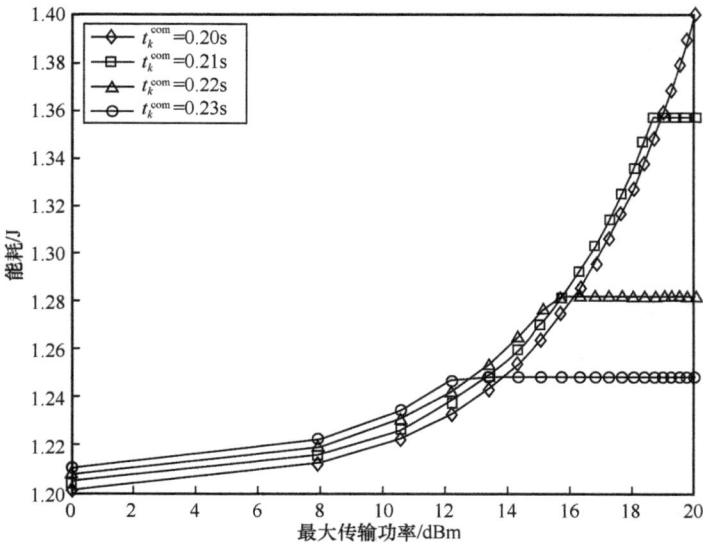

图 3-53　MEC 服务器的能耗与最大传输功率 $p_k^{\max}$ 的关系

图 3-54 显示了 MEC 服务器的能耗与最大 CPU 频率 f_k^{ex} 的关系。可以看出，随着最大 CPU 频率的增大，能耗先上升，随后保持不变。这是因为优化后的 $f_k^* < f_k^{\text{ex}}$。当然，随着 T 的增加，能耗减少，这意味着对时间要求降低。

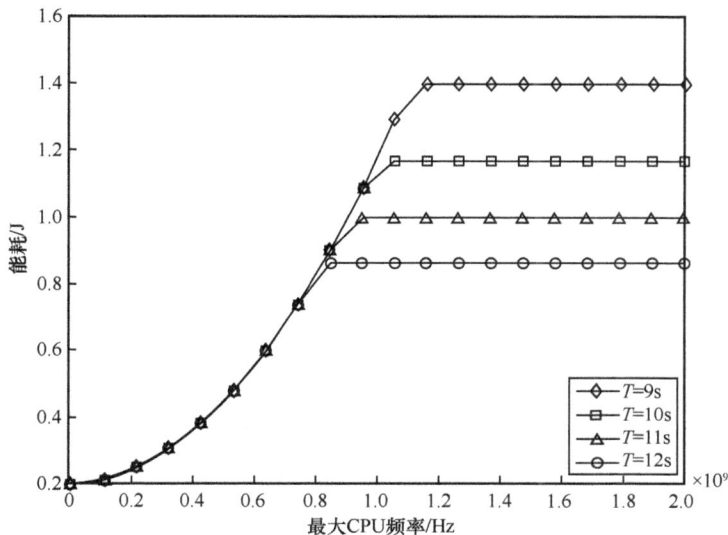

图 3-54　MEC 服务器的能耗与最大 CPU 频率 f_k^{ex} 的关系

从仿真中可以看出，全局迭代次数的减少和全局准确度的降低会显著降低局部准确度。此外，最大传输功率、最大 CPU 频率、数据样本量、总时间和通信时间会极大地影响每个参与的 MEC 服务器的能耗。

总体来说，本节提出的算法能够使得参与的 MEC 服务器以更低的计算频率和更少的能耗达到较好的性能。

3.5　使用深度强化学习的 RIS 辅助 UAV 系统的 3D 轨迹和相移设计

当前，UAV 已被广泛应用于各种无线通信系统[55]。UAV 可以在 3D 空间灵活工作，通过及时调整其水平和垂直位置来帮助空地无线通信，这对于传统的区域无线网络是不可能的[56]。由于具有高机动性，这种 UAV 辅助的无线网络特别适合在紧急情况下按需部署，如灾难性的领域[57]，其中 UAV 主要用作空中的临时基站或接入点向/从 GT 传输/接收数据。

当前的研究聚焦于将 UAV 融入 5G 网络和未来的蜂窝网络中的各个方面。一些研究探讨了在新的协作多点（Coordinate Multipoint，CoMP）无线网络架构下，如何实现在支持多 UAV 的多用户系统中的上行链路通信[58-59]。此外，还有研究致力于设计支持 UAV 的无线电接入网，以最小化 UAV 飞行时间或任务完成时间，并通过联合 UAV 轨迹和通信资源分配来满足地面单位的目标数据需求[60]。同时，UAV 作为蜂窝用户来扩大网络覆盖范围的问题也备受关注，涉及 UAV 轨迹优化、干扰管理和资源管理等方面[61-63]。然而，由于 UAV 受到尺寸、质量和功率的限制，其工作时间受到严重限制，通常在飞行过程中大部分动力用于推进，电池能量很快就会耗尽[64-66]。为了解决这些问题，现有研究尝试利用 3D 轨迹设计、资源分配、缓存部署等方法来提高 UAV 在网络中的性能。这些工作利用凸优化和深度强化学习等技术来解决相关的联合优化问题，以最大限度地提高 UAV 的能力，进而协助无线通信[43,67]。

在实际应用中，UAV 与 GT 之间的链路很可能会受到地域障碍物的阻碍，如建筑物，导致信号衰减和数据传输率降低[68]。特别是在复杂环境中低空飞行时，这个问题会更加突出。然而，目前只有少数研究考虑了低空 UAV 的这种阻塞问题。一些研究提供了优化低空平台（Low Altitude Platform，LAP）高度的方法，以最大限度地扩大地面无线电覆盖范围[69]。另外，也有研究评估了低空 UAV 的空地通信吞吐量，并提出了一种解决方案，以最大限度地减少 UAV 的总能耗，包括推进能耗和通信相关能耗，同时满足每个地面单元的通信吞吐量要求[70]。尽管现有的工作通过轨迹优化等方式可以改善受阻的空地通信，但考虑到 UAV 的 SWAP 限制，性能的提升仍然是有限的。

RIS 被广泛用于提升 UAV 无线网络的通信质量。RIS 是一种具备集成电子电路的超表面，通过编程可以定制化地改变传入的电磁场[71]。有学者提出了现实的功耗模型来解决 RIS 辅助无线通信的能效问题，并将 RIS 用作大型天线阵列系统，用于与多个单天线自主终端进行数据传输[72-73]。此外，有学者考虑了 RIS 辅助的单小区无线系统，并成功解决了相关问题，最小化了接入点的总发射功率[74]。还有学者评估了 RIS 辅助的大型天线系统的性能，并研究了相移对不同传播场景中遍历频谱效率的影响[75]。在移动边缘计算方面，有学者研究了 RIS 在支持 MEC 的无线通信系统中的作用[76]。另外，一些研究利用最新的深度强化学习技术[77]，研究了基站传输波束成形矩阵和 RIS 相移矩阵的联合设计，以解决类似的问题。总体来说，RIS 技术被证明是一种前景广阔的技术，能够显著提高传统的区域蜂窝系统的性能，同时在 UAV 无线网络中也有潜力解决空地无线通信的信号阻塞问题。

RIS 辅助 UAV 通信目前仍处于起步阶段，尚未得到全面研究。已有的研究工作涵盖了多个方面。首先，一些研究关注了配备 RIS 的 UAV 作为无源中继来协助用户和基站之间的通信，同时考虑了安全数据速率[78]。然而，这种部署方式难以在实际中应用并且难以保持持续的信号重定向。其次，一些研究设计了 UAV 辅助 RIS 符号无线电系统，其中 UAV 帮助 RIS 将自身的符号信息传输到基站[79]。相比之下，RIS 更有可能部署在区域建筑物的表面，以重定向 UAV 和基站内的信号，从而改善 UAV 网络的通信性能并减少 UAV 的能耗。在这种部署下，一些研究联合设计了 UAV 的轨迹、RIS 调度和通信资源分配[80]。再次，一些研究考虑了 RIS 辅助的安全 UAV 通信，并介绍了 UAV 轨迹、RIS 的无源波束成形和发射机发射功率的联合设计[81]。最后，一些研究尝试使用深度强化学习技术来解决联合 UAV 轨迹和被动波束成形问题，但仍面临着计算成本高和实际部署困难的挑战[81-82]。

鉴于此，我们提出了基于双重深度 Q 网络（Double Deep Q-Network，DDQN）和深度确定性策略梯度（Deep Deterministic Policy Gradient，DDPG）的算法来优化 UAV 的轨迹和 RIS 的相移。

本节涉及的主要符号及含义如表 3-5 所示。

其他符号的含义如下：$\mathbb{C}^{M \times N}$ 指的是 $M \times N$ 复向量的集合，$\mathbb{R}^{1 \times N}$ 指的是包含 N 个元素的数组，$\mathrm{diag}(\cdot)$ 指的是对角化操作，$(\cdot)^{\mathrm{T}}$ 指的是转置操作，$\mathbb{E}(\cdot)$ 指的是求期望操作，$\|\cdot\|$ 指的是求行列式操作。

表 3-5　主要符号及含义

符号	定义
N、K、L	时隙数、GT 数、AoI 小区数
x_{s}、y_{s}	相邻单元格在 x 轴、y 轴上的距离
h_{s}	UAV 每一高度级别的距离
$\boldsymbol{L}_i^{\mathrm{c}} = [x_i, y_i]^{\mathrm{T}}$	在 AoI 里单元格 i 的坐标
$\boldsymbol{L}_n^{\mathrm{u}}$	UAV 在时隙 n 的水平位置
H_n^{u}	UAV 在时隙 n 的垂直位置
H	UAV 高度级别的总数

续表

符号	定义
$h_{\min}$、$h_{\max}$	UAV 的最小、最大高度
t_n^u	时隙 n 的持续时间
$t_{\min}$、$t_{\max}$	一个时隙的最小、最大持续时间
T	UAV 的整个飞行时间
$V_{\max}^h$、$V_{\max}^v$	UAV 的最大水平、垂直速度
v_n^h，v_n^v	UAV 的水平、垂直速度
e_n^{uav}	在时隙 n 的 UAV 的推进能量
P_0、P_1	叶片轮廓功率和感应功率
P_2	UAV 的下降/上升功率
U_{tip}	UAV 转子叶片的尖端速度
v_0	UAV 悬停时的平均旋翼感应速度
d_0、s	UAV 的机身阻力比和旋翼坚固性
ρ、G	UAV 的空气密度和旋翼盘面积
$M_c \times M_r$	RIS 的 PRU 数
θ_{m_r,m_c}	PRU 插入的相移
d_c, d_r	在行和列中相邻 PRU 的距离
ω_R、z_R	RIS 中第一个 PRU 的位置
$\omega_k = [x_k, y_k]^T$	第 k 个 GT 的位置
B、P	UAV 的带宽、传输功率
$p_{k,n}$	UAV 和第 k 个 GT 之间的 LoS 概率
a、b	取决于环境的常数
σ^2	噪声方差
ξ	参考距离 1m 下的路径损耗
g_n^{ur}	RIS 和 UAV 链路的信道增益
g_k^{rg}	RIS 和第 k 个 GT 的平均信道增益
$g_{k,n}^{urg}$	第 k 个 GT 的平均信道增益
$r_{k,n}$	时隙 n 下的数据接收率
$c_{k,n}$	GT 调度中的 0-1 变量

我们考虑了一个典型的 RIS 辅助的 UAV 通信系统，如图 3-55 所示，其中部署了一架旋翼 UAV 来为 GT 提供服务。假设感兴趣区域（Area of Interest，AoI）被离散化为大小相等的 L 个单元，还假设 $\boldsymbol{L}_i^c = [x_i, y_i]^T \in R^{2\times 1}$ 是单元格 i 的中心坐标，x_s 和 y_s 分别是两个相邻单元格在 x 轴和 y 轴上的距离，那么 UAV 在时隙 n 的水平位置可以表示为 $\boldsymbol{L}_n^u \in \mathcal{L}$，其中 $\mathcal{L} \triangleq 1, 2, \cdots, L$，$n = 1, 2, \cdots, N$，$N$ 是时隙总数。记 $\boldsymbol{L}_o^u$ 和 $\boldsymbol{L}_f^u$ 是预先确定的 UAV 初始和最终位置的中心，那么 UAV 的水平轨迹可以近似为 $\{\boldsymbol{L}_o^u, \boldsymbol{L}_1^u, \cdots, \boldsymbol{L}_n^u, \cdots \boldsymbol{L}_N^u, \boldsymbol{L}_f^u\}$。对于垂直维度，假设 $h_n^u \in \mathcal{H} \triangleq 1, 2, \cdots, H$ 是 UAV 在每个时隙 n 的高度级别，H 是高度级别的总数，则 UAV 的高度可以表示为 $H_n^u = h_n^u h_s$，其中 $h_s = \lfloor h_{\max} / H \rfloor$ 为 UAV 各高度级别的距离，还假设 UAV 的高度受限于 $h_{\min} \leqslant H_n^u \leqslant h_{\max}$，其中 $h_{\min}$ 和 $h_{\max}$ 分别是最小高度和最大高度。此外，假设 t_n^u 是时隙 n 的持续时间并且足够小，即 $t_{\min} \leqslant t_n^u \leqslant t_{\max}$，UAV 总的任务完成时间可以表示为 $T = \sum_{n=1}^{N} t_n^u$。因此，UAV 的轨迹可以表示为 3D 坐标系中 N 个航路点，即 $\left[\boldsymbol{L}_n^u, H_n^u\right], \forall n \in \mathcal{N}$，以及时隙的持续时间 $t_n^u, \forall n \in \mathcal{N}$。注意到在给定的 UAV 最大水平速度 $V_{\max}^h$ 下，时隙的数量 N 可以选择足够大，这样与从 UAV 到 GT 的链路距离相比，假设 UAV 在每个时隙 t_n^u 内的位置变化可以忽略不计。

鉴于上述假设，UAV 在时隙 n 的水平飞行速度可以表示为 $v_n^h = \dfrac{\left\| \boldsymbol{L}_{n+1}^u - \boldsymbol{L}_n^u \right\|}{t_n^u} \leqslant V_{\max}^h, \forall n \in \mathcal{N}$。如果 $v_n^h = 0$，UAV 将悬停在时隙 n；UAV 在时隙 n 的垂直飞行速度可以表示为 $v_n^v = \dfrac{\left\| H_{n+1}^u - H_n^u \right\|}{t_n^u} \leqslant V_{\max}^v, \forall n \in \mathcal{N}$，其中 $V_{\max}^v$ 是 UAV 的最大垂直速度。

通过计算水平和垂直速度，UAV 在每个时间段的推进能量可以表示为

$$e_n^{uav} = t_n^u \left(P_0 \left(1 + \frac{3(v_n^h)^2}{U_{tip}^2} \right) + \frac{1}{2} d_0 \rho s G (v_n^h)^3 + P_1 \left(\sqrt{1 + \frac{(v_n^h)^4}{4v_0^4}} - \frac{(v_n^h)^2}{2v_0^2} \right)^{\frac{1}{2}} + P_2 v_n^v \right) \quad (3\text{-}244)$$

其中，P_0 和 P_1 分别为悬停状态下的恒定叶廓功率和感应功率，P_2 为恒定的下降/上升功率，U_{tip} 是转子叶片的尖端速度，v_0 是悬停时的平均旋翼感应速度，d_0 和 s 分别为机身阻力比和旋翼坚固性，ρ 和 G 分别表示空气密度和旋翼盘面积。

RIS 辅助的 UAV 通信系统如图 3-55 所示，在区域建筑物的表面部署了一个 RIS，用于重定向 UAV 和 GT 之间的信号，以避免 N-LoS 连接。假设 RIS 具有 $M_c \times M_r$ 被动反射单元（PRU）以形成均匀平面阵列（Uniform Plane Array，UPA）。具体来说，UPA 的每一列都有等距（d_c）的 M_c 个 PRU，UPA 的每一行由等距（d_r）的 M_r

个 PRU 组成。每个 PRU 都可以通过独立的反射系数被动地改变其相移：$r_{m_c,m_r} = ae^{j\theta}_{m_r,m_c}, \forall m_r \in 1,2,\cdots M_r, \forall m_c \in 1,2,\cdots,M_c$，其中 $a \in [0,1]$ 为 RIS 的固定反射损耗，$\theta_{m_r,m_c} \in [-\pi,\pi)$ 是在 PRU(m_r,m_c) 处插入的相移。RIS 的第一个元素的位置在水平维度上表示为 $\boldsymbol{\omega}_R = [x_R,y_R]^T$，在垂直维度上表示为 z_R。假设有 $\mathcal{K} \triangleq 1,2,\cdots,K$ 个 GT，每台都处于低机动模式；$\boldsymbol{\omega}_k = [x_k,y_k]^T \in \mathbb{R}^{2\times1}$ 是第 k 个 GT 的位置，D_k 为第 k 个 GT 待处理的数据量。RIS 确保 UAV-GT 链路可以被 UAV-RIS 和 RIS-GT 两条链路替代，并且 UAV-RIS 和 RIS-GT 链路都在 LoS 连接中。然而，RIS 反射的信号可能无法始终保证 UAV 和 RIS 之间的 LoS 连接，如当 UAV-RIS 链路被地面障碍物紧密阻挡时。本节暂时不考虑这种情况。

在这种部署下，UAV-RIS 链路在第 n 个时隙的信道增益 $\boldsymbol{g}_n^{ur} \in \mathbb{C}^{M_r \times M_c}$ 可以表示为

$$\boldsymbol{g}_n^{ur} = \frac{\sqrt{\xi}}{d_n^{ur}}\left[1,e^{-j\frac{2\pi}{\lambda}d_r\phi_n^{ur}\varphi_n^{ur}},\cdots,-j\frac{2\pi}{\lambda}(M_r-1)d_c\phi_n^{ur}\Psi^{ur}\right]^T \otimes \left[1,e^{-j\frac{2\pi}{\lambda}d_c\phi_n^{ur}\varphi_n^{ur}},\cdots,-j\frac{2\pi}{\lambda}(M_c-1)d_c\varphi_n^{ur}\Psi_n^{ur}\right]^T \quad (3\text{-}245)$$

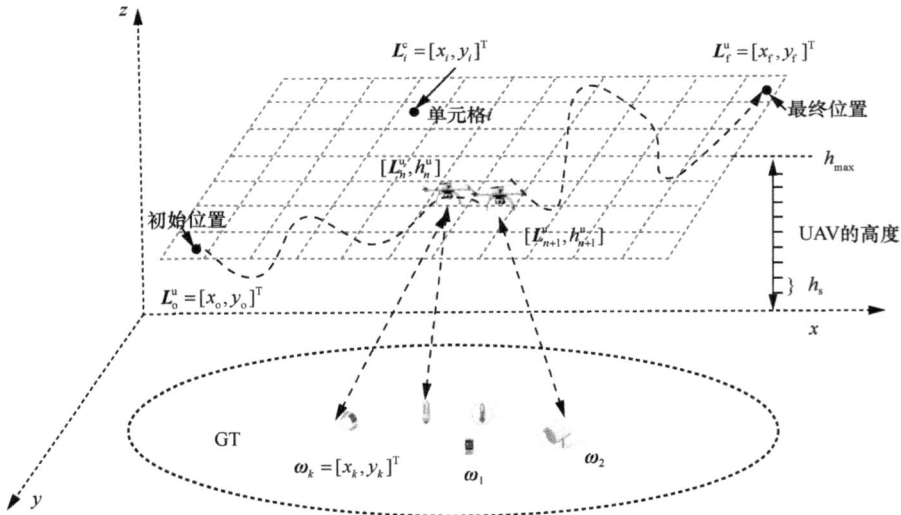

图 3-55 RIS 辅助的 UAV 通信系统

在式（3-245）中，ξ 是参考距离 $D_0 = 1\text{m}$ 处的路径损耗；$d_n^{ur} = \sqrt{(H_n^u - z_R)^2 + (\boldsymbol{L}_n^u - \boldsymbol{\omega}_R)^2}$；$\phi_n^{ur} = \dfrac{x_i - x_R}{d_n^{ur}}$ 和 $\varphi_n^{ur} = \dfrac{y_R - y_i}{d_n^{ur}}$ 表示 RIS 处信号的水平 AoA 的余弦和正弦；$\Psi_n^{ur} = \dfrac{h_n^u - z_R}{d_n^{ur}}$ 表示 RIS 处信号的垂直 AoA 的正弦；λ 表

示载波波长。在这里，因为 $d_n^{\text{ur}} \gg \max\{M_r d_r, M_c d_c\}$，所以我们假设 RIS 处于一个远场阵列响应向量模型中。类似地，RIS 到第 k 个 GT 的信道增益 $\boldsymbol{g}_k^{\text{rg}} \in \mathbb{C}^{M_r \times M_c}$ 由式（3-246）给出。

$$\boldsymbol{g}_k^{\text{rg}} = \frac{\sqrt{\xi}}{d_n^{\text{rg}}} \left[1, e^{-j\frac{2\pi}{\lambda}d_r\phi_k^{\text{rg}}\Psi_k^{\text{rg}}}, \cdots, e^{-j\frac{2\pi}{\lambda}(M_r-1)d_r\phi_k^{\text{rg}}\Psi_k^{\text{rg}}} \right]^{\mathsf{T}} \otimes \left[1, e^{-j\frac{2\pi}{\lambda}d_c\phi_k^{\text{rg}}\Psi_k^{\text{rg}}}, \cdots, e^{-j\frac{2\pi}{\lambda}(M_c-1)d_c\phi_k^{\text{rg}}\Psi_k^{\text{rg}}} \right]^{\mathsf{T}} \quad （3\text{-}246）$$

其中，$d_k^{\text{rg}} = \sqrt{(z_R)^2 + (\omega_R - \omega_k)^2}$；$\phi_k^{\text{rg}} = \dfrac{x_k - x_R}{d_k^{\text{rg}}}$、$\varphi_k^{\text{rg}} = \dfrac{y_k - y_R}{d_k^{\text{rg}}}$ 表示信号到第 k 个 GT 的水平 AoD 的余弦和正弦；$\Psi_k^{\text{rg}} = \dfrac{z_R}{d_k^{\text{rg}}}$ 表示到第 k 个 GT 的信号的垂直 AoD 的正弦。

为此，在第 k 个 GT 处实现的信道增益可以写为

$$\boldsymbol{g}_{k,n}^{\text{urg}} = a\left(\boldsymbol{g}_k^{\text{rg}}\right)^{\mathsf{T}} \cdot \boldsymbol{\Theta}_n \cdot \boldsymbol{g}_n^{\text{ur}} \quad （3\text{-}247）$$

其中，$\boldsymbol{\Theta}_n = \text{diag}(\boldsymbol{\theta}_n) \in \mathbb{C}^{M_r M_c \times M_r M_c}$ 是 RIS 反射相位系数矩阵，$\boldsymbol{\theta}_n = \left[e^{j\theta_1^n}, \cdots, e^{j\theta_{m_r,m_c}^n}, \cdots, e^{j\theta_{M_r,M_c}^n} \right]^{\mathsf{T}} \in \mathbb{C}^{M_r M_c \times 1}$。为了评估直接 UAV-GT 链路被阻塞的可能性，本节考虑文献[60]的城市环境中的空对地信道模型，其中 UAV 和第 k 个 GT 在时隙 n 之间的阻塞概率由式（3-248）给出。

$$p_{k,n} = 1 - \frac{1}{1 + a \cdot \exp\left(-b\left(\tan^{-1}\left(\dfrac{H_n^u}{d_k^{\text{ug}}}\right) - a\right)\right)} \quad （3\text{-}248）$$

其中，$d_k^{\text{ug}} = \sqrt{\left(H_n^u\right)^2 + \left(L_n^u - \omega_k\right)^2}$，$a$ 和 b 是取决于环境的常数值。第 k 个 GT 可实现的平均信道增益和数据速率如下。

$$g_{k,n} = \underbrace{\left(1 - p_{k,n}\right)\frac{\xi}{(d_k^{\text{ug}})^2}}_{\text{UAV-GT}} + \underbrace{p_{k,n}\boldsymbol{g}_{k,n}^{\text{urg}}}_{\text{UAV-RIS-GT}} \quad （3\text{-}249）$$

$$r_{k,n} = c_{k,n} B \text{lb}\left(1 + \frac{Pg_{k,n}}{B\sigma^2}\right) \quad （3\text{-}250）$$

其中，P 是 UAV 的固定传输功率，B 是带宽，σ^2 是噪声方差，$c_{k,n} = \{0,1\}$ 表示第 k 个 GT 是否被调度，$\sum_{k=1}^{K} c_{k,n} \leqslant 1, \forall n$ 表示 RIS 在一个时隙内最多服务一个 GT，即在 TDMA 模式下。未来将考虑支持 RIS 在一个时隙内服务多个 GT 的更复杂的 OFDMA 模式。

令 $\mathcal{L} = \{\boldsymbol{L}_n^u, \forall n \in \mathcal{N}\}$，$\mathcal{H} = \{h_n^u, \forall n \in \mathcal{N}\}$，$\mathcal{C} = \{c_{k,n}, \forall n \in \mathcal{N}\}$，$\mathcal{T} = \{t_n^u, \forall n \in \mathcal{N}\}$ 及

$\mathcal{Q} = \{\boldsymbol{\Theta}_n, \forall n \in \mathcal{N}\}$，优化问题可以建模为

$$\mathcal{P}3\text{-}15: \min_{\mathcal{L},\mathcal{H},\mathcal{C},\mathcal{T},\mathcal{Q}} \sum_{n=1}^{N} e_n^{\text{uav}}$$

$$\text{s.t. } c_{k,n} = 0,1, \sum_{k=1}^{K} c_{k,n} \leq 1, \forall n \in \mathcal{N}$$

$$\sum_{n=1}^{N} t_n^{\text{u}} r_{k,n} \geq D_k, \forall k \in \mathcal{K}$$

$$v_n^{\text{h}} \leq V_{\max}^{\text{h}}, \forall n \in \mathcal{N}$$

$$v_n^{\text{v}} \leq V_{\max}^{\text{v}}, \forall n \in \mathcal{N} \qquad (3\text{-}251)$$

$$h_{\min} \leq H_n^{\text{u}} \leq h_{\max}, \forall n \in \mathcal{N}$$

$$t_{\min} \leq t_n^{\text{u}} \leq t_{\max}, \forall n \in \mathcal{N}$$

该问题的目标是在所有时隙中最小化 UAV 的总推进能耗；式（3-251）的第一个约束条件表示一个时隙中只有一个 GT 与 UAV 链接；式（3-251）的第二个约束条件是对每个任务的数据传输的约束：D_k 在 UAV 的任务时间内完成，即保证 UAV 在可接受的能效下工作；式（3-251）的第三个、第四个和第五个约束条件是旋翼 UAV 的约束条件；式（3-251）的第六个约束条件是对时隙 n 的持续时间的约束。可以看出式（3-251）是一个非凸问题，因为 $r_{k,n}$ 指的是 UAV-RIS 和 RIS-GT 链路的数据速率。另外式（3-251）的目标函数是不可追踪的，因为 UAV 能耗模型很复杂。使用 SCA 等传统方法对 $\mathcal{P}3\text{-}15$ 进行部分求解，需要付出巨大的计算代价，无法在线部署。

基于上述原因，我们提出了基于 DDQN 和 DDPG 的算法来求解式（3-251），其中应用代理来收集 RIS 辅助的 UAV 通信系统的状态，找到关于奖励的最佳动作，然后将选定的动作部署到 UAV 和 RIS 上。具体来说，首先将 UAV 在当前时间段的位置作为状态；然后，设计的深度神经网络（Deep Neural Network，DNN）学习并选择 UAV 的轨迹和飞行时间以及 GT 调度作为下一步；接着，部署选定的动作，并且将从 GT 处的 UAV-RIS-GT 链路接收到的信号的相位对齐，以获得 RIS 的闭式相移解；再接着，RIS 的相移将使 UAV 和 GT 之间接收到的信号能量最大化，从而获得所选动作的最高奖励；最后，系统将根据所选动作进行更新，并训练 DNN。

为了更好地解释 DRL 算法，接下来，本节首先对 DDQN 和 DDPG 算法的状态、动作和奖励以及 RIS 的无源相移进行建模，然后给出这两种算法的详细信息。

状态、动作和奖励：DDQN 的关键思想是将每个时隙 n 内的 UAV 轨迹、飞行时间和 GT 调度选择建模为离散动作 $a(n)$，并使用每个动作的 Q 值来决定在状态

$s(n)$ 下是否选择该动作 $a(n)$。每个动作的 Q 值定义为

$$Q\big(s(n),a(n)\big) = \mathbb{E}\left[\sum_{n'}^{N}\gamma r\big(s(n'),a(n')\big)\Big|s(n),a(n)\right] \quad （3\text{-}252）$$

其中，$Q\big(s(n),a(n)\big)$ 用于估计预期的折扣累积奖励，折扣因子 $\gamma \in (0,1]$。给定问题（3-251），状态–动作对 $(s(n),a(n))$ 在时隙 n 的奖励可以定义为

$$r\big(s(n),a(n)\big) = \sum_{k=1}^{K}\sum_{n'=1}^{n+1}\frac{t_n^{\mathrm{u}}r_{k,n'}}{e_{n'}^{\mathrm{uav}}} - p_0 \quad （3\text{-}253）$$

这基本上是截至时隙 $n+1$ 时 GT 的数据总量 $\sum_{k=1}^{K}\sum_{n'=1}^{n+1}t_n^{\mathrm{u}}r_{k,n'}$ 与 UAV 的推进能量 $\sum_{k=1}^{K}\sum_{n'=1}^{n+1}e_{n'}^{\mathrm{uav}}$ 的比率。然而，为了保证式（3-251）的第二个约束条件，如果在时隙 n 中传输的数据低于平均水平，即 $t_n^{\mathrm{u}}r_{k,n'} < \dfrac{D_k}{N}$，将采用惩罚 p_0。

有了式（3-252）中定义的 Q 值，Q 学习过程就会采用一种策略来找到最合适的动作。在大多数情况下，采用贪心策略。

$$\pi\big(s(n)\big) = \arg\max_{a(n)}Q\big(s(n),a(n)\big) \quad （3\text{-}254）$$

使用 DDQN 算法学习到的最优无人机轨迹、飞行时间和 GT 调度是与状态 $s(n)$ 相关联的具有最高 Q 值的动作 $a(n)$。RIS 辅助 UAV 在时隙 n 的状态 $s(n)$ 可以定义为 $s(n) = s_{\mathrm{u}}(n) \in \mathcal{S} \triangleq \mathcal{L}\times\mathcal{H}$，其中 $\mathcal{S}$ 是整体状态空间，$s_{\mathrm{u}}(n)$ 是 UAV 的位置，即 $s_{\mathrm{u}}(n) = \big(\boldsymbol{L}_n^{\mathrm{u}},H_n^{\mathrm{u}}\big) \in \mathcal{L}\times\mathcal{H}$。然后，将 $\mathcal{A}$ 定义为 RIS 辅助的 UAV 通信系统的动作空间，包括 UAV 的位置、飞行时间和 GT 调度，那么在时隙 n 的整体动作可以定义为 $a(n) = (l_n,h_n,c_{k,n},t_n^{\mathrm{u}}) \in \mathcal{A} = \mathcal{L}_{\mathrm{u}}\times\mathcal{H}_{\mathrm{u}}\times\mathcal{C}\times\mathcal{T}$，其中 l_n 和 h_n 是在式（3-255）和式（3-256）中定义的 UAV 在水平和垂直维度上的飞行动作。$\mathcal{T} = [t_{\min}:0.1\mathrm{ms}:t_{\max}]$ 是离散飞行时间的空间，t_n^{u} 为 $t_{\min}$ 和 $t_{\max}$ 之间的离散值，步长为 $0.1\mathrm{ms}$。$\mathcal{C} = \{c_{k,n},\forall k,n\}$ 是 GT 调度的动作空间。

考虑到 UAV 的飞行动作，假设 UAV 在水平维度的一个时间段内仅从其当前单元移动到相邻单元之一[76]，并且仅在垂直维度上移动到其相邻高度水平，则 UAV 在下一时隙的水平位置 $\boldsymbol{L}_{n+1}^{\mathrm{u}}$ 可表示为

$$\boldsymbol{L}_{n+1}^{\mathrm{u}} = \boldsymbol{L}_n^{\mathrm{u}} + l_n \quad （3\text{-}255）$$

其中，$l_n \in \mathcal{L}_{\mathrm{u}} \triangleq (0,y_{\mathrm{s}}),(0,-y_{\mathrm{s}}),(x_{\mathrm{s}},0),(-x_{\mathrm{s}},0),(0,0)$，其中 $\mathcal{L}_{\mathrm{u}}$ 为 UAV 的水平运动空间，包括向北、向南、向东、向西移动及保持原位。考虑垂直飞行，UAV 在下一时隙

的垂直位置 H_{n+1}^{u} 可定义为

$$H_{n+1}^{\mathrm{u}} = H_n^{\mathrm{u}} + h_n \tag{3-256}$$

其中，$h_n \in \mathcal{H}_{\mathrm{u}} \triangleq \{h_{\mathrm{s}}, -h_{\mathrm{s}}, 0\}$，$\mathcal{H}_{\mathrm{u}}$ 为 UAV 的垂直动作空间，包括上升、下降或停留在当前高度。

基于上述定义的状态、动作和奖励，用 DDQN 算法求解问题（3-251）的过程如图 3-56 所示。图 3-56 中使用了目标网络和经验回放的技术[83]。

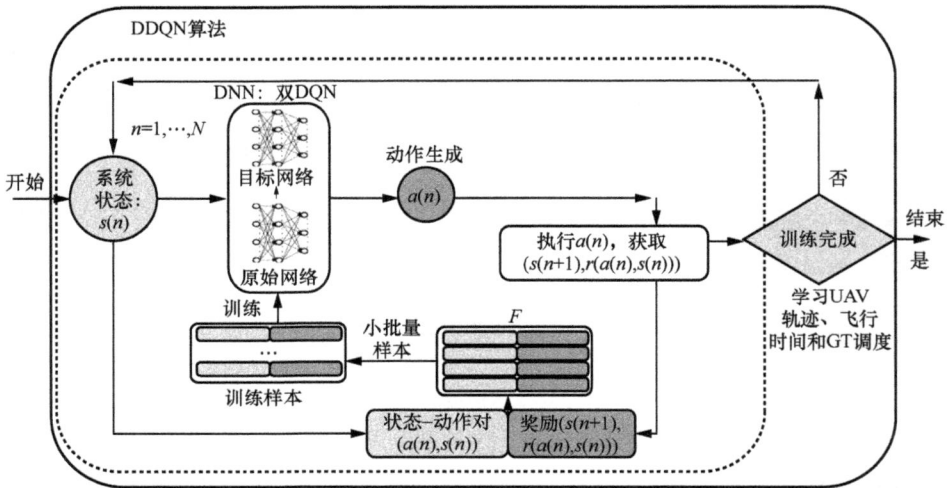

图 3-56　用 DDQN 算法求解问题（3-251）的过程

在 DDQN 中，本节使用具有权向量 θ^Q 的 DNN 来估计 Q 函数：式（3-257）中的 $Q(s(n), a(n)|\theta^Q)$。在这样的深度 Q 学习过程中，DNN 的权重参数 θ^Q 使用如下损失函数进行训练。

$$L(\theta^Q) = \mathbb{E}\left[y(n) - Q\left(s(n), a(n)|\theta^Q\right) \right] \tag{3-257}$$

其中，$y(n)$ 是目标值，可以被估计为

$$y(n) = r\left(s(n), a(n)\right) + \gamma Q'\left(s(n+1), \arg\max_a Q\left(s(n+1)|\theta^Q\right)|\theta^{Q'}\right) \tag{3-258}$$

其中，目标值 $y(n)$ 的计算遵循双 Q 学习方法，考虑了原始网络的 Q 值（ $Q(\cdot)$ ）和目标网络的 Q 值（ $Q'(\cdot)$ ），具体而言，即 $Q(s(n+1)|\theta^Q)$ 和 $Q'\left(s(n+1), \arg\max_a Q\left(s(n+1)|\theta^Q\right)|\theta^{Q'}\right)$，分别按照其定义进行计算。

为此，DDQN 算法过程被定义为下面的算法 3-9，它在每一次训练中包含两个阶

段：探索阶段（第 4 行到第 13 行）和训练阶段（第 14 行到第 17 行）。在探索阶段，UAV 的轨迹和飞行时间以及 GT 调度将通过随机方法（概率为 ϵ ）或式（3-254）中定义的贪心策略获得。如果选择的 l_n、h_n 和 t_n^{u} 导致 UAV 飞出定义区域或速度超过要求的水平（即 $V_{\max}^{h}$ 或 $V_{\max}^{v}$），则设置 $l_n=(0,0)$ 或 $h_n=0$ 来控制 UAV 留在当前位置（第 8 行）。此外，在上述情况下，惩罚 p 被应用于相关奖励 $r(s(n),a(n))$ 中。此外，利用获得的 UAV 轨迹和 GT 调度，将在第 10 行获得 RIS 的无源相移。然后，可以更新下一个状态 $s(n+1)$ 和相应的奖励 $r(s(n),a(n))$。接下来，新生成的样本 $(s(n),a(n),r(\cdot),s(n+1))$ 将被存储在经验缓冲区 F 中。

算法 3-9　DDQN 算法

1）初始化经验缓冲区 F，时隙数 N

2）分别初始化原始网络 $Q(\cdot)$ 的 θ^Q 和 $Q'(\cdot)$ 的 $\theta^{Q'}$，并设置 $\theta^{Q'}=\theta^Q$

3）for episode$=1,\cdots,E$ do

4）　　设置 $n=1,\cdots,N$ 及初始化系统状态 $s(1)$

5）　　while $n=1,\cdots,N$ 以及任务 D_k 未完成 do

6）　　　　以概率 ϵ 随机选取 $a(n)\in A(s(n))$，否则选择动作 $a(n)=\pi(s(n))$

7）　　　　if UAV 在目标区域外及 UAV 超过最大水平垂直速度 then

8）　　　　　　取消动作和应用惩罚

9）　　　　end

10）　　　应用 RIS 的无源相移

11）　　　为 $s(n+1)$ 和 $r(s(n),a(n))$ 执行 $a(n)$

12）　　　在 F 中存储样本 $(s(n),a(n),r(\cdot),s(n+1))$

13）　　end

14）　　从 F 选择一个有 H 个样本的 mini-batch $(s(j),a(j),r(j),s(j+1))$

15）　　计算 $y(j)=r(j)+\gamma Q'\Big(s(j+1),\arg\max_a Q\big(s(j+1)|\theta^Q\big)|\theta^{Q'}\Big)$

16）　　通过最小化损失更新 $Q(\cdot)$ 的权重 θ^Q：
$$L(\theta^Q)=\frac{1}{H}\sum_{j=1}^{H}\Big(y(j)-Q\big(s(j),a(j)|\ \theta^Q\big)|\theta^{Q'}\Big)$$

17）　　更新目标网络：$\theta^{Q'}=\delta\theta^Q+(1-\delta)\theta^{Q'}$

18）end

在训练阶段，将从经验缓冲区中随机选择有 H 个样本的 mini-batch（表示从训练数据集中随机抽取一小部分数据来进行参数更新）来训练原始网络 $Q(\cdot)$ 和目标网络 $Q'(\cdot)$。然后目标值 $y(j)$ 将用于在第 16 行中最小化损失 $L(\theta^Q)$ 来更新原始网络的权重 θ^Q，这遵循式（3-257）中的一般定义。接下来，目标网络 $Q'(\cdot)$ 的权重 $\theta^{Q'}$ 将在第 17 行更新，但频率低于原始网络 $Q(\cdot)$ 以避免高估问题。DDQN 算法将在运行完允许的轮数或每个 GT 完成其任务时终止。

RIS 的无源相移：如 DDQN 算法所示，RIS 的无源相移在 DRL 过程中执行，以最大化每个时隙中的数据传输速率。理论上，由于调度的第 k 个 GT 在时隙 n 可用，可以利用 UAV 的位置，通过被动移动 PRU(m_r, m_c) 的相应相位来最大化第 k 个 GT 的可实现速率。

$$\theta_{m_r,m_c}^n = \frac{2\pi}{\lambda} d_r(m_r-1)\phi_k^{rg}\psi_k^{rg} + d_c(m_c-1)\varphi_k^{rg}\psi_k^{rg} + d_r(m_r-1)d_r\phi_n^{ur}\psi_n^{ur} + d_c(m_c-1)\varphi_n^{ur}\psi_n^{ur}$$

（3-259）

这意味着在给定 UAV 轨迹的情况下，第 k 个 GT 处的信号相位对齐。那么，$g_{k,n}^{urg}$ 可以表示为

$$g_{k,n}^{urg} = a\left(g_k^{rg}\right)^T \cdot \Phi_n \cdot g_n^{ur} = a\frac{M_c M_r \xi}{d_n^{ur} d_k^{rg}}$$

（3-260）

有了这样的 RIS 无源相移，UAV 和式（3-249）中第 k 个 GT 之间的信道增益 $g_{k,n}$ 可以重新表示为最大值。

$$g_{k,n}^{max} = \underbrace{(1-p_{k,n})\frac{\xi}{\left(d_k^{ug}\right)^2}}_{\text{UAV-GT}} + \underbrace{p_{k,n}a\frac{M_c M_r \xi}{d_n^{ur} d_k^{rg}}}_{\text{UAV-RIS-GT}}$$

（3-261）

将 $g_{k,n}^{max}$ 代入式（3-247），UAV 和 GT 之间的数据速率可以重新表示为 $r_{k,n}^{max}$。那么，状态–动作对 $(s(n), a(n))$ 在时隙 n 的奖励可以定义为

$$r\left(s(n), a(n)\right) = \sum_{k=1}^{K} \sum_{n'=1}^{n+1} \frac{t_n^u r_{k,n'}^{max}}{e_{n'}^{uav}} - p_0$$

（3-262）

这是 GT 截至时隙 $n+1$ 的最大总传输数据量。

DDQN 使用式（3-254）中定义的常用离散策略方法将系统状态 $s(n)$ 映射到动作 $a(n)$。这种基于价值的策略只适用于具有离散动作空间的深度 Q 学习过程，并且如果离散动作空间很大，寻找最优动作将导致巨大的计算成本。另外，问题（3-251）中的 UAV 轨迹和飞行时间是连续变量。因此，在 DDQN 算法中将那

些连续变量公式化为离散变量会导致准确度降低。针对这个问题，本节利用 DDPG 算法找到最优的连续 UAV 和 GT 动作来解决问题（3-251）。预计 DDPG 将提高 RIS 辅助 UAV 系统的性能。DDPG 采用了策略梯度的思想，在式（3-254）中指定策略函数 $\pi(\cdot)$ 采用直接策略搜索的方法，而不是使用离线策略（Off-Policy），可以直接得到 UAV 和 RIS 在每个时隙的动作。

$$a(n) = \pi\left(s(n)|\theta^\pi\right) \tag{3-263}$$

与基于值的函数相比，这种参数化的策略函数更简单且易于收敛。DDPG 算法利用 DNN 来估计参数为 θ^π 的策略函数 $\pi(\cdot)$，以支持 UAV 和 GT 的动作选择。这种深度网络被命名为策略网络。此外，为了评估动作选择，DDPG 算法将使用深度 Q 学习构建另一个 Q 网络来评估具有 Q 值的所选动作。

$$Q\left(s(n),a(n)\right) = \mathbb{E}\left[r\left(s(n),a(n)\right)+\gamma Q\left(s(n+1),a(n+1)\right)\right] \tag{3-264}$$

其中，Q 值是根据策略网络选择的动作与策略 π 计算的。

Q 网络的训练，即更新 θ^Q，遵循与 DDQN 中相同的方法，使用 Q 目标网络的最小化损失函数。不同的是，策略网络的训练是使用梯度 $\nabla_{\theta^\pi}J(\pi)$ 来更新 θ^π，即

$$\nabla_{\theta^\pi}J(\pi) \approx \frac{1}{H}\sum_i^H\left(\nabla_a Q\left(s,a|\theta^Q\right)\big|_{s=s(i),a=\pi(s(i))}\nabla_{\theta^\pi}\pi\left(s|\theta^\pi\right)\big|_{s(i)}\right) \tag{3-265}$$

其中，$J(\pi)$ 是策略网络的输出值。

综上，用 DDPG 算法求解问题（3-251）的过程如图 3-57 所示。解决问题 $\mathcal{P}$3-15 的 DDPG 算法如算法 3-10 所示。在算法 3-10 中，DDPG 算法与 DDQN 算法的流程基本相同。主要区别在于第 7 行的动作选择，以及第 16 行到第 20 行的策略网络和 Q 网络的训练。在 DDPG 中，奖励遵循与式（3-253）中相同的定义。尽管如此，状态和动作将被定义为连续变量，以提高 UAV 和 GT 的控制准确度。因此，UAV 的动作将被定义为其在时隙 n 内的连续水平飞行方向、水平距离和垂直距离，表示为

$$\mu_n^h = x_n^h \tag{3-266}$$

$$d_n^h = x_n^{dh}\sqrt{\left(x_s^2+y_s^2\right)} \tag{3-267}$$

$$d_n^u = x_n^{dv}h_s \tag{3-268}$$

其中，$x_n^h \in [-1,1]$，$x_n^{dh} \in [0,1]$，$x_n^{dv} \in [-1,1]$。然后在时隙 n 的整个动作可以表示为

$a(n) = \left(x_n^h,x_n^{dh},x_n^{dv},c_{k,n},t_n^u\right) \in \mathcal{A} = [-1,1]\times[0,1]\times[-1,1]\times\mathcal{C}\times[0,t_{\max}]$。

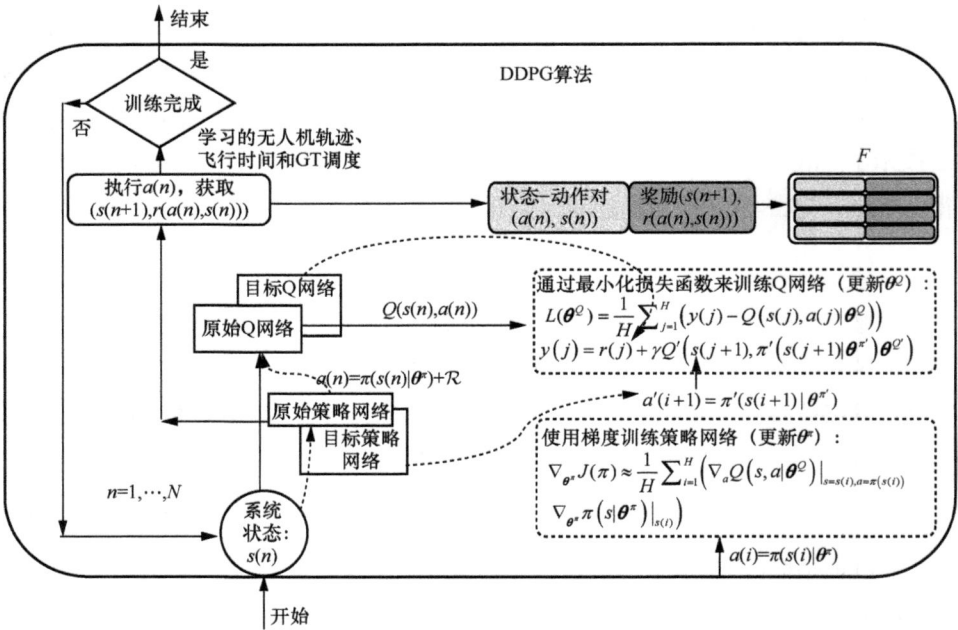

图 3-57　用 DDPG 算法求解问题（3-251）的过程

算法 3-10　DDPG 算法

1）初始化经验缓冲区 F，时隙数 N

2）分别初始化策略网络 $\pi(\cdot)$ 的 $\boldsymbol{\theta}^{\pi}$ 和 $\pi'(\cdot)$ 的 $\boldsymbol{\theta}^{\pi'}$ 并设置 $\boldsymbol{\theta}^{\pi'} = \boldsymbol{\theta}^{\pi}$

3）分别初始化原始网络 $Q(\cdot)$ 的 $\boldsymbol{\theta}^{Q}$ 和 $Q'(\cdot)$ 的 $\boldsymbol{\theta}^{Q'}$ 并设置 $\boldsymbol{\theta}^{Q'} = \boldsymbol{\theta}^{Q}$

4）for　episode $= 1, \cdots, E$ do

5）　　设置 $n = 1, \cdots, N$ 及初始化系统状态 $s(1)$

6）　　while　$n = 1, \cdots, N$ 以及任务 D_k 未完成　do

7）　　　　通过 $a(n) = \pi\left(s(n)|\boldsymbol{\theta}^{\pi}\right) + \mathcal{R}$ 选择动作，其中 $\mathcal{R}$ 为随机函数

8）　　　　if UAV 在目标区域外及 UAV 超过水平/垂直速度 then

9）　　　　　取消动作和应用惩罚

10）　　　end

11）　　　应用 RIS 的无源相移

12）　　　为 $s(n+1)$ 和 $r\left(s(n), a(n)\right)$ 执行 $a(n)$

13）　　　在 F 中存储样本 $\left(s(n), a(n), r(\cdot), s(n+1)\right)$

14）　　end

15）　　从 F 选择一个有 H 个样本的随机 mini-batch $\left(s(j),a(j),r(j),s(j+1)\right)$

16）　　计算 $y(j)=r(j)+\gamma Q'\left(s(j+1),\pi'\left(s(j+1)|\theta^{\pi'}\right)\theta^{Q'}\right)$

17）　　通过最小化损失函数更新 $Q(\cdot)$ 的权重 θ^Q：$L(\theta^Q)=\dfrac{1}{H}\sum_{j=1}^{H}\big(y(j)-$ $Q\left(s(j),a(j)|\theta^Q\right)\big)$

18）　　更新目标网络：$\theta^{Q'}=\delta\theta^Q+(1-\delta)\theta^{Q'}$

19）　　应用梯度更新 $\pi(\cdot)$ 的 θ^π：$\nabla_{\theta^\pi}J(\pi)\approx\dfrac{1}{H}\sum_{i=1}^{H}\left(\nabla_a Q\left(s,a|\theta^Q\right)\big|_{s=s(i),a=\pi(s(i))}\right.$ $\nabla_{\theta^\pi}\pi\left(s|\theta^\pi\right)\big|_{s(i)}\Big)$

20）　　更新目标网络：$\theta^{\pi'}=\delta\theta^\pi+(1-\delta)\theta^{\pi'}$

21）end

我们通过仿真将所提出的 DDQN 和 DDPG 算法在 RIS 辅助的 UAV 通信系统（下面用 UAV-RP 来表示）中进行验证，并将所得结果与基准系统中的结果进行比较。一个基准系统在没有 RIS 的 UAV（UAV/R）上工作，另一个基准系统在有 RIS 但没有最佳无源相移的 UAV（UAV-R/P）上工作。两个基准系统都使用 DDQN 算法优化 UAV 轨迹、飞行时间和 GT 调度。RIS 辅助的 UAV 通信系统的仿真参数设置如表 3-6 所示。

表 3-6　RIS 辅助的 UAV 通信系统的仿真参数设置

参数	值
带宽 B、UAV 功率 P	2MHz、5mW
阻塞参数 a、b	9.61、0.16[16]
M、$\theta_i[1]$	20、0°
U_{tip}、v_0、d_0、s、ρ、G	120、4.3、0.6、0.05、1.225、0.503[12]
P_0、P_1、P_2	$\dfrac{12\times30^3\times0.4^3}{8}\rho sG$、$\dfrac{1.1\times20^{3/2}}{\sqrt{2\rho G}}$、11.46
$V_{\max}^{\text{h}}$、$V_{\max}^{\text{v}}$	10m/s、10m/s
第 k 个 GT 的任务 D_k（场景 1）	6256bit~512kbit
第 k 个 GT 的任务 D_k（场景 2）	6512bit~1024kbit
$t_{\min}$、$t_{\max}$、噪声功率 σ	1s、3s、−169dBm/Hz
飞行高度：h_0^{u}、$h_{\min}$、$h_{\max}$	100m、30m、100m
时隙数 N、集数 E	600、60
区域面积、小区数 C	1000m×1000m、10000

将 GT 分布在目标区域中并设置 $\boldsymbol{L}_o^u = [0,0]^T$、$\boldsymbol{\omega}_R = [50,50]^T$、$H = 200\text{m}$、$z_R = 50$、$d = \dfrac{\lambda}{2}$、$F = 3200$、$H = 32$。设置空地通信，并设置旋翼 UAV 的推进模型。在 Python2.7 和 TensorFlow1.14.0 中进行仿真实验，以在 DDQN 和 DDPG 算法中实现 DNN。在 DDQN 中，原始网络和目标网络采用 2 层，每层有 20 个神经元，本节使用 ReLU 作为激活函数，使用 RMSProp 作为优化器来训练 DNN。每个 DNN 的参数按照零均值正态分布随机初始化。基于以上设置，可以发现 DDQN 算法的动作空间为 $|\mathcal{L}_u| \times |\mathcal{H}_u| \times K \times \dfrac{t_{max} - t_{min}}{0.1\text{ms}} = 5 \times 3 \times 6 \times 21 = 1890$。在 DDPG 中，原始策略网络和目标策略网络均采用 2 层 DNN。第一层有 30 个神经元，使用 ReLU 作为激活函数，第二层使用 Tanh 作为激活函数。本节应用 AdamOptimizer 来训练策略网络的 DNN。同时，原始 Q 网络和目标 Q 网络也采用 2 层 DNN。每层有 30 个神经元，使用 ReLU 作为激活函数。本节应用 AdamOptimizer 来训练 Q 网络的 DNN。每个 DNN 的参数都按照零均值正态分布随机初始化。

3D 和 2D 中不同系统的 UAV 轨迹如图 3-58 所示。可以观察到，与 UAV/R 和 UAV-R/P 的情况相比，UAV-RP 通常采用最短距离来节省推进能量。在 UAV/R 案例中，UAV 飞得非常靠近每个 GT，并俯冲到较低的高度，以便与 GT 建立通信链路，这显然导致能效低。相反，UAV-RP 中的 UAV 通常会尝试接近 RIS 以找到合适的轨迹来为用户提供服务。

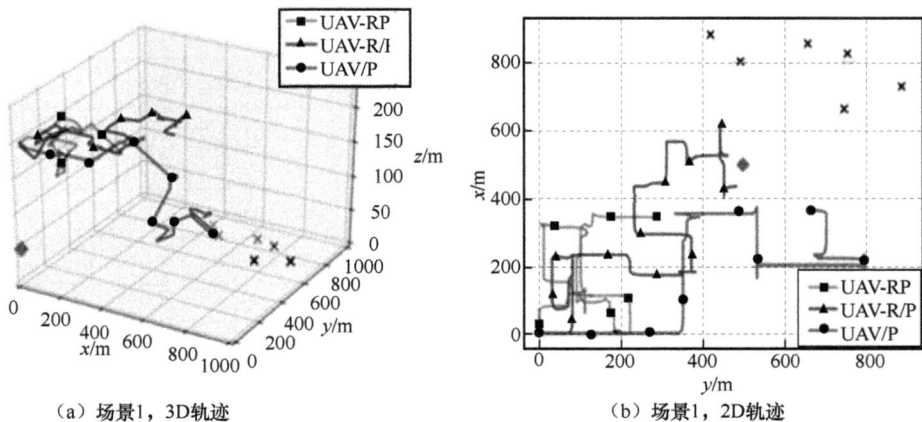

（a）场景1，3D轨迹　　　　　　（b）场景1，2D轨迹

图 3-58　3D 和 2D 中不同系统的 UAV 轨迹

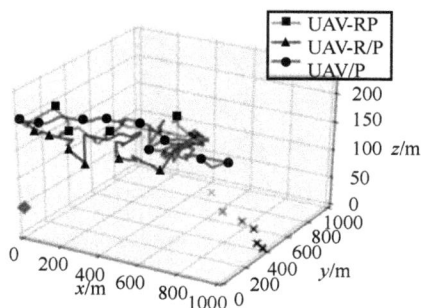

（c）场景2，3D轨迹　　　　　　　　　（d）场景2，2D轨迹

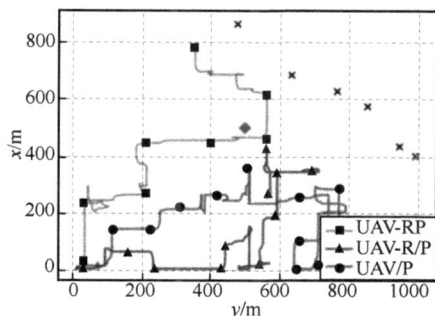

图 3-58　3D 和 2D 中不同系统的 UAV 轨迹（续）

图 3-59 进一步描述了不同解决方案在推进能量、吞吐量、能效方面的表现。可以看出，采用 DDQN 和 DDPG 算法的 UAV-RP 在两种测试场景中始终具有较高的性能。此外，DDPG 算法提供了最好的整体性能。与图 3-59 相关的仿真结果如表 3-7 所示，其中针对所有考虑的情况展示了 UAV 的平均推进能量和能效。

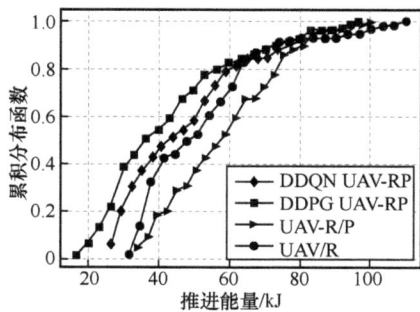

（a）场景1，推进能量　　　　　　　　　（b）场景2，推进能量

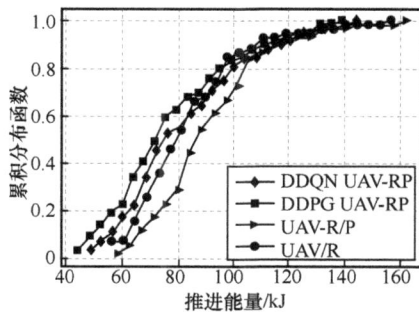

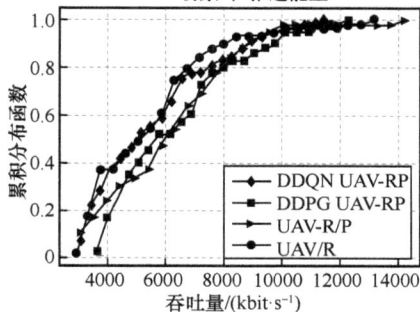

（c）场景1，吞吐量　　　　　　　　　（d）场景2，吞吐量

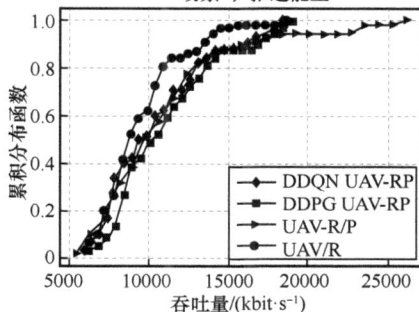

图 3-59　不同解决方案在推进能量、吞吐量和能效方面的表现

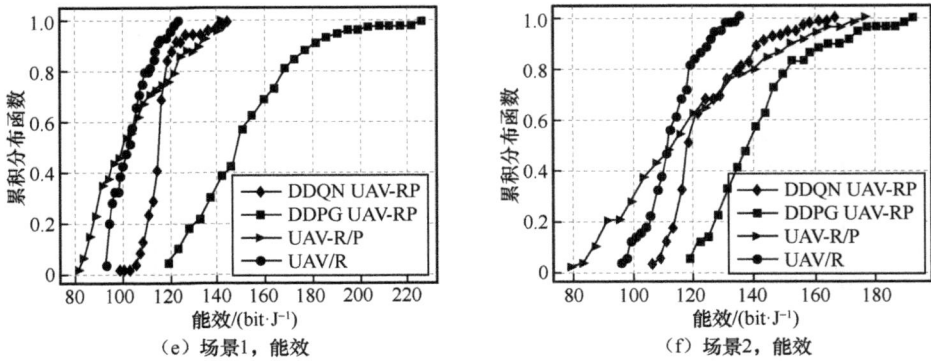

（e）场景1，能效　　　　　　　　　　（f）场景2，能效

图 3-59　不同解决方案在推进能量、吞吐量和能效方面的表现（续）

总体来说，基于 DDQN 和 DDPG 算法来优化 UAV 的轨迹和 RIS 的无源相移能够提高无人机的能效，并满足地面终端的数据传输要求。

表 3-7　仿真结果

场景		平均推进能量/kJ	能效/(bit·J⁻¹)
场景 1	DDQN UAV-RP	48.85	116.85
	DDPG UAV-RP	43.71	153.72
	UAV-R/P	59.66	105.47
	UAV/R	53.78	104.07
场景 2	DDQN UAV-RP	84.06	125.08
	DDPG UAV-RP	79.44	143.24
	UAV-R/P	93.77	118.88
	UAV/R	86.28	113.12

/3.6　本章小结/

本章探讨了通算一体的相关理论研究，包括通信网络中计算的重要作用、通信和计算如何通过优化算法实现资源的最佳配置，以及面向无人机、联邦学习等场景如何实现联合优化与节能。通算一体理论作为一种新兴的信息处理技术，具有重要的理论价值和实践意义。通过深入研究通算一体的理论，可以为未来的信息处理体系提供有力支持，推动信息社会的持续发展。

/ 参考文献 /

[1] MCKEOWN N, ANDERSON T, BALAKRISHNAN H, et al. OpenFlow: enabling innovation in campus networks[J]. ACM SIGCOMM Computer Communication Review, 2008, 38(2): 69-74.

[2] China Mobile Research Institute. C-RAN white paper: the road towards green RAN[R]. 2013.

[3] KUMAR K, LU Y H. Cloud computing for mobile users: can offloading computation save energy?[J]. Computer, 2010, 43(4): 51-56.

[4] BELOGLAZOV A, BUYYA R. Energy efficient resource management in virtualized cloud data centers[C]//Proceedings of the 2010 10th IEEE/ACM International Conference on Cluster, Cloud and Grid Computing. Piscataway: IEEE Press, 2010: 826-831.

[5] JARSCHEL M, OECHSNER S, SCHLOSSER D, et al. Modeling and performance evaluation of an OpenFlow architecture[C]//Proceedings of the 23rd International Teletraffic Congress. Piscataway: IEEE Press, 2011: 1-7.

[6] CARDOSO J, SHETH A, MILLER J, et al. Quality of service for workflows and web service processes[J]. Journal of Web Semantics, 2004, 1(3): 281-308.

[7] PROAKIS J G, SALEHI M. Digital communications[M]. New York: McGraw-Hill, 2008.

[8] LI G J, ZHANG S J, YANG X B, et al. Architecture of GPP based, scalable, large-scale C-RAN BBU pool[C]//Proceedings of the 2012 IEEE Globecom Workshops. Piscataway: IEEE Press, 2012: 267-272.

[9] NIKAEIN N. Processing radio access network functions in the cloud: critical issues and modeling[C]//Proceedings of the 6th International Workshop on Mobile Cloud Computing and Services. New York: ACM Press, 2015: 36-43.

[10] DESSET C, DEBAILLIE B, GIANNINI V, et al. Flexible power modeling of LTE base stations[C]//Proceedings of the 2012 IEEE Wireless Communications and Networking Conference (WCNC). Piscataway: IEEE Press, 2012: 2858-2862.

[11] WERTHMANN T. Approaches to adaptively reduce processing effort for LTE Cloud-RAN systems[C]//Proceedings of the 2015 IEEE International Conference on Communication Workshop (ICCW). Piscataway: IEEE Press, 2015: 2701-2707.

[12] SATYANARAYANAN M, BAHL P, CACERES R, et al. The case for VM-based cloudlets in mobile computing[J]. IEEE Pervasive Computing, 2009, 8(4): 14-23.

[13] KOSTA S, AUCINAS A, HUI P, et al. ThinkAir: dynamic resource allocation and parallel execution in the cloud for mobile code offloading[C]//2012 Proceedings IEEE INFOCOM. Piscataway: IEEE Press, 2012: 945-953.

[14] WANG K Z, YANG K, WANG X H, et al. Cost-effective resource allocation in C-RAN with mobile cloud[C]//Proceedings of the 2016 IEEE International Conference on Communications (ICC). Piscataway: IEEE Press, 2016: 1-6.

[15] WANG K Z, YANG K, MAGURAWALAGE C S. Joint energy minimization and resource allocation in C-RAN with mobile cloud[J]. IEEE Transactions on Cloud Computing, 2018, 6(3): 760-770.

[16] 葛继科, 邱玉辉, 吴春明, 等. 遗传算法研究综述[J]. 计算机应用研究, 2008, 25(10): 2911-2916.

[17] LI Y, ZHANG X, SUN Y K, et al. Joint offloading and resource allocation with partial information for multi-user edge computing[C]//Proceedings of the 2022 IEEE Globecom Workshops (GC Wkshps). Piscataway: IEEE Press, 2022: 1736-1741.

[18] LEE J, KO H, KIM J, et al. DATA: dependency-aware task allocation scheme in distributed edge clouds[J]. IEEE Transactions on Industrial Informatics, 2020, 16(12): 7782-7790.

[19] MAIO V, BRANDIC I. First hop mobile offloading of DAG computations[C]//Proceedings of the 2018 18th IEEE/ACM International Symposium on Cluster, Cloud and Grid Computing (CCGRID). Piscataway: IEEE Press, 2018: 83-92.

[20] HAN Y P, ZHAO Z W, MO J W, et al. Efficient task offloading with dependency guarantees in ultra-dense edge networks[C]//Proceedings of the 2019 IEEE Global Communications Conference (GLOBECOM). Piscataway: IEEE Press, 2019: 1-6.

[21] SHU C, ZHAO Z W, HAN Y P, et al. Multi-user offloading for edge computing networks: a dependency-aware and latency-optimal approach[J]. IEEE Internet of Things Journal, 2020, 7(3): 1678-1689.

[22] CHEN J W, YANG Y J, WANG C Y, et al. Multitask offloading strategy optimization based on directed acyclic graphs for edge computing[J]. IEEE Internet of Things Journal, 2022, 9(12): 9367-9378.

[23] LIU J L, ZHANG X, LI X, et al. Energy-efficient computation offloading for mobile edge networks: a graph theory approach[C]//Proceedings of the 2021 IEEE/CIC International Conference on Communications in China (ICCC). Piscataway: IEEE Press, 2021: 475-480.

[24] NGUYEN S, AKL R. Approximating user distributions in WCDMA networks using 2-D Gaussian[C]//Proceedings of the International Conference on Computing, Communications and Control Technologies. Hertfordshire: IIIC, 2005: 1-5.

[25] GLANTZ S A, SLINKER B K. Primer of applied regression and analysis of variance[M]. New York: McGraw-Hill, 1990.

[26] SHAFER G. Dempster-shafer theory[EB]. 1992.

[27] SUN Y K, ZHANG X, ZHU Y D. Mobility and traffic prediction-based resource allocation with edge intelligence in wireless network[C]//Proceedings of the 2021 13th International Conference on Wireless Communications and Signal Processing (WCSP). Piscataway: IEEE Press, 2021: 1-6.

[28] NEDIC A, OZDAGLAR A. Distributed subgradient methods for multi-agent optimization[J]. IEEE Transactions on Automatic Control, 2009, 54(1): 48-61.

[29] SHI W, LING Q, WU G, et al. EXTRA: an exact first-order algorithm for decentralized consensus optimization[J]. SIAM Journal on Optimization, 2015, 25(2): 944-966.

[30] NEDIĆ A, OLSHEVSKY A, SHI W. Achieving geometric convergence for distributed optimization over time-varying graphs[J]. SIAM Journal on Optimization, 2017, 27(4): 2597-2633.

[31] XI C G, KHAN U A. DEXTRA: a fast algorithm for optimization over directed graphs[J]. IEEE Transactions on Automatic Control, 2017, 62(10): 4980-4993.

[32] LIAN X R, ZHANG W, ZHANG C, et al. Asynchronous decentralized parallel stochastic gradient descent[J]. arXiv preprint, 2017, arXiv:1710.06952.

[33] TALEB T, SAMDANIS K, MADA B, et al. On multi-access edge computing: a survey of the emerging 5G network edge cloud architecture and orchestration[J]. IEEE Communications Surveys & Tutorials, 2017, 19(3): 1657-1681.

[34] SUN Y X, ZHOU S, NIU Z S. Distributed task replication for vehicular edge computing: performance analysis and learning-based algorithm[J]. IEEE Transactions on Wireless Communications, 2021, 20(2): 1138-1151.

[35] DU Y, YANG K, WANG K Z, et al. Joint resources and workflow scheduling in UAV-enabled wirelessly-powered MEC for IoT systems[J]. IEEE Transactions on Vehicular Technology, 2019, 68(10): 10187-10200.

[36] BAI T, WANG J J, REN Y, et al. Energy-efficient computation offloading for secure UAV-edge-computing systems[J]. IEEE Transactions on Vehicular Technology, 2019, 68(6): 6074-6087.

[37] LIU Y, XIE S L, ZHANG Y. Cooperative offloading and resource management for UAV-enabled mobile edge computing in power IoT system[J]. IEEE Transactions on Vehicular Technology, 2020, 69(10): 12229-12239.

[38] HE S Y, WANG W, YANG H, et al. State-aware rate adaptation for UAVs by incorporating on-board sensors[J]. IEEE Transactions on Vehicular Technology, 2020, 69(1): 488-496.

[39] HUANG S, ZHANG M, GAO Y C, et al. MIMO radar aided mmWave time-varying channel estimation in MU-MIMO V2X communications[J]. IEEE Transactions on Wireless Communications, 2021, 20(11): 7581-7594.

[40] ISHIKAWA N, RAJASHEKAR R, XU C, et al. Differential-detection aided large-scale generalized spatial modulation is capable of operating in high-mobility millimeter-wave channels[J]. IEEE Journal of Selected Topics in Signal Processing, 2019, 13(6): 1360-1374.

[41] LIU Y S, SIMEONE O. HyperRNN: deep learning-aided downlink CSI acquisition via partial channel reciprocity for FDD massive MIMO[C]//Proceedings of the 2021 IEEE 22nd International Workshop on Signal Processing Advances in Wireless Communications (SPAWC). Piscataway: IEEE Press, 2021: 31-35.

[42] BOYD S P, VANDENBERGHE L. Convex optimization[M]. Cambridge: Cambridge, 2004.

[43] XU J, ZENG Y, ZHANG R. UAV-enabled wireless power transfer: trajectory design and energy optimization[J]. IEEE Transactions on Wireless Communications, 2018, 17(8): 5092-5106.

[44] LI S X, DUO B, YUAN X J, et al. Reconfigurable intelligent surface assisted UAV communication: joint trajectory design and passive beamforming[J]. IEEE Wireless Communications Letters, 2020, 9(5): 716-720.

[45] MO X P, XU J. Energy-efficient federated edge learning with joint communication and computation design[J]. Journal of Communications and Information Networks, 2021, 6(2): 110-124.

[46] YANG Z H, CHEN M Z, SAAD W, et al. Energy efficient federated learning over wireless communication networks[J]. IEEE Transactions on Wireless Communications, 2021, 20(3): 1935-1949.

[47] AL-ABIAD M S, HASSAN M Z, HOSSAIN M J. Energy-efficient resource allocation for federated learning in NOMA-enabled and relay-assisted Internet of Things networks[J]. IEEE Internet of Things Journal, 2022, 9(24): 24736-24753.

[48] ZHOU T Y, LI X H, PAN C Y, et al. Multi-server federated edge learning for low power consumption wireless resource allocation based on user QoE[C]//Proceedings of the Journal of Communications and Networks. KICS2021: 463-472.

[49] ZAW C W, HONG C S. A decentralized game theoretic approach for energy-aware resource management in federated learning[C]//Proceedings of the 2021 IEEE International Conference on Big Data and Smart Computing (BigComp). Piscataway: IEEE Press, 2021: 133-136.

[50] WANG Q, XIAO Y, ZHU H X, et al. Towards energy-efficient federated edge intelligence for IoT networks[C]//Proceedings of the 2021 IEEE 41st International Conference on Distributed Computing Systems Workshops (ICDCSW). Piscataway: IEEE Press, 2021: 55-62.

[51] KANG J W, XIONG Z H, NIYATO D, et al. Incentive design for efficient federated learning in mobile networks: a contract theory approach[C]//Proceedings of the 2019 IEEE VTS Asia Pacific Wireless Communications Symposium (APWCS). Piscataway: IEEE Press, 2019: 1-5.

[52] XIAO G L, XIAO M J, GAO G J, et al. Incentive mechanism design for federated learning: a two-stage Stackelberg game approach[C]//Proceedings of the 2020 IEEE 26th International Conference on Parallel and Distributed Systems (ICPADS). Piscataway: IEEE Press, 2020: 148-155.

[53] MA C X, KONEČNÝ J, JAGGI M, et al. Distributed optimization with arbitrary local solvers[J]. Optimization Methods and Software, 2017, 32(4): 813-848.

[54] CHENG K, TENG Y L, SUN W Q, et al. Energy-efficient joint offloading and wireless resource allocation strategy in multi-MEC server systems[C]//Proceedings of the 2018 IEEE International Conference on Communications (ICC). Piscataway: IEEE Press, 2018: 1-6.

[55] ZENG Y, ZHANG R, LIM T J. Wireless communications with unmanned aerial vehicles:

opportunities and challenges[J]. IEEE Communications Magazine, 2016, 54(5): 36-42.

[56] LIU C X, FENG W, CHEN Y F, et al. Cell-free satellite-UAV networks for 6G wide-area Internet of Things[J]. IEEE Journal on Selected Areas in Communications, 2021, 39(4): 1116-1131.

[57] G C D, LADAS A, SAMBO Y A, et al. An overview of post-disaster emergency communication systems in the future networks[J]. IEEE Wireless Communications, 2019, 26(6): 132-139.

[58] ZENG Y, WU Q Q, ZHANG R. Accessing from the sky: a tutorial on UAV communications for 5G and beyond[J]. Proceedings of the IEEE, 2019, 107(12): 2327-2375.

[59] LIU L, ZHANG S W, ZHANG R. CoMP in the sky: UAV placement and movement optimization for multi-user communications[J]. IEEE Transactions on Communications, 2019, 67(8): 5645-5658.

[60] ZHANG J W, ZENG Y, ZHANG R. UAV-enabled radio access network: multi-mode communication and trajectory design[J]. IEEE Transactions on Signal Processing, 2018, 66(20): 5269-5284.

[61] ZHANG S W, ZENG Y, ZHANG R. Cellular-enabled UAV communication: a connectivity-constrained trajectory optimization perspective[J]. IEEE Transactions on Communications, 2019, 67(3): 2580-2604.

[62] ZENG Y, LYU J B, ZHANG R. Cellular-connected UAV: potential, challenges, and promising technologies[J]. IEEE Wireless Communications, 2019, 26(1): 120-127.

[63] AL-HOURANI A, GOMEZ K. Modeling cellular-to-UAV path-loss for suburban environments[J]. IEEE Wireless Communications Letters, 2018, 7(1): 82-85.

[64] ZENG Y, ZHANG R. Energy-efficient UAV communication with trajectory optimization[J]. IEEE Transactions on Wireless Communications, 2017, 16(6): 3747-3760.

[65] WU Q Q, ZHANG R. Common throughput maximization in UAV-enabled OFDMA systems with delay consideration[J]. IEEE Transactions on Communications, 2018, 66(12): 6614-6627.

[66] MEI H B, WANG K Z, ZHOU D D, et al. Joint trajectory-task-cache optimization in UAV-enabled mobile edge networks for cyber-physical system[J]. IEEE Access, 2019(7): 156476-156488.

[67] MNIH V, KAVUKCUOGLU K, SILVER D, et al. Human-level control through deep reinforcement learning[J]. Nature, 2015, 518(7540): 529-533.

[68] WU Q Q, LIU L, ZHANG R. Fundamental trade-offs in communication and trajectory design for UAV-enabled wireless network[J]. IEEE Wireless Communications, 2019, 26(1): 36-44.

[69] AL-HOURANI A, KANDEEPAN S, LARDNER S. Optimal LAP altitude for maximum coverage[J]. IEEE Wireless Communications Letters, 2014, 3(6): 569-572.

[70] ZENG Y, XU J, ZHANG R. Energy minimization for wireless communication with rota-

ry-wing UAV[J]. IEEE Transactions on Wireless Communications, 2019, 18(4): 2329-2345.

[71] DI RENZO M, ZAPPONE A, DEBBAH M, et al. Smart radio environments empowered by reconfigurable intelligent surfaces: how it works, state of research, and the road ahead[J]. IEEE Journal on Selected Areas in Communications, 2020, 38(11): 2450-2525.

[72] HU S, RUSEK F, EDFORS O. Beyond massive MIMO: the potential of data transmission with large intelligent surfaces[J]. IEEE Transactions on Signal Processing, 2018, 66(10): 2746-2758.

[73] HUANG C W, ZAPPONE A, ALEXANDROPOULOS G C, et al. Reconfigurable intelligent surfaces for energy efficiency in wireless communication[J]. IEEE Transactions on Wireless Communications, 2019, 18(8): 4157-4170.

[74] WU Q Q, ZHANG R. Intelligent reflecting surface enhanced wireless network *via* joint active and passive beamforming[J]. IEEE Transactions on Wireless Communications, 2019, 18(11): 5394-5409.

[75] HAN Y, TANG W K, JIN S, et al. Large intelligent surface-assisted wireless communication exploiting statistical CSI[J]. IEEE Transactions on Vehicular Technology, 2019, 68(8): 8238-8242.

[76] BAI T, PAN C H, DENG Y S, et al. Latency minimization for intelligent reflecting surface aided mobile edge computing[J]. IEEE Journal on Selected Areas in Communications, 2020, 38(11): 2666-2682.

[77] HUANG C W, MO R H, YUEN C. Reconfigurable intelligent surface assisted multiuser MISO systems exploiting deep reinforcement learning[J]. IEEE Journal on Selected Areas in Communications, 2020, 38(8): 1839-1850.

[78] LONG H, CHEN M, YANG Z H, et al. Joint trajectory and passive beamforming design for secure UAV networks with reconfigurable intelligent surface[C]//Proceedings of the 2020 IEEE Globecom Workshops. Piscataway: IEEE Press, 2021.

[79] HUA M, YANG L X, WU Q Q, et al. UAV-assisted intelligent reflecting surface symbiotic radio system[J]. IEEE Transactions on Wireless Communications, 2021, 20(9): 5769-5785.

[80] WEI Z Q, CAI Y X, SUN Z, et al. Sum-rate maximization for IRS-assisted UAV OFDMA communication systems[J]. IEEE Transactions on Wireless Communications, 2021, 20(4): 2530-2550.

[81] LI S X, DUO B, MARCO D R, et al. Robust secure UAV communications with the aid of reconfigurable intelligent surfaces[J]. arXiv preprint, 2008, arXiv:2008.09404.

[82] LI S X, DUO B, YUAN X J, et al. Reconfigurable intelligent surface assisted UAV communication: joint trajectory design and passive beamforming[J]. IEEE Wireless Communications Letters, 2020, 9(5): 716-720.

[83] ABD-ELMAGID M A, FERDOWSI A, DHILLON H S, et al. Deep reinforcement learning for minimizing age-of-information in UAV-assisted networks[C]//Proceedings of the 2019 IEEE Global Communications Conference (GLOBECOM). Piscataway: IEEE Press, 2019: 1-6.

第 4 章

通算一体关键技术

众所周知，承载算力资源的终端设备、边缘计算服务器、云服务器，以及进行数据传送的网络基础设施都是真实存在于物理空间且不能随着用户请求而发生位置移动的。因此，在通算一体网络中，为充分利用泛在分布的算网资源，需要将计算任务卸载到承载相应资源的算力设备上执行，执行完成之后再将计算结果回传至用户，如何确定任务卸载的比例及任务卸载路径和位置是影响通算一体网络性能的关键因素。为此，本章将主要从算力度量与建模、通算信息感知与通告、资源管理与分配、算力路由转发、隐私与安全 5 个方面介绍面向通算一体的关键技术。

/ 4.1　算力度量与建模 /

在《中国算力发展指数白皮书（2022 年）》中，算力被定义为设备通过处理数据，实现特定结果输出的计算能力。随着大量智能终端设备、MEC 服务器的部署，算力呈现出泛在化、分散化的部署趋势，需要进行算力度量与建模。算力度量技术是指对计算资源和网络资源的计算能力进行度量和评估，算力建模是一种对异构的算力资源进行统一描述和量化的方法。通过算力度量与建模，实现量化异构的算力资源及多样化的业务需求，建立统一的描述语言，在赋能算力流通属性的同时，为算力管理、算力调度、算力服务、算力交易提供标准和基础。

目前，业界通常根据涉及的计算类型及所运行的业务，将算力分为逻辑计算能力、并行计算能力和智能计算能力[1]。逻辑计算能力主要用于复杂指令调度、循环、分支、逻辑判断及执行等；并行计算能力主要用来处理与图形图像相关的数值计算，擅长的是图形类或者非图形类的高度并行数值计算，数据类型比较单一；智能计算能力则是专门加速深层神经网络运算能力，为某种算法或者模型专门设计芯片以契合模型或算法的数据结构、运算方式等，能够大幅提升运行某种算法或者模型的效率。衡量算力大小通常采用每秒操作数（Operations Per Second，OPS）或者每秒浮点操作数（Floating-Point Operations Per Second，FLOPS）。网络中的任务处理过程实际上是调用基础设施的资源满足任务需求的过程，因此算力度量与建模可以分为面向基础设施的算力度量和面向业务需求的算力建模。面向基础设施的算力度量是指对算力网络中的各种算力资源，进行能力、性能、能效等方面的度量，以形成统一的算力度量标准和体系，从而便于对算力资源的感知、管理、优化和调度。面向业务需求的算力建模是指根据不同类型的业务，对其算力、存储、网络等方面的服务能力需求进行归纳和建模，以形成通用的算力服务，从而为客户的业务体验提供基础保障。

4.1.1 面向基础设施的算力度量

算力基础设施主要包括 CPU、GPU、FPGA、深度学习处理器（Deep-Learning Processing Unit，DPU）、张量处理器（Tensor Processing Unit，TPU）等，面向这些基础设施的算力度量可以分为狭义算力度量和广义算力度量。

狭义算力度量可将算力归一化为逻辑计算能力、并行计算能力和智能计算能力，算力厂商、算力类型、算力架构、架构型号均会对算力度量产生影响，即不同算力厂商生产的 GPU 算力不同，不同算力架构的 GPU 算力不同，同一算力架构的不同型号的 GPU 算力也不同，因此针对不同的并行算力芯片需要一个映射函数将算力转化为标准化并行计算能力。例如，算力基础设施由 3 种不同类型的并行计算芯片 b_1、b_2、b_3 组成，其量化的算力为 $C_b = f_1(b_1) + f_2(b_2) + f_3(b_3)$，其中 $f()$ 为芯片算力映射函数。

广义算力度量包括对计算能力（逻辑计算能力、并行计算能力、智能计算能力）、存储能力（存储容量、读写速度）、通信能力（带宽、时延、丢包率、抖动率）的综合评估，可以通过执行探针任务反馈的性能，进行数值模拟以评估实时的广义算力。此外，广义算力资源池也可以被当作一个黑盒，通过测试采集算力资源池的历史数据，进而通过深度学习算法量化广义算力资源。异构算力统一度量的必要性是显而易见的，特别是在现代的计算环境中，涉及多种计算资源和异构加速器时。然而，难度在于如何建立一个统一的度量体系。

4.1.2 面向业务需求的算力建模

算力建模是对系统的运算能力进行抽象描述，目的是对系统进行性能预测和优化。通常来说，算力建模可以从以下几个方面进行。

- 计算资源维度：包括 CPU、GPU、FPGA 等不同类型的计算资源，每种资源的算力表现可能有所不同。

- 算法维度：不同算法在不同计算资源上的表现可能有很大差异。算法的复杂度、并行度、内存占用等都会影响算力表现。

- 数据维度：数据的规模、访问模式等都会影响算力表现。比如，一个需要大量内存的算法在内存受限的系统上可能无法运行。

- 软件和硬件环境维度：不同的软件和硬件环境对算力表现也会有很大的影响。比如，同一个算法在不同编译器下的表现可能会有很大的不同。

- 吞吐量、时延等性能指标维度：这些性能指标是衡量算力的重要指标，也可以作为建模的一个方向。

总体来说，算力建模的关键在于需考虑多个维度的影响，以及如何将这些维度整合在一起进行预测和优化。

目前，面向业务需求的算力建模主要依赖算力使用者或算力管理者的经验，缺乏统一的面向业务需求的算力建模标准，例如，当前业务需求的算力评估模式多以虚拟机或者容器粗粒度的衡量为主。当面向业务需求进行归一化的算力建模时，可以将业务的算力需求与算力资源池所能提供的算力资源进行匹配与映射，进而实现智能化、自动化、高效化算力调度。

在面向业务需求的算力度量和建模中，对应资源的度量往往是计算一个等效算力，因为对于用户业务来说，通算一体网络提供的具体算力位置、大小和网络的资源状况都是无感知的，用户侧的业务反馈只有完成该业务所需要的总时延、服务质量、准确度等指标，所以其所需的算力应该是将算力资源和网络融合于一体的等效算力。对于用户业务，强算力资源 A 结合长时延网络路径 B 和弱算力资源 C 结合短时延网络路径 D 提供的等效算力是同样的，即用户不关心传输时延和计算时延分别是多少，只关心从任务产生到结果返回所需要的总时延，因此可以以任务处理的敏感时延为主，同时基于任务类型（如人脸识别任务、图像渲染任务等）、任务数据大小建模任务的算力需求。

对于业务运行，除了需要足够的算力，也需要配套的存储能力、网络能力，甚至还可能需要编解码能力、吞吐能力等联合保障用户的业务体验。因此可以从微服务的角度来衡量算力，对相应的资源调度分配原则进行标准化，降低通算一体网络中业务和应用部署的复杂度；也可以将某类业务所需要的计算资源作为标准单位，如以支持 10000f/s 的人脸识别业务所需的算力资源作为一个算力单位，这个算力单位仅对人脸识别类的业务有效，所以需要构建多个针对不同业务类型的标准衡量单位[2]；同时，同一类业务又可以通过多样化算法实现，算力的度量通过对不同的算法（如深度神经网络（DNN）、循环神经网络（Recurrent Neural Network，RNN）、DNN+RNN 等）实现人脸识别所需的算力进行建模，可以有效地建模不同算力模型所需的算力，从而更有效地度量面向业务的算力需求。

4.1.3 算力等级划分

针对业务场景分类，将业务所需算力按照一定分级标准划分为多个等级，可以为算力提供者设计业务套餐提供参考，或作为其算力调度的输入参数依据。这里介绍一种通用的方法，可用于划分算力等级，步骤如下。

- 业务场景分析：对所涉及的业务场景进行分析，了解其性质、特点、对算力的依赖程度及预期的性能需求，可以涵盖广泛的领域，包括但不限于机器学习、数据处理、科学计算、图形渲染、虚拟化、物理模拟等。
- 算力需求量化：对于每个业务场景，量化其对算力的需求，可能采用的方法包括峰值算力、平均算力、特定时段内的算力需求、处理器的数量和类型等。
- 业务场景分级：基于上述分析，对业务场景进行分级。
- 定义算力等级：为每个级别定义相应的算力等级，通常使用计算资源的规格、类型和性能来表示。

以智能应用为例，其算力需求主要是浮点运算能力，因此可以以浮点计算能力的大小作为算力分级的依据。针对目前应用的算力需求，超算类应用、大型渲染类业务对算力的需求是最高的，可达到高于 1PFLOPS 的 PFLOPS 级算力需求；AI 训练类应用，根据算法的不同及训练数据的类型和大小，其所需的算力从 GFLOPS 级到 TFLOPS 级不等，如一般训练模型算力需求为 300GFLOPS，TensorFlow 算力需求达 12TFLOPS；AI 推理类业务对算力的需求稍弱，根据业务场景的不同，其所需算力一般从 GFLOPS 级到 TFLOPS 级不等，如智能安防业务所需算力较高，可达到 TFLOPS 级。算力建模和分级有助于精确评估不同类型业务的服务能力需求，形成通用的算力服务，为客户的业务体验提供基础保障。

/4.2　通算信息感知与通告/

对通算资源的感知与通告是实现通算一体的基石。对算力基础设施进行算力度量之前，需要通过一定的措施获取算力基础设施的多种算力指标和算力基础设施之间的带宽指标，如 CPU 使用率、内存使用率、链路带宽时延等，依据上述指标来综合评定一套算力基础设施的算力大小。通算信息感知是指对算力基础设施的算力资源和算力基础设施之间的链路资源进行探测。此外，当下算力资源的分布逐渐呈现出分布式、泛在化的特点，因此对算力基础设施的感知就不仅局限于个别的设备，而是需要对数量众多的算力基础设施进行感知。在这种情况下，算力基础设施之间需要共享各自感知的算力信息，即通算信息通告，本节将具体介绍通算一体中通算信息感知与通算信息通告的相关技术。

4.2.1　通算信息感知

通算信息感知主要包含两类数据，分别是用户侧算力需求信息（含计算需求信息与网络信息）和服务侧算力供给信息（含计算供给能力信息及网络供给能力信息）[3]。其中，用户侧算力需求信息感知主要依靠面向业务需求的算力度量与建模，当用户的任务到达交易系统时，系统会依据算力度量与建模策略将用户的多样需求统一到一个量纲，以衡量用户侧算力需求的大小。对于服务侧算力供给信息感知，在进行算力资源的交易和调度之前，需要对各算力节点的算力资源和节点间链路资源进行监控和同步，依据服务侧资源信息和上述用户侧算力需求大小做出计算卸载决策，完成资源合理配置的目标。由此可见，算力资源的感知是通算一体网络的基础技术。通算一体网络的远期目标是希望目前泛在的算力节点都可以通过网络分享自己的资源，因此每个算力节点都涉及对自身算力信息的感知和对节点间网络信息的感知两部分。

在节点算力信息感知方面，主要采集的算力节点资源信息包括节点 CPU 主频、逻辑核数、CPU 占用率、内存大小及占用率、磁盘 I/O 速度等。目前有多种方案可以实现不同颗粒度的资源感知。对于节点层面的算力信息感知，可以采用基于 Linux 系统 shell 命令的原生方案，如使用 "cat/proc/cpuinfo" 命令获取本节点 CPU 逻辑核数、CPU 主频、CPU 占用率等信息，使用"df"命令获取本节点磁盘容量和占用率等信息，通过程序定期调用 shell 脚本检测节点资源占用情况，然后捕获相应脚本的返回结果，对结果进行处理从而得到需要的计算和存储资源信息。此外，还可以采用基于第三方工具实现节点资源信息感知的方案，常见的资源监控工具包括 Nmon、Glances 等，均可以实现节点层面的资源监控。然而，如今的服务端架构已经从单体架构逐渐演进到微服务架构，单体应用被拆分成多个微服务，部署在服务器上。为了适应上述变化，提高资源利用率，降低服务成本，算力提供商也会采用 Docker 等容器虚拟化技术将单物理机的资源划分给多个容器虚拟机，以虚拟机为单位对外界提供服务。因此，对节点层面的资源感知已不能满足算力提供商的需求，需要对算力节点实行容器级别细颗粒度的资源监控。目前也有很多能够提供容器级别资源监控的第三方工具，如在谷歌开源的容器编排管理工具 Kubernetes（以下简称 K8s）中，每个节点会通过 Kubelet 模块中的 cAdvisor 完成节点上 Pod 容器的资源监控。

对于节点间网络信息的感知，同样可以采用 Linux 系统提供的原生方案，如使用 ping 命令检测节点间链路往返时延、抖动、丢包等信息；也可以采用第三方提供的链路质量检测工具，如使用 mtr 命令行工具实现链路探测，得到节点间链路时延、抖动、路由转发节点等信息。目前对于节点间带宽的检测主要采用 iperf 工具实现。该工具将被检测的两个节点分别作为客户端和服务端，服务端监听客户端在某个端口的发送流量，由此可以测得客户端带宽的相关信息。然而上述方案的缺陷在于节点间检测带宽时，会发送数据包占用所有带宽资源，影响正常的业务数据传输。对于分布式节点间检测带宽，需要提供一套机制协调各分布式节点链路带宽的检测顺序，从而避免因为带宽资源的检测影响节点的服务。当然，ping 类型的方案容易发生测量路径与实际转发路径不同的情况，因此目前业界正在研究基于 IPv6 分段路由（Segment Routing over IPv6，SRv6）的确定性路径测量与转发方案。

4.2.2 通算信息通告

在通算信息通告的相关研究中，按接入网的传输介质划分，可以将其分为无线接入网通告方案和有线接入网通告方案两大类。在无线接入网中，对传感器网络和机会网络中信息的收集与通告方面有较多相关研究，如用户轨迹分析，通过分析用户在网络中的移动轨迹，可以了解用户的活动范围、停留时间等信息，目前研究方向包括使用地理信息系统（Geographic Information System，GIS）技术、移动轨迹数据挖掘技术，实现对用户轨迹的分析和可视化；频谱感知，通过感知无线信道的频谱占用情况，可以实现频谱资源的有效利用，目前研究方向包括使用智能天线和多载波技术，提高频谱感知的精度和速度；用户定位，通过信息通告功能，可以对用户进行定位，目前研究方向包括使用无线信号强度、时间差测量等技术，实现对用户的精确定位。传感器网络的终端设备大多资源受限、能量受限、通信能力受限，需要考虑如何降低通信开销，延长设备的使用寿命；在机会网络中，终端设备大多具有移动性，网络连接时断时续，需要考虑动态拓扑下的消息通告机制。有线接入网通告方案又可以分成传输层通告方案和网络层通告方案。传输层通告方案以目的节点的 IP 地址和端口号作为数据包的目的地址。相关方案有远程过程调用（Remote Procedure Call，RPC）通信架构、表述性状态传输（Representational State Transfer，RESTful）通信架构等，源节点发送请求数据包，目的节点将本节点的资源消息封装到相应数据包中，返还给源节点，实现消息通告。网络层通告方案以目的节点的 IP 地址作为数据包的目的地址，通过网络层的协议传输资源数据。目前相关研究以扩展路由协议字段携带资源消息为主，如扩展边界网关协议（Border Gateway Protocol，BGP）的 update 消息、开放最短路径优先（Open Shortest Path First，OSPF）协议的路由器链路状态公告（Router Link State Advertisement，Router-LSA）信息等。

在通告网络架构上，目前业界主要有两种通告方案，一种是集中式通告方案，另一种是分布式通告方案。集中式通告方案是基于数据中心软件定义网络控制器的方案，算力设备上报自己的算力信息给中央控制器，由中央控制器负责汇总算力信息和做出卸载决策。分布式通告方案基于电信运营商承载网，复用现有的 IP 网络控制层面分布式协议，如在内部网关中，通过扩展 OSPF 协议来携带算力信息；在外部网关中，通过扩展 BGP 来携带算力信息。然而，通过简单扩展路由协议来完成通告会存在一系列问题，如路由振荡、增大网络开销等。为解决上述问题，有学者提出了一系列改进措施，如在通告数据时采用按需通告，或采用路由过滤策略减少不必要的数据包传输。但是上述扩展路由协议实现通算信息通告的方案仅是短期的过渡方案，业界迫切需要一种可以在降低通告开销的同时加快算力信息收敛速度的分布式通告方案。

图 4-1 展示了实现传输层通告方案的场景。

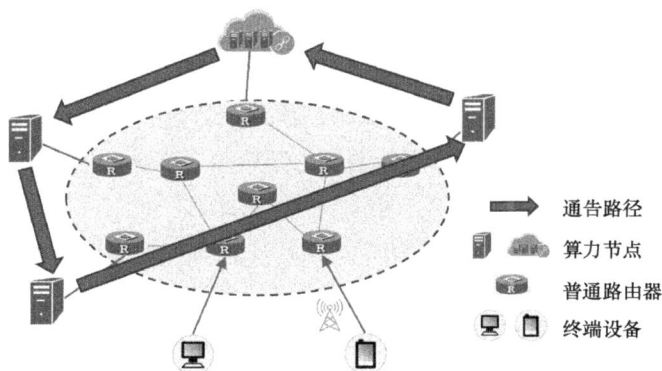

图 4-1　实现传输层通告方案的场景

- 通告路径：即算力网络图同步数据包的转发路径，这里指的是逻辑上的转发路径，即仅考虑源节点和目的节点，不考虑网络层路由器的转发路径。
- 算力节点：泛指具有算力，且在通算一体网络中作为算力提供者的设备，包括但不限于云服务器、MEC 服务器、终端设备等。每个节点都维护一个全网的算力网络图。
- 普通路由器：传统的基于网络层路由协议转发数据包的三层网络设备，基于 IP 数据包报头寻址转发数据包。
- 终端设备：此处特指计算任务的发起者，本身不作为通算一体网络中的算力提供者。

研究场景中的算力节点包括云节点和边缘计算节点，均通过路由器接入网络。每个算力节点都会与其他节点定期通信，获取目的节点的资源信息，更新本地维护的算力网络图。当终端设备发起的计算任务到达时，算力节点依据算力网络图进行任务调度，决定由相邻计算节点处理该任务或者转发至其他空闲计算节点。终端设备作为任务的发起者，会将需要其他算力节点协同计算的任务发送给邻近的算力节点，算力节点经过鉴权、计费后，会依据算力网络图做出计算卸载决策，将任务卸载到合理的目的节点执行。在此场景下，我们可以将通告问题建模成旅行商问题，将算力节点当作城市、同步算力网络图的数据包当作旅行商，算力网络图数据包在各节点间转发，节点转发时会从算力网络图数据包中下载其他节点最新的算力资源消息和网络资源消息，同时也会上传本节点的算力信息和本节点与其他节点的链路资源信息。通过对旅行商问题的求解，可得到时延最短的算力网络图数据包转发路径，缩短算力网络图收敛时间。

图 4-2 展示了实现网络层通告方案的场景，其与传输层最大的区别在于引入了算力网络路由器。该路由器相对于普通路由器，增加了计费鉴权、收集/发布算力网络图和计算卸载决策的功能。算力网络路由器首先从与其相邻的算力节点获取该节点的资源信息，然后将本地的算力网络图通告给其他算力网络路由器，实现全网资源的感知和通告。当终端设备发起的计算任务到达时，算力网络路由器依据算力网络图进行任务调度，决定由相邻计算节点处理该任务或者转发至其他空闲计算节点。终端设备作为任务的发起者，会将需要其他算力节点协同计算的任务发送给邻近的算力节点所在的算力网络路由器，算力网络路由器经过鉴权、计费后，会依据算力网络图做出计算卸载决策，将任务卸载到合理的目的节点执行。

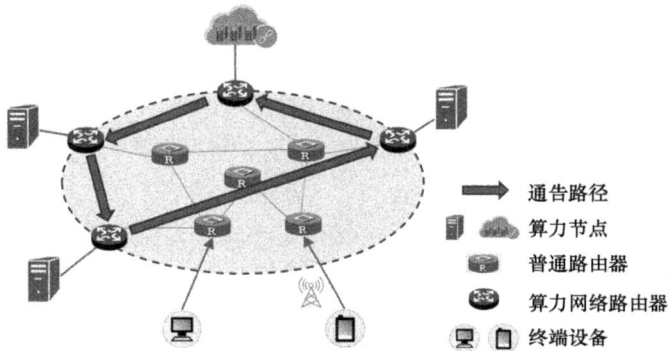

图 4-2　实现网络层通告方案的场景

上述基于扩展网络层控制面能力实现算力通告是一种算网深度融合的方案，有着很多优势，如算力通告的实现下沉到网络层，与应用解耦、平台解耦，提供应用无感知的资源信息同步；无须应用层处理，大大降低数据包的处理时延。

/4.3　资源管理与分配/

当今社会正朝着 6G 移动通信系统的方向发展，各界将充分开发并运用通算一体技术推动 6G 时代的到来。通过信息感知和信息通告，可以得到各个节点的算力资源，获得算力网络图。当有任务需要处理时，就需要进行资源管理与分配，这是通算一体系统管理过程中至关重要的一环。通过算力网络图，可以清楚地知道终端设备、MEC 服务器、云服务器等节点的计算资源，再基于实时感知的计算节点的运行状态和网络链路状态合理地进行资源管理；根据实际情况的性能指标优化生成相对最佳的任务卸载策略，使算力资源使用率最大化，提高通算一体网络的服务体验；同时需要进行服务编排，对计算任务进行算力解构，进一步改善用户的体验。本节将详细介绍资源管理、任务调度和服务编排的具体内容及实施条件。

4.3.1 资源管理

通算一体网络是计算和通信网络深度融合的新型网络架构，以现有的 IPv6 网络技术为基础，通过无所不在的网络连接分布式的计算节点，实现服务的自动化部署、最优路由和负载均衡，从而构建可以感知算力的全新网络基础设施，保证网络能够按需、实时调度不同位置的计算资源，提高网络和计算资源利用率，进一步提升用户体验，从而实现网络无所不达、算力无处不在、智能无所不及的愿景。通算一体系统中的资源管理主要包括算力资源注册，算力运行、管理与维护（Operation, Administration and Maintenance，OAM）（如算力性能监控、算力故障管理），以及网络管理。当前算力资源呈现泛在化部署的趋势，所有的算力节点都需要进行算力注册以便于更好地管理分布式的计算节点及动态地卸载计算任务，计算节点的注册主要包括以下步骤。

（1）当一个计算节点准备在通算一体网络中启动时，算力提供者需要在通算一体网络的算网资源管控相关组件中注册计算节点的参数信息。

（2）算网资源管控相关组件获取计算节点的参数信息，包括芯片类型及算力能力。

（3）每一个计算节点实时更新自己的参数信息，算网资源管控相关组件同步更新已经注册的计算节点的参数信息。

（4）当计算节点不再提供算力资源时，计算节点将被注销。

算力性能监控主要指实时监控算力与算网资源状态，如果当前选择的计算节点的网络链路状态或者计算资源无法满足业务需求，控制器需要重新规划网络路由路径，或者重新选择计算节点。算力性能监控可以优化算力资源调度、改善用户的体验，以及提高算网资源利用率。

算力故障管理可以检测通算一体系统的故障，可以实时感知计算节点的运行状态和网络链路状态，一旦通算一体系统中网络或者计算节点发生故障，可以自动切换到一条新的链路或者一个新的计算节点。

4.3.2 任务调度

通算一体网络中的计算任务调度面临着诸多挑战，首先，通算一体网络中边缘计算节点的算力资源有限；其次，终端设备、MEC 服务器、云服务器通常具有不同的计算能力；最后，泛在部署的计算节点的算力负载状态总是动态地变化。因此，存在以下几个问题有待解决。

- 当多个计算节点可以满足计算任务的需求时，应该选择哪一个计算节点去执行计算任务？
- 当一个计算任务需要大量算力处理时（单个计算节点无法满足该任务的计算需求），如何分割计算任务并卸载到不同的计算节点上进行协同处理？
- 当一个计算任务可以被卸载到域间（端-边-云垂直协同）的几个计算节点时，如何分割计算任务？
- 当一个计算任务可以被卸载到域内（边缘计算节点之间的协同）的几个计算节点时，如何分割计算任务以及如何选择计算节点[4]?

通算一体网络中任务调度的主要目标包括最小化时延、最小化能耗、最大化资源利用率，在通算一体网络中，任务调度问题可以根据应用需求或者系统环境分为上述单目标优化问题或者由上述单目标优化问题组合而成的加权目标优化问题。

- 最小化时延：时延为计算密集型且时延敏感型的新兴应用处理的一个关键性能指标。边缘计算节点可以提供较低的通信时延，但是边缘计算节点的算力通常受限。云服务器拥有较高的计算能力，但是距离较长的链路传输会导致较大的通信时延。在通算一体网络中，端-边-云融合的计算模式有望在保证计算任务算力需求的情况下最小化时延。有学者研究了多用户多任务场景下联合优化服务缓存、计算卸载及资源配置问题，将其建模为一个非凸优化且 NP 困难（NP-hard）的混合整数规划问题，最小化所有用户计算与时延代价的加权和[5]；有学者研究在网络稳定的条件下，联合优化系统的时延与能耗最小化问题[6]；还有学者提出了一个分布式两阶段卸载策略，有效地降低了时延与能耗，并根据应用场景实现时延与能耗的均衡[7]。

- 最小化能耗：能耗也是通算一体网络中任务调度性能的重要参考指标，边缘计算被提出时，有很多学者提出了各种各样的优化模型来最小化能耗，这在未来的通算一体网络中仍然具有重要的参考意义，在传感、任务处理和任务传输中的能耗可以集成到去中心化的传感器选择框架中[8]。

- 最大化资源利用率：通算一体网络存在着严重的负载不均衡问题，任务调度是一种非常有效地解决通算一体网络中负载不均衡问题的方式，与此同时，其还可以提高通算一体网络的资源利用率。有学者设计了端到端的强化学习模型，在保证任务时延的情况下最大化完成的任务数目，同时降低能耗，以优化算力资源配置，使得长期效用最大化[9]。

通算一体网络中针对任务调度的优化策略研究也是一项极其重要的工作，优化任务调度策略将改善算力使用者的体验及算网资源的利用率。通算一体网络中的任务调度通常发生在通算一体网络的不同位置，包括智能终端设备、MEC 服务器及云中心[10]。因此，针对计算位置，通算一体网络中的任务调度有以下几种情况，计算任务从终端设备被调度至终端设备，从终端设备被调度至 MEC 服务器，从 MEC 服务器被调度至 MEC 服务器，从终端设备被调度至云服务器，从 MEC 服务器被调度至云服务器[11-14]。基于计算任务是否可以分割的特性，任务调度有以下几种执行模式，在计算卸载研究之初，通常只考虑完全卸载模式[15]，即计算任务不能够被分割；在最近的研究工作中，一些计算任务需要巨大的算力资源，以至于不能够在单一的计算节点进行处理，因此，许多学者开始研究部分计算卸载，即计算任务可以被分割成多个子任务进行并行处理，文献[13]在异构雾计算网络中提出了一种针对可分割任务的并行计算模式。通算一体网络可以选择合适的卸载模式，从而动态、按需地分配算网资源。

同时，针对任务调度已经有一些可行的优化算法，包括凸优化算法、博弈论及深度强化学习，任务调度问题可以在电池容量、算力资源、网络带宽的约束下被建模为最大化或者最小化问题；博弈论也是研究优化问题的有效工具，有学者利用博弈论有效地解决了任务卸载问题[16]，还有学者基于博弈论提出一种分布式任务调度算法，以便用户可以独立地进行卸载决策[11]；深度强化学习也是一种非常有效的任务调度优化方法，可以避免传统优化方法的低效性，有学者基于深度强化学习提出了一种在车联网中优化计算卸载与资源配置的方法[17]。

4.3.3　服务编排

通算一体网络基于云原生技术实现上层应用与底层资源的完全解耦，通算一体网络中可以基于 K8s 进行资源编排与服务编排[18]，在 K8s 中可以使用 Service 对内暴露服务，也可以基于 Ingress 对外暴露服务，基于 K8s 的服务编排如图 4-3 所示，不同的微服务可以部署到不同的 Pod 上并处于运行时，在通算一体网络中，可以基于业务监控模块采集历史用户请求信息，基于 LSTM 等人工智能预测算法，预测未来一段时间算力任务请求与位置分布之间的关系，进而预先进行服务编排与资源配置，提高算力资源利用率和网络效率。

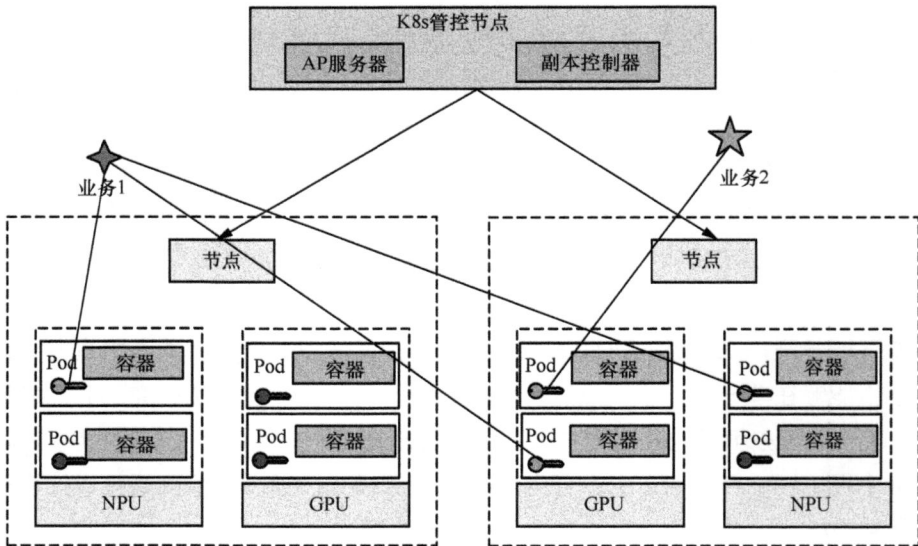

图 4-3　基于 K8s 的服务编排

在通算一体网络中，基于云原生使能的微服务架构执行业务请求，需要对计算任务进行算力解构，即将一个完整的计算任务基于一定的业务运行逻辑分解成多个微服务，服务解构示意图如图 4-4 所示，一个应用可以被分解成 7 个不同的微服务，微服务之间存在一定的依赖关系，每一个微服务可以独立部署，在通算一体网络中通过对服务的一体化编排可以缩短任务的处理时延，提高算网资源的利用率。

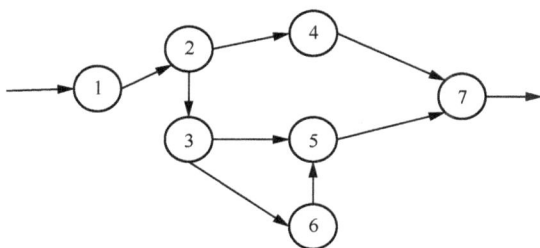

图 4-4　服务解构示意图

/4.4　算力路由转发/

　　通算一体网络中需要基于算力资源路由表为用户业务分配算力资源和网络资源，与传统网络的路径选择策略不同的是，传统网络的路径选择只是基于网络拓扑结构和网络链路质量确定最佳的网络路由路径，在通算一体网络中需要融合考虑网络链路质量与算力节点资源状态，进而确定选路策略。如图 4-5 所示，存在资源池 C1、C2、C3，用户发起一个计算任务请求，如果采用基于路径最优的选路策略，计算任务将经过 2.1→2.2 路由至资源池 C2，这样，资源池 C2 的故障将导致计算任务无法按时顺利完成；如果采用基于资源管理的优化策略，则会选择距离最近的资源池 C1，这样，到达资源池 C1 的网络发生故障也将导致计算任务产生丢包；在通算一体网络中，算力路由策略的制定需要同时基于算力资源信息和网络链路质量，这样，计算任务可以通过 3.1→3.2→3.3→3.4 到达资源池 C3，顺利完成任务。具体联合路径与资源选择算法可以基于图论或者深度强化学习算法进行优化。

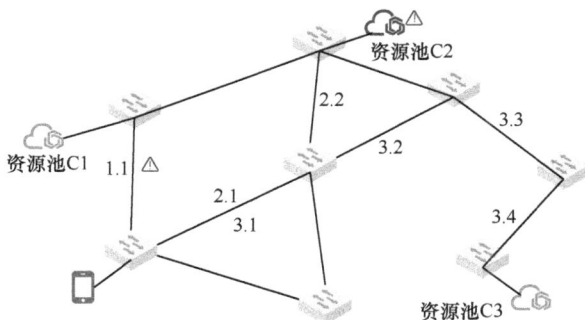

图 4-5　算力路由策略

SRv6 是一种基于 IPv6 转发平面的分段路由技术，其结合了 SR 源路由优势和 IPv6 简洁易扩展的特质，采用现有的 IPv6 转发技术，通过灵活的 IPv6 扩展头，实现网络可编程。通算一体网络中路由转发的主要目的是解决"去哪里"和"做什么"的问题，因此，通算一体网络转发平面的报头需要同时封装 IP 路由和算力服务路由。应用程序需求与网络转发路径之间的匹配与映射将在通算一体网络的网关处完成，这样，任务报文可以基于 SRv6 进行显式地转发，基于 SRv6 的算力路由转发过程如图 4-6 所示，具体包括以下步骤。

（1）在整个通算一体网络中通告算网信息，生成算力路由信息表。

（2）用户发送首个携带任务需求信息的报文至通算一体网络入口网关 R1。

（3）入口网关 R1 基于路由信息表完成用户 IP 地址段标识符前缀（Segment Identifier Prefix，SIP）与目的服务标识段标识符（Segment Identifier，SID）1 之间的映射，确定最佳路径 R1→R2 与计算节点资源池 C1，分配出口节点 R2。

（4）计算节点将任务的处理结果基于步骤（3）中相同的策略返回至用户设备。

（5）～（6）剩余的报文根据转发信息表进行直接转发。

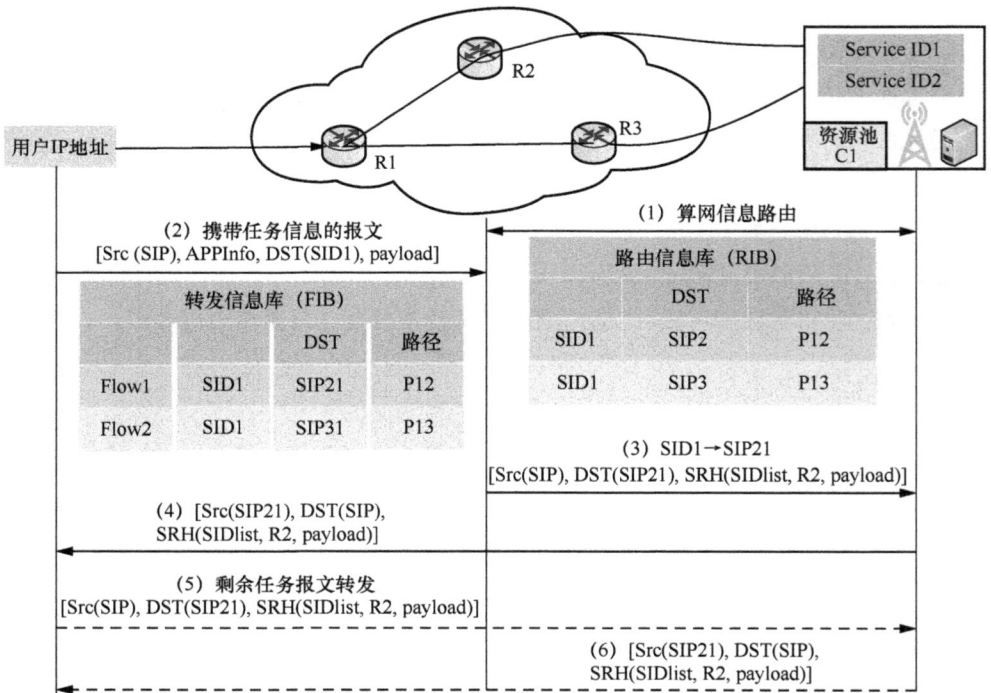

图 4-6　基于 SRv6 的算力路由转发过程

/4.5 隐私与安全/

当今社会，人们对信息安全越来越重视，但随着科技的快速发展，个人信息的泄露存在更多可能性。人们对隐私与安全的需求非常迫切，通算一体网络也将面临这一问题。相比传统的通信网络，通算一体网络的安全问题主要表现在 3 个方面：一是原生数据在通算一体网络中占据重要位置，数据维护的安全性存在很大的风险；二是终端设备、边缘计算设备的分布式部署，导致通算一体网络中对于设备的安全管理存在很大的难度，如设备容易被攻击或者接入不可信设备；三是通算一体网络架构中引入算力感知、算力通告、算力路由、算力调度等新的网元，这些网元势必将承载一定的安全风险。本节将从隐私计算和内生安全两部分讲述通算一体网络中的安全技术。

4.5.1 隐私计算

隐私计算是指在数据不泄露的前提下，对数据进行分析计算，实现数据价值的转化和释放，达到对数据"可用、不可见"的目的，目前主流的隐私计算主要分为 3 种：一是基于密码学的多方安全计算，在无可信第三方的情况下，多个参与方共同计算一个目标函数，并保证每一方仅获取自己的计算结果；二是联邦学习，在不上传本地数据的情况下，通过对中间加密数据的流通与处理来完成多方联合的机器学习模型训练[19]；三是可信执行环境，通过软硬件方法在中央处理器中构建一个安全的区域，保证中央处理器内部加载的数据和程序的机密性和完整性。

在通算一体网络中，金融、医疗、交通、政企等行业的大量数据包含着个人隐私数据、敏感数据及机密数据，隐私保护是通算一体网络实现应用的重要基础，基于联邦学习的隐私计算如图 4-7 所示，通算一体网络中，基于联邦学习可以充分利用分布式的个性化数据协同训练模型[20]，同时避免传统机器学习模型将用户数据上传至云服务器集中训练导致数据泄露的风险，借助通算一体网络，可以清除"数据孤岛"，实现位于不同位置或者不同数据拥有方的大数据协同处理。

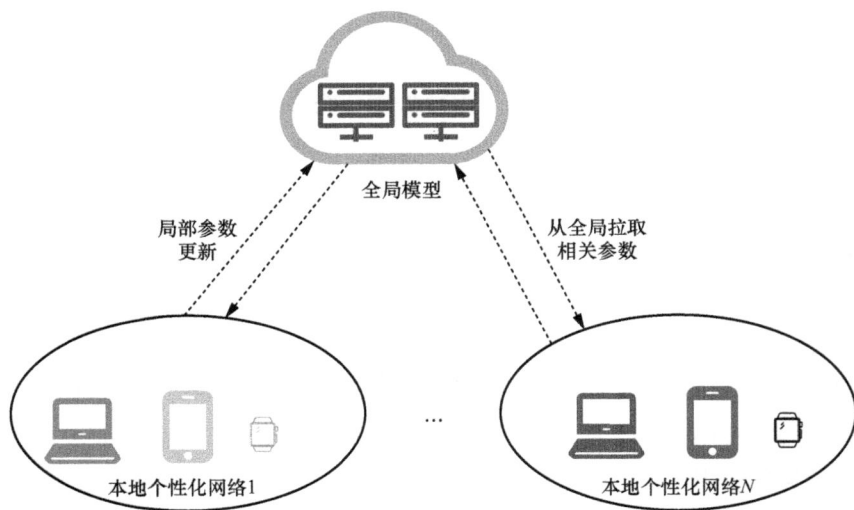

图 4-7　基于联邦学习的隐私计算

4.5.2　内生安全

通算一体网络深度赋能垂直行业的数字化转型，深度融入金融、交通、政企等领域，算力基础设施、网络基础设施、行业大数据的价值与日俱增，这也导致通算一体网络被攻击的风险大幅增加。为解决通算一体网络的内生安全问题，早在 2019 年中兴通讯就提出基于免疫的算网内生安全能力体系，建立算网统一身份与信任评估体系。其中，算网统一身份需支持唯一性标识，保证算力设备不可伪造且可存证溯源；信任评估可以基于算力设备的身份、历史行为等因素建立信用评价模型，保证通算一体网络的基本安全。在此基础之上，还需要考虑算网边界安全、算网网元安全及算网全网安全管理。

- 算网边界安全：需要对所有接入通算一体网络的算力节点、网元节点进行统一纳管，从而可以及时识别并防范恶意节点的接入。算网边界安全管控需要基于身份标识、加密、区块链等技术进行算网接入认证。
- 算网网元安全：算网网元安全是通算一体网络安全风险控制的第二道防线，以算网资源调度网元为例，其不仅需要识别恶意的算力任务请求，还需要监控算网资源的恶意消耗风险。
- 算网全网安全管理：算网全网安全管理是保证通算一体网络系统智能化、

动态化稳定运行的核心，基于算网边界安全能力、算网网元安全能力，形成通算一体网络全网协同的智能安全体系。

/ 4.6　本章小结 /

本章介绍了通算一体的关键技术，首先介绍了面向基础设施的算力度量、面向业务需求的算力建模及算力等级划分，然后介绍了通算信息感知和通算信息通告技术，在上述技术的基础之上进行资源管理、任务调度、服务编排，实现弹性、动态的算网资源一体化管控，并详细介绍了算力路由转发技术，最后分析了 6G 时代通信与算力融合的隐私计算及内生安全问题。

/ 参考文献 /

[1]　李建飞, 曹畅, 李奥, 等. 算力网络中面向业务体验的算力建模[J]. 中兴通讯技术, 2020, 26(5): 34-38,52.

[2]　中国通信学会. 通感算一体化网络前沿报告[R]. 2021.

[3]　SUN Y K, LEI B, LIU J L, et al. Computing power network: a survey[J]. arXiv preprint, 2022, arXiv:2210.06080.

[4]　SUN Y K, ZHANG X. A2C learning for tasks segmentation with cooperative computing in edge computing networks[C]//Proceedings of the GLOBECOM 2022-2022 IEEE Global Communications Conference. Piscataway: IEEE Press, 2022: 2236-2241.

[5]　ZHANG G L, ZHANG S, ZHANG W Q, et al. Joint service caching, computation offloading and resource allocation in mobile edge computing systems[J]. IEEE Transactions on Wireless Communications, 2021, 20(8): 5288-5300.

[6]　PENG J, QIU H B, CAI J, et al. D2D-assisted multi-user cooperative partial offloading, transmission scheduling and computation allocating for MEC[J]. IEEE Transactions on Wireless Communications, 2021, 20(8): 4858-4873.

[7]　LIAO Z F, PENG J S, HUANG J W, et al. Distributed probabilistic offloading in edge computing for 6G-enabled massive Internet of Things[J]. IEEE Internet of Things Journal, 2021, 8(7): 5298-5308.

[8]　GUPTA V, DE S. An energy-efficient edge computing framework for decentralized sensing in WSN-assisted IoT[J]. IEEE Transactions on Wireless Communications, 2021, 20(8): 4811-4827.

[9]   ALE L H, ZHANG N, FANG X J, et al. Delay-aware and energy-efficient computation of-floading in mobile-edge computing using deep reinforcement learning[J]. IEEE Transactions on Cognitive Communications and Networking, 2021, 7(3): 881-892.

[10] ZHENG T, WAN J, ZHANG J L, et al. A survey of computation offloading in edge compu-ting[C]//Proceedings of the 2020 International Conference on Computer, Information and Telecommunication Systems (CITS). Piscataway: IEEE Press, 2020: 1-6.

[11] ZHAN Y F, GUO S, LI P, et al. A deep reinforcement learning based offloading game in edge computing[J]. IEEE Transactions on Computers, 2020, 69(6): 883-893.

[12] NING Z L, DONG P R, WANG X J, et al. Partial computation offloading and adaptive task scheduling for 5G-enabled vehicular networks[J]. IEEE Transactions on Mobile Computing, 2022, 21(4): 1319-1333.

[13] LIU Z N, YANG Y, WANG K L, et al. POST: parallel offloading of splittable tasks in heter-ogeneous fog networks[J]. IEEE Internet of Things Journal, 2020, 7(4): 3170-3183.

[14] NING Z L, DONG P R, KONG X J, et al. A cooperative partial computation offloading scheme for mobile edge computing enabled Internet of Things[J]. IEEE Internet of Things Journal, 2019, 6(3): 4804-4814.

[15] YANG Y, LIU Z N, YANG X M, et al. POMT: paired offloading of multiple tasks in hetero-geneous fog networks[J]. IEEE Internet of Things Journal, 2019, 6(5): 8658-8669.

[16] CHEN X, JIAO L, LI W Z, et al. Efficient multi-user computation offloading for mo-bile-edge cloud computing[J]. IEEE/ACM Transactions on Networking, 2016, 24(5): 2795-2808.

[17] WANG J F, LV T J, HUANG P M, et al. Mobility-aware partial computation offloading in vehicular networks: a deep reinforcement learning based scheme[J]. China Communications, 2020, 17(10): 31-49.

[18] LIU J L, SUN Y K, SU J Q, et al. Computing power network: a testbed and applications with edge intelligence[C]//Proceedings of the IEEE INFOCOM 2022 - IEEE Conference on Computer Communications Workshops (INFOCOM WKSHPS). Piscataway: IEEE Press, 2022: 1-2.

[19] ZHANG Y S, ZHANG X, CAI Y Z. Multi-task federated learning based on client scheduling in mobile edge computing[C]//Proceedings of the 2022 IEEE/CIC International Conference on Communications in China (ICCC). Piscataway: IEEE Press, 2022: 185-190.

[20] CAO Q M, ZHANG X, ZHANG Y S, et al. Layered model aggregation based federated learning in mobile edge networks[C]//Proceedings of the 2021 IEEE/CIC International Con-ference on Communications in China (ICCC). Piscataway: IEEE Press, 2021: 1-6.

第 5 章

通算一体系统

本章首先介绍了通算一体系统中的五大关键内容：通算一体信道、通算一体协议、通算一体设备、通算一体管控以及通算一体服务，分别分析了其定义和目前产业界中的典型案例；随后，介绍了 6G 中的通算一体系统–算力专网的概念，为在 6G 中引入算力提供创新思路；最后，分析了衡量通算一体系统所需要的相关指标，为后续 6G 通算一体的研究提供了重要的理论依据。

为了实现 6G 网络功能并为 6G 时代的新型业务提供高效的通信计算服务，产业界从通算一体信道、通算一体协议、通算一体设备、通算一体管控、通算一体服务 5 个方面着手开展工作，通算一体网络关键技术与功能模块如图 5-1 所示。本章将对这 5 个方面进行概念解释并介绍典型的研发案例。

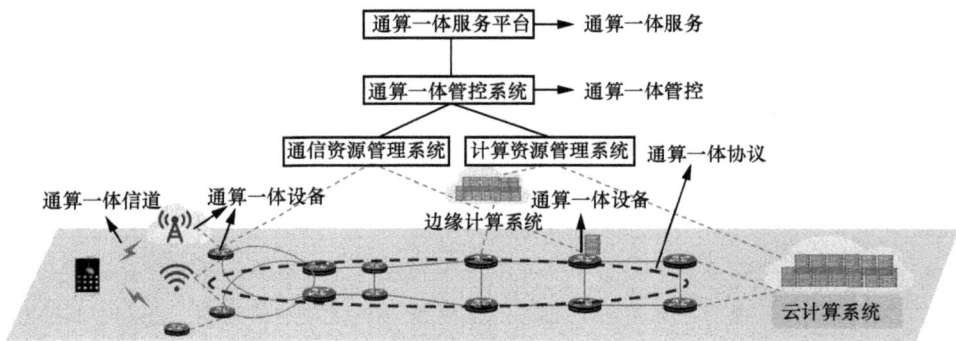

图 5-1　通算一体网络关键技术与功能模块

/5.1　通算一体信道/

通算一体信道是指利用传统无线信道的叠加特性，在数据空口侧进行传输的过程中直接进行计算。通算一体信道可以在通信容量受限的计算场景下，减少先传输再计算造成的传输时延，同时由于终端数据在传输到数据中心之前进行过预处理，在一定程度上保护了用户原始数据的安全，避免了用户信息泄露。

目前，与通算一体信道相关的研究主要集中在空中计算（Over-the-Air Computation，OAC）。借助空中计算可以对终端节点进行数据聚类处理，处理后的结果传输到边缘计算节点进行再处理，分级架构有利于减轻海量物联节点剧增给网络带来的压力。另外，借助空中计算可以部署诸如联邦学习等人工智能应用，进行大规模数据分析。例如，可以采用模型参数传输替代原始海量数据传输，不仅减轻了通信资源受限场景的数据传输压力，而且降低了隐私数据泄露的风险。通过在 6G 网络中引入空中计算技术，能够实现 6G 网络的智能内生特性，加速 6G 网络智能化演进进程。但由于现有无线信道的计算功能有限，通算一体信道相较于普通计算场景具有局限性，主要适用于需要进行大量加减、求极大极小值等场景。

空中计算是指利用无线多址信道的信号叠加特性来计算数学函数的技术。OAC 的独特之处在于，网络中边缘计算设备（如智能手机、笔记本计算机、平板电脑、车辆或传感器）上的本地数据不是通过正交信道获取然后在融合节点执行计算任务，而是利用信息同时传输产生的干扰来进行计算任务的处理[1]。考虑在一个融合节点（如基站或接入点的 MEC 服务器）上计算函数的例子。在通信和计算任务分离的情况下，通过正交信道（如时分多址或频分多址信道）接收到所有符号后，在基站计算函数，如图 5-2（a）所示。如果使用 OAC，设备将自身结果叠加在同一资源块内，采用非正交共享模式同时发送，基站侧即可接收到复合信号，如图 5-2（b）所示。如果设备能够对发送的函数符号进行预处理（类似通信过程中的预编码），那么经过空中复合后，基站得到的复合信号就是这些符号的加权和、算术平均、几何平均等具体数值。这样无线资源仅被消耗一次。在这个例子中，MEC 服务器对本地信息不感兴趣，只对它们的函数符号感兴趣。OAC 通过减少节点计算量来降低通信时延并解决频谱拥塞问题。OAC 颠覆了传统处理计算和通信任务的独立处理方式。

OAC 也将为未来 6G 无线通信中通感一体化的应用场景提供技术支持。融合了感知能力的无线通信系统将提供广域的、多维度的高精度感知服务，同时需要部署大量的物联传感设备。大规模部署的物联传感设备需要将单体感知结果上传到汇聚节点，并由汇聚节点进行计算判断，从而得到准确的环境感知信息，如图 5-3 所示。

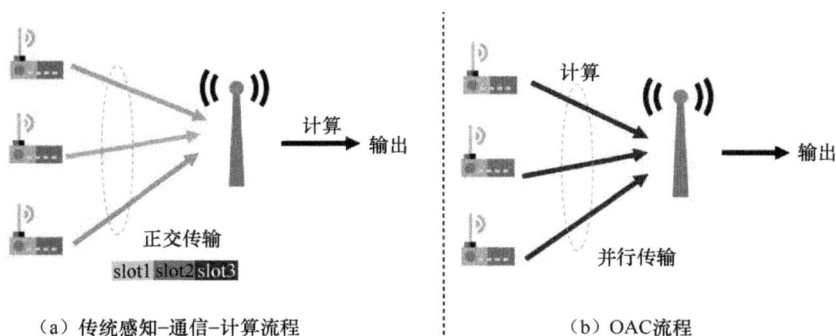

（a）传统感知-通信-计算流程　　　　　（b）OAC 流程

图 5-2　传统感知-通信-计算流程与 OAC 流程的对比

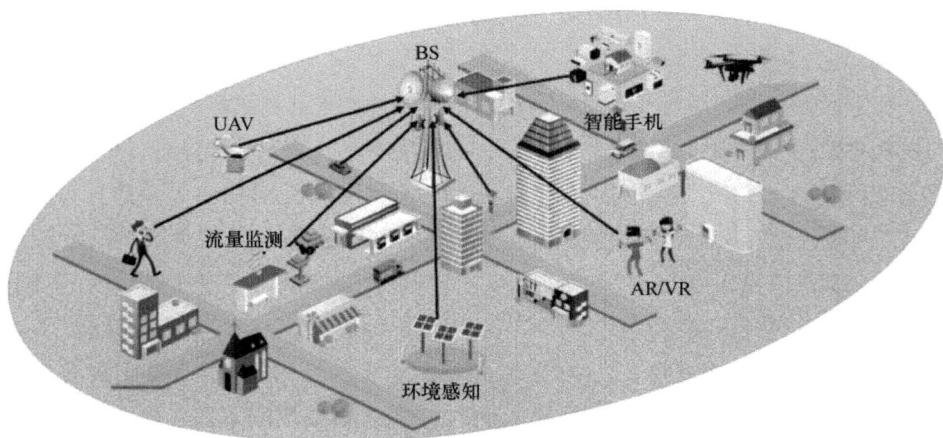

图 5-3　基于空中计算的 6G 物联通感算系统

OAC 通过在无线信道上直接进行聚合计算，特别适用于无线传感器网络和物联网场景中的数据聚合和分布式计算任务。这项技术的主要优势如下。

- 降低通信开销：OAC 通过在空中直接对多个传输的数据进行聚合计算，减少了需要传输到数据中心的数据量，从而可以显著降低通信开销。

- 降低通信时延：与传统的先通信后计算的方法相比，OAC 能够实现更低的数据处理时延，因为数据聚合是利用信号传输直接实现的，适用于时延敏感的应用场景。

- 降低网络设备能耗：通过减少需要传输的数据量，OAC 有助于降低无线传感设备的能耗，延长其运行时间，这对于使用电池供电的设备尤其重要。

- 增强网络鲁棒性：由于 OAC 采用分布式数据处理方式，数据聚合并不完全依赖于单个节点或网络连接，OAC 在一定程度上具备网络抗毁能力。

- 提高数据安全性：由于数据在传输过程中就被聚合，因此中心服务器收到的是聚合后的数据信息而不是单个节点的信息，这有助于保护单个节点原始数据的隐私。

- 支持大规模部署：OAC 适合于大规模的传感器网络和 IoT 应用，因为它能有效处理来自大量设备的数据聚合，而不会因设备数量增加而显著增加网络负担。

Nazer 等[2]在 2007 年首先提出了利用多址信道进行计算这一概念，并针对固定的多对一函数给出了理论界限。随后，Jeon 等[3]证明了 OAC 可以达到一个比通信和计算任务分离情况更高的系统可达速率。起初，OAC 被用于解决干扰信道中的通信问题，如物理层网络编码、计算并转发中继策略及无线传感器网络，以解决网络加速和多址信道传感器读数的问题。近年来，学者利用 OAC 技术提升计算速率、减少计算错误或支持大规模部署的先进技术，研究方向集中于功率控制、空间复用、信道反馈等[4]。

OAC 通过调整发射机的传输功率来实现信道反转，以实现接收器处的幅度对齐。然而，当一个或多个节点信道在经历深度衰落时，直接通过幅度对齐约束调整发射功率可能会放大信道噪声的负面影响，从而导致 OAC 错误。因此，OAC 的最佳功率控制策略需要根据多用户信道状态来调整[5]。

一些新兴的无线数据聚集应用具备时延敏感或数据密集的特性。为了支持这类应用，可以通过空间复用来加速 OAC。许多研究聚焦在如何设计聚合波束成形，以实现多天线多用户信号的同时聚合，从而并行接收功能性数据流。

服务器进行 OAC 需要获取上行链路的信道状态信息（Channel State Information，CSI）。传统获取 CSI 的方法是让服务器按顺序估计各个信道或设备，利用信道互易性反馈 CSI。然而，当设备众多时，这可能会导致过度的时延和开销。此时，应用 OAC 技术能够加速 CSI 反馈过程，同时获取 CSI 的开销将与系统中设备数量无关。

/5.2　通算一体协议/

通算一体协议通过扩展传统的通信协议来携带算力信息，充分利用通信资源，将通信及算力信息在网络中进行分发、路由，实现通信计算资源的最佳选择。

目前最为典型的通算一体协议是算力路由协议。目前，对该协议的研究主要聚焦于 IP 承载网，它将算力资源信息注入路由表，生成一种"通信+计算"的新型路由表，使算力信息成为选路的关键因素之一；再基于用户的多样化业务请求，通过通信、计算联合路径计算，按需动态生成业务调度策略。算力路由通过网络协议携带算力信息的方式同样适用于核心网。通过扩展核心网与基站之间的通信协议，利用核心网对基站的管控能力实现对基站算力资源信息的获取、调配及使用。算力信息往往会随着业务变化而动态更新，算力信息的刷新频率将远高于路由信息变化的频率，如果简单将算力信息和网络信息融合在同一个协议中，将会引发比较严重的路由振荡问题，从而造成大量带宽和计算资源浪费，甚至影响网络正常工作。因此，在使用通算一体协议的过程中还需制定相关策略（如路由分级）来保证通算一体技术的可实施性。

根据不同应用场景和需求，算力路由协议可以基于内部网关协议（Interior Gateway Protocol，IGP）、边界网关协议（Border Gateway Protocol，BGP）等多种网络协议进行扩展，下面介绍一种目前已经完成试点验证的算力路由协议——算力边界网关协议（Computing Power-Border Gateway Protocol，CP-BGP）。

BGP 是一种在自治系统（Autonomous System，AS）之间的动态路由协议。BGP 主要利用路径属性和各种配置选项支持复杂路由策略，进而控制路由的传播和路由的选择。BGP 具备非常强大的扩展性，因此成为许多大型网络（包括 Internet）的核心路由协议。现代大型网络为了满足大量业务的需求，通常需要支持除 IPv4 单播之外的其他协议，如多播、IPv6、多协议标签交换（MPLS）及虚拟专用网（VPN）。而 BGP 的多协议扩展新增了多协议可达 NLRI（Multiprotocol Reachable NLRI）和多协议不可达 NLRI（Multiprotocol Unreachable NLRI）两个新属性，从而可以完成对各种协议的集成，形成对不同协议的路由控制和选择。基于 BGP 强大的多协议扩展能力，可以利用 BGP update 报文中的路径属性预留字段 TLV 格式来扩展传递算力信息和通信信息，这种扩展的 BGP 就是 CP-BGP。

RFC 4271 中定义的 BGP update 报文格式如图 5-4 所示。CP-BGP 需要在 BGP/BGP4+ update 报文中定义新的 Path Attributes 来承载通信计算信息，这种新定义的属性称作算力路由属性（CRA）。该属性可以支持感知、通告算力节点的 IPv4/IPv6 地址、算力信息和通信信息等。

0 1 2 3 4 5 6 7 8 9 0 1 2 3 4 5	6 7 8 9 0 1 2 3 4 5 6 7 8 9 0 1
撤销路由长度	撤销路由（长度可变）
总路径属性长度	路径属性（长度可变）
网络层可达信息（长度可变）	

图 5-4　RFC 4271 中定义的 BGP update 报文格式

按照 RFC 4271 的标准要求，Path Attributes 类型占 2 个字节，并且分为 Attr.Flags（属性标签）和 Attr.Type Code（属性类型值）两个字段。算力路由属性的类型格式定义如图 5-5 所示。

0	1	2	3	4	5	6	7	8	9	0	1	2	3	4	5
O	T	P	E	未使用				0	1	0	0	0	0	0	0

←――――Attr.Flags――――→ ←――Attr.Type Code=64――→

图 5-5　算力路由属性的类型格式定义

算力路由属性中 Attr.Flags 的 O、T、E 这 3 个比特位应置为 1。（O = 1,T = 1）表示该属性为可选且需传递的属性，即不识别该属性的设备仍会接收该属性，并将其转发给其他 BGP 对等体；E = 1 表示属性的 length 扩展为 2 个字节。

算力路由属性的类型值可以设为 64，即 Attr.Type Code = 64。目前因特网编网分配机构（Internet Assigned Numbers Authority，IANA）和因特网工程任务组（Internet Engineering Task Force，IETF）等标准组织只分配使用了类型值 1～40、128、129、241～243，如 IANA 和 IETF 中 Attr.Type Code = 64 被用于其他属性的定义，可进行相应调整，或者与 IANA 或 IETF 协商后再调整。图 5-6 所示为算力路由属性格式，其中各字段含义如下。

0 1 2 3 4 5 6 7	8 9 0 1 2 3 4 5	6 7 8 9 0 1 2 3 4 5 6 7 8 9 0 1
Attr.Flags=(O,T,E)	Attr.Type Code=64	Attr.Length
算力网关的Router ID		
算力节点IP地址（由AFI/SAFI确定）		
算网信息的总长度		
算网信息选项（长度可变）		

图 5-6　算力路由属性格式

（1）算力网关的 Router ID

算力网关上配置的 BGP Router ID 表示该算力路由属性的来源，占用 4 个字节，为必填字段。

（2）算力节点 IP 地址

算力节点 IP 地址表示算力节点中可为用户提供算力服务的算力资源 IP 地址。该算力资源形态包括但不限于云主机、服务器、终端等。该字段在 BGP4 的 update 报文中为 IPv4 地址，占用 4 个字节，而在 BGP4+的 update 报文中为 IPv6 地址，占用 16 个字节。可通过 BGP 邻居的地址族标识符/后续地址族标识符（Address Family Identifier/Subsequent Address Family Identifier，AFI/SAFI）来判断地址的类型和长度。

（3）算网信息的总长度

算网信息的总长度表示算力信息和网络信息的内容总长度，占用 2 个字节。

（4）算网信息选项

算网信息选项由若干个 TLV<type, length, value>三元组组成，定义 type 占 1 个字节，length 占 1 个字节，value 的长度取决于 length。

算力信息的类型值定义如表 5-1 所示。

表 5-1　算力信息的类型值定义

类型值（type）	选项含义	选项长度（length）
0x01	浮点运算能力	32bit
0x02	内存容量	32bit
0x03	存储容量	32bit

网络信息的类型值定义如表 5-2 所示。

表 5-2　网络信息的类型值定义

类型值（type）	选项含义	选项长度（length）
0x11	时延	16bit
0x12	带宽	16bit
0x13	抖动	16bit
0x14	丢包率	8bit

5.3　通算一体设备

相较于传统设备计算与通信分离的形态，通算一体设备兼顾通信与计算两种属性，能够完成计算和通信两种功能或能够携带计算和通信两种信息。通算一体设备的实现需要服务器的强大性能支持及通信网元的云化。

目前典型的通算一体设备包括算力网关、算力基站等。以算力网关为例,它通过携带计算节点的算力信息,实现对算力资源信息的感知,完成基于算力因子的选路工作。算力基站将算力与传统的基站能力共同设置在同一个物理设备上,真正地从设备形态上减少了数据传输时延。由于通算一体设备的架构设计与传统设备相比具有巨大改变,因此在实际应用时会涉及大量现网设备的更新,高昂的应用成本会成为一个潜在的挑战。因此通算一体设备在研究设计时应考虑设备的制造成本,以及与现有网络的兼容性。

1. 算力网关

算力网关通过网络控制面分发服务节点的算力、存储、算法等资源信息,结合当前的计算能力状况和网络状况作为路由信息发布到网络,将计算任务报文路由到合适的计算节点,以实现整体系统最优和用户体验最优;力图打破传统网络的界限,将网络传送能力与信息技术(IT)的计算、存储等基础能力更好地结合起来,实现整网资源的最优化配置和使用,推动网络从"泛在连接能力平台"向"融合资源供给平台"升级。算力网关设备基于白盒交换设备,将网络中的物理硬件和网络操作系统(Network Operating System,NOS)解耦,让标准化的硬件配置与算力网络相关协议进行组合匹配。与传统的思科、华为等品牌交换机的概念不同,传统的黑盒设备(也就是品牌交换机)从软件到硬件都是完全封闭开发的,因此黑盒设备的封闭式架构给功能扩展带来不小的阻碍。而白盒交换机是一种软硬件解耦的开放网络设备,通常与软件定义网络(SDN)一起使用,具有灵活、高效、可编程等特点,极大地方便了算力网络相关协议的部署。算力网关设备整体架构如图 5-7 所示,主要分为硬件和软件两部分,其中硬件主要包括交换芯片、CPU 芯片、网卡、存储和外围硬件等,软件主要包括算力网关操作系统及其搭载的网络应用。

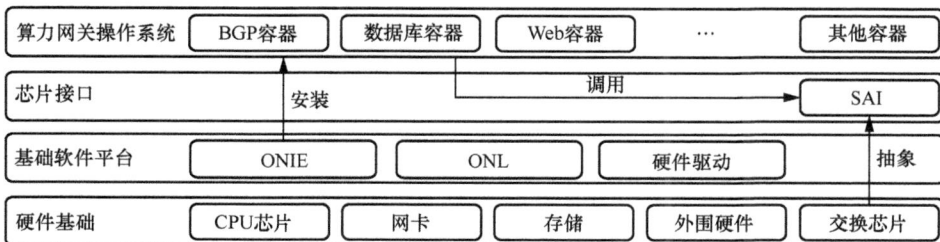

图 5-7 算力网关设备整体架构

（1）硬件基础

硬件基础是算力网关系统运行的物理基础，主要由 CPU 芯片、网卡、存储、外围硬件和交换芯片等构成。

- CPU 芯片是对计算机的所有硬件资源（如存储器、输入输出单元）进行控制调配、执行通用运算的核心硬件单元，主要管控系统运作。
- 网卡是一个用来允许计算机在网络上进行通信的硬件，分为用于设备管理的管理网卡和用于网关设备与网络中其他设备进行物理连接的业务网卡。
- 存储主要包括内存和硬盘，用于存储设备应用数据。
- 外围硬件主要包括风扇、电源等用于维持设备正常运行的其他基础硬件。
- 交换芯片主要提供高性能和低时延的交换能力，是算力网关的核心芯片，用于转发数据，决定了算力网关的性能。交换芯片负责交换机底层数据包的交换转发，是算力网关最核心的硬件。

目前，算力网关支持 Broadcom、Barefoot 主流芯片的白盒交换机设备和基于 Intel 架构的通用服务器，并实现了与国产盛科（Centec）交换机芯片的适配。

（2）基础软件平台

基础软件平台主要包括开源网络安装环境（Open Network Install Environment，ONIE）、开源网络 Linux（Open Network Linux，ONL）和硬件驱动。

- ONIE 为算力网关提供了一个开放的安装环境,实现了网关硬件和网络操作系统的解耦，支持在不同厂商的硬件上引导启动算力网关操作系统。当使用 ONIE 的设备首次启动时，引导加载程序会启动内核来运行 ONIE 发现和执行（ONIE Discovery and Execution，ODE）程序。针对 ODE，可以通过本地文件、动态主机配置协议（Dynamic Host Configuration Protocol，DHCP）、IPv6 邻居、多播 DNS/DNS 服务发现（Multicast DNS/DNS Service Discovery，MDNS/DNS-SD）等方式来定位和下载（通过超文本传输协议（Hypertext Transfer Protocol，HTTP）或文件传输协议（File Transfer Protocol，FTP））操作系统安装程序，一旦找到就会运行该程序。
- ONL 建立在开放网络硬件上，向网关系统提供基础操作系统，为交换硬件提供管理接口。它通过 ONIE 安装到板载闪存中。标准 ONL 发行版中的组件包括 Debian Linux 内核、一组设备驱动程序、安装脚本和具有 net-boot 功能的零接触网络启动加载程序，并针对各种裸机交换设备定制了增强的网络启动功能。
- 硬件驱动是一种软件程序，用于管理和控制算力网关系统内部或外部的硬件设备。硬件驱动在系统和硬件之间起到桥梁的作用，负责将硬件设备的输入和输出转换成操作系统可以理解的格式，确保硬件能够正常工作并与系统进行通信。

（3）芯片接口

交换机抽象接口（Switch Abstraction Interface，SAI）是一种标准化的 API，涵盖多种功能，可以看作用户级的驱动。使用者不需要担心硬件厂商的约束，不用关心其底层的交换芯片、网络处理单元或其是不是一个软件交换机，都可采用统一的方式进行管理适配。这可以大大简化芯片厂商的软件开发工具包（Software Development Kit，SDK）。SAI 本质就是在各专用集成电路（Application Specific Integrated Circuit，ASIC）的 SDK 之上再做一层统一的抽象，芯片厂商研发的 ASIC 的 SDK 需要与这层抽象进行适配，使得转发应用能够在不同的 ASIC 上运行。SAI 向上为 NOS 提供了统一的 API，向下可以对接不同的 ASIC。使用者不需要关心网络硬件供应商的硬件体系结构的开发和革新，通过始终一致的编程接口就可以很容易地应用最新最好的硬件。由于使用了 SAI，算力网关具有更好的移植性，能够与更多的芯片进行适配。

（4）算力网关操作系统

算力网关操作系统基于社区版本的 SONiC 系统开发，通过拓展协议和网关接口等能力实现了相应功能。算力网关操作系统的架构由各种模块组成，这些模块通过集中式和可扩展的基础架构进行交互。算力网关操作系统将每个模块放置在独立的 Docker 容器中，以保持语义相似组件之间的高内聚性，同时减少不相关组件之间的耦合。每个组件都被设计得相对独立，摆脱了平台和底层交互的限制。当前，算力网关操作系统主要包含以下容器：BGP 容器、数据库容器、Web 容器、开关软件堆栈（Switch Software Stack，SwSS）容器、同步守护进程（Synchronization Daemon，Syncd）容器、简单网络管理协议（Simple Network Management Protocol，SNMP）容器、团队守护进程（Team Daemon，Teamd）容器、进程监视器（Process Monitor，Pmon）容器、DHCP 中继（DHCP-relay）容器等。

下面介绍各容器的具体功能。

- BGP 容器：运行受支持的路由协议栈，即自由范围路由（Free Range Routing，FRR）。尽管容器是以所使用的 BGP 命名的，但实际上，这些路由堆栈也可以运行其他协议，如开放最短路径优先（Open Shortest Path First，OSPF）、中间系统到中间系统（Intermediate System-to-Intermediate System，ISIS）、标签分发协议（Label Distribution Protocol，LDP）等。

- 数据库容器：托管 Redis 数据库引擎。系统应用程序可以通过 Redis-Daemon

开放的 UNIX 套接字访问此引擎中保存的数据库。

- Web 容器：主要包括设备配置和管理的相关界面，以及网络管理平台和算力交易平台间的相关接口功能。

- SwSS 容器：SwSS 容器由一组工具组成，允许所有 SONiC 模块之间进行有效通信。如果说数据库容器擅长提供存储功能，那么 SwSS 容器主要侧重于提供机制来促进各模块之间的交互，承担着与系统应用层进行北向交互的进程（除了 fpmsyncd、teamsyncd 和 lldp_syncd 进程，它们分别在 BGP、Teamd 和 lldp 容器中运行）。无论这些进程在何种环境下运行（在 SwSS 容器内部或外部），它们都有相同的目标，即提供系统应用程序和系统集中式消息基础设施（Redis 引擎）之间的连接方法。

- Syncd 容器：Syncd 容器的目标是提供一种机制，允许交换机的网络状态与交换机的实际硬件/ASIC 同步，其中包括交换机 ASIC 当前状态的初始化、配置和收集。

- SNMP 容器：托管 SNMP 功能。此容器中有两个相关进程。一是 Snmpd，负责处理来自外部网络元素的传入 SNMP 轮询的实际 SNMP 服务器；二是 Snmp-agent（sonic_ax_impl），这是 SONiC 对 AgentX SNMP 子代理的实现。该子代理向主代理（Snmpd）提供从 Redis 引擎中的 SONiC 数据库收集的信息。

- Teamd 容器：在 SONiC 设备中运行链路聚合功能（LAG）。Teamd 是 LAG 协议基于 Linux 的开源实现。teamsyncd 进程允许 Teamd 和南向子系统之间的交互。

- Pmon 容器：负责运行 sensord，这是一个守护进程，用于定期记录来自硬件组件的传感器读数。Pmon 容器还托管 fancontrol 进程，以从相应的平台驱动程序收集与风扇相关的状态。

- DHCP-relay 容器：DHCP-relay 代理可以将 DHCP 请求从没有 DHCP 服务器的子网中继到其他子网上的一个或多个 DHCP 服务器上。

2. 算力基站

随着云计算的快速发展，集中式云数据中心难以满足某些应用场景对于低时延、高带宽和实时处理的迫切需求。在这一背景下，业务处理的泛在化成为一种必然趋势，推动了算力需求向边缘化方向演进，算力基站的概念应运而生。算力基站是在传统通信基站的基础上增设计算功能，使其不仅能提供无线通信服务，还能在数据产生点附近提供强大的计算能力。国际电信联盟（ITU）发布的《IMT 面向 2030 及未来发展的框架和总体目标建议书》将 AI 和通信场景定义为 6G 场景，同时把

"泛在智能"作为 6G 系统的设计原则之一[6]，进一步强调了算力在智能化发展中的重要性。由于基站的广泛分布及位置极低的属性，算力基站可以在网络边缘直接利用对端侧数据进行快速处理，从而显著提升智能服务的响应速度和准确性。

目前，算力基站主要有增加独立算力板卡和集成计算与通信两种实现方式。

- 增加独立算力板卡：该方法通过在现有的通信基站内的基带单元（Baseband Unit，BBU）上部署额外的算力板卡或增加专用算力服务器，快速提高基站的计算能力。这种方法实现了算力和网络的硬件融合，其主要优点在于灵活性高，能够根据实际需求动态调整计算资源。
- 集成计算与通信：该方法通过重新设计基站架构，将计算单元与通信单元紧密集成，并基于虚拟化技术实现算力资源与通信服务的解耦，最后通过智能调度使基站能够同时支持通信业务与计算业务，有助于简化网络结构，提高整体系统的可靠性和效率。

算力基站通过其强大的计算能力可以处理大量数据和复杂任务，提供远程视频控制和精确室内定位等多样化服务；通过集成先进的通信技术，算力基站能够支持低时延和高并发的通信需求，为未来 6G 网络的发展提供必要的计算和通信能力。此外，算力基站也能增强网络智能内生能力，支持 AI 模型在无线网络内部的训练和实时推理，从而支撑网络的即时策略优化。其研究方向包含以下几个。

- 基站算力架构设计与优化：分析基站在算力建设方面的需求，研究基站算力架构的设计和优化方法，支持算力资源的有效配置。
- 基站内算力与通信融合技术研究：研究基站的通信能力和计算能力的要求及资源需求；进行资源协同管理和优化分配算法的研究，并探索计算任务的分割与并行处理技术。
- 基站算力与云边算力协同技术研究：设计基于算力基站、边缘计算和云计算的协同网络架构，并研发算力基站的仿真原型系统；同时，开展面向各行业的算力应用与验证，以促进算力资源的实际应用和效能提升。

目前，通信行业已有多家厂商开展了算力基站的研发工作。某 A 厂商提出了一种在 5G 基站中引入算力引擎单板的方法，扩展其功能至计算、数据、智能和网络协同控制等层面，如图 5-8 所示[7]。其组网方案是将算力基站以分布式边缘云形式纳入算力网络体系，实现统一管理和调度。

某 B 厂商提出一种通算一体无线基站方案[8]：该基站架构以虚拟 CPU（virtual Central Processing Unit，vCPU）为基本单位，通过云计算虚拟化技术隔离空闲算力与通信服务算力，实现通信业务与物理 CPU 核的解耦，从而提高资源利用率。具体而言，基站新增感知单元（Awareness Unit，AU），AU 实时监控 BBU 的 CPU 使用情况，当发现网络负载闲置时，可将空闲算力注册给智能调度器，以便为应用提供计算资源。该方案在保持 3GPP 5G 网络控制面和用户面协议不变的基础上，采用了业界通用的 5G 网络部署架构，确保了网络协议和架构的完整性。

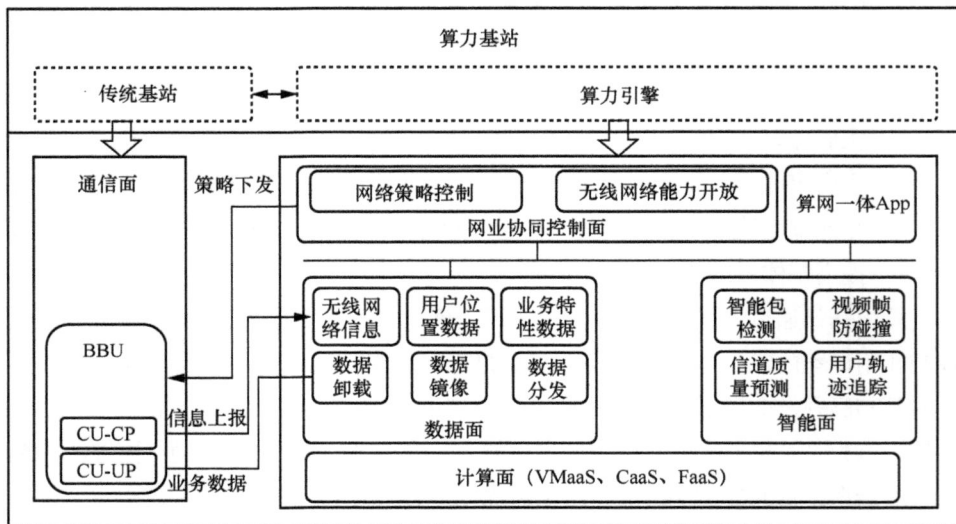

图 5-8　某 A 厂商提出的算力基站架构

/5.4　通算一体管控 /

通算一体管控将计算和网络资源进行统一抽象封装和编排管理，把底层的基础设施抽象为通用的功能单元。通算一体管控的实现需要经历 3 个不同的阶段。在第一阶段，算力管理平台和网络管理平台互相割裂，彼此不可见、不可调。在第二阶段，通过定义统一的 API 规范，完成基本信息的交换，实现两者在一定程度上的联动。在第三阶段，构建编排运营系统，充分融合计算和网络资源，为用户提供一致的资源视图。当前通算一体管控的主流方案是部署一套超级平台，南向分别对接网管和云管系统，收集资源信息，并下发相应的管控指令。目前典型的通算一体管控系统包括新一代云网运营系统、算力网络控制器等。

1. 新一代云网运营系统

新一代云网运营系统[9]打破网络与信息技术的传统职能壁垒，突破网络分段管理模式和 IT 系统烟囱式架构，按照云、网、系统深度融合方式建立领先的生产运营和管理体系，实现"一张网、一朵云、一个系统、一套流程"，增强云网融合核心竞争力。新一代云网运营系统需要通过整合核心网/LTE 语音（Voice over LTE，VoLTE）、无线网、承载网、传输网、云（物理/虚拟）、网络功能虚拟化（NFV）等网络管理能力，打破各专业烟囱式架构，构建一套综合的、新型的云网运营管理体系，实现云网端到端协同运维。其通过建设/运营（Build/Operate，B/O）融通，实现业务快速部署、服务能力一点设计、全网动态加载运行；打破现有网管系统烟囱式架构，进行网络能力的 OpenAPI 封装、分层解耦、水平集成，借助企业统一的基础设施即服务（Infrastructure as a Service，IaaS）、平台即服务（Platform as a Service，PaaS）构建分布式云化系统，实现数据统一共享分发、能力统一汇聚开放，进而实现 IT 上云；搭建数据中心运营与服务/企业运营（Data Center Operations and Services/Enterprise Operations，DCOOS/EOP）网关、云网基础数据共享平台，实现一级分布式部署，搭建云网控制和采集平台，实现全网生产运营数据的统一采集、汇聚、共享和分发，支持目标管理（Management by Objective，MBO）跨域关联，大数据/人工智能赋能智慧运营。新一代云网运营系统功能架构如图 5-9 所示。

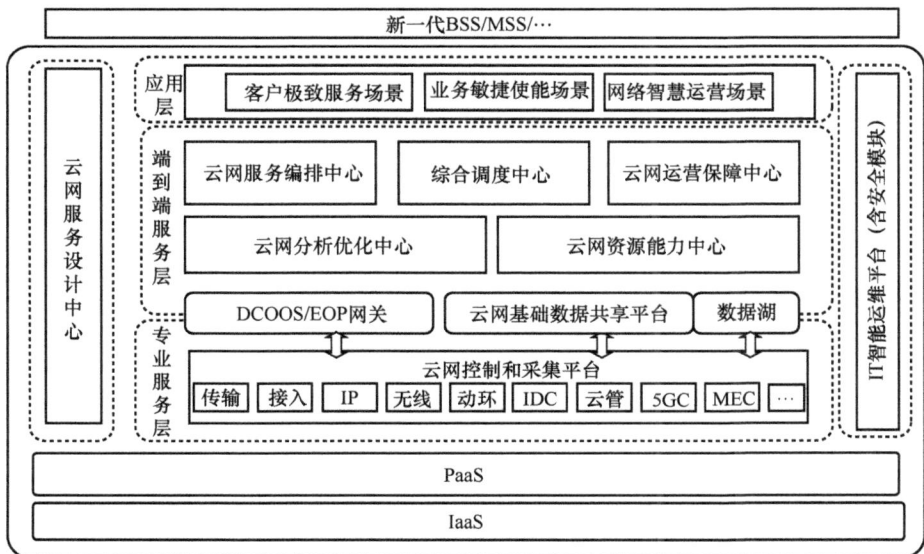

图 5-9　新一代云网运营系统功能架构

新一代云网运营系统采用分层设计原则，划分为应用层、端到端服务层、专业服务层，同时引入全程贯穿的业务设计、运营开发和安全体系。在应用层，引入设计态概念，支持在线业务创建，可以基于现有能力灵活创建新的业务流程，支撑业务快速发放。通过运营开发体系，保证新创建的业务经过测试验证后部署到运行环境，并监控运行环境。在端到端服务层，提供全面的服务开放和数据开放。通过云网服务编排实现对网络业务的敏捷发放和各类流程的灵活保障。通过云网资源的融合，统一管理各专业网络的网络资源数据，实现统一资源建模，支撑端到端业务流程。通过云网服务能力开放，支撑应用层的生态建设。在专业服务层，打通传统的专业网管界限，提供统一的云网控制和采集平台，对接云网基础数据共享平台，支撑各种网络协议的采集和配置下发。各专业网管的功能服务化后通过 DCOOS/EOP 网关对外输出网管能力。

2. 算力网络控制器

算力网络控制器是实现算力网络中算力资源与网络资源状态协同调度的关键系统，需要获取业务对算力资源与网络资源的需求以及算力资源与网络资源信息，结合业务需求与资源信息，为用户选择最佳的算网资源组合，并进行配置。

算力网络控制器的系统架构如图 5-10 所示，由三大功能模块组成：算网资源收集、算网资源选择、算网资源配置。

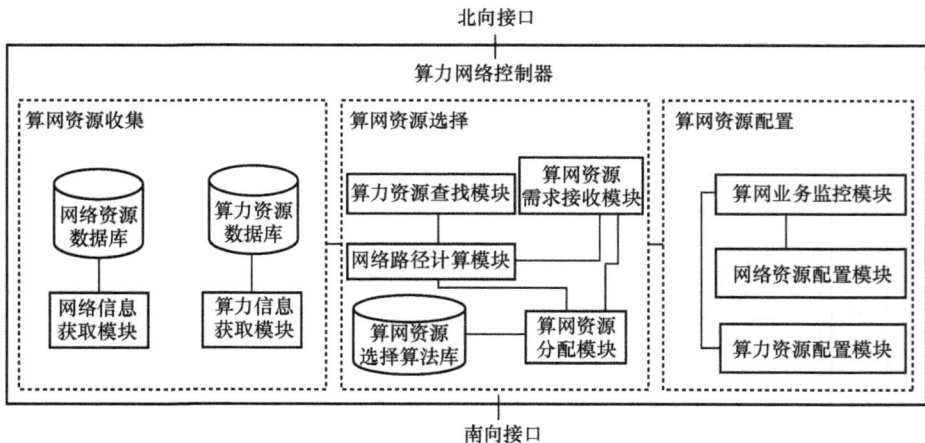

图 5-10 算力网络控制器的系统架构

（1）算网资源收集功能模块通过控制器南向接口获取算网基础资源信息（包括算力资源信息、网络资源信息）生成资源信息表，并对其进行相应的预处理和存储，包括网络信息获取模块、算力信息获取模块、网络资源数据库及算力资源数据库。

- 网络信息获取模块从算力网络基础设施层中获取原始的网络信息数据，并对这些数据进行预处理，将其转换为统一的数据格式。处理后的数据将被存储在网络资源数据库中，以供网络资源数据库和其他功能模块使用。

- 算力信息获取模块从算力网络基础设施层中获取原始的算力信息数据，同样对这些异构数据进行预处理，将其转换为统一的数据格式。处理后的算力信息数据将被存储在算力资源数据库中，以供算力资源数据库和其他功能模块使用。

- 网络资源数据库存储和管理网络资源的相关信息，包括网络拓扑信息、网络状态信息、带宽、时延等。网络资源数据库为网络路径计算模块提供数据支持，确保网络资源信息的准确性和完整性。

- 算力资源数据库存储和管理算力资源的相关信息，包括算力资源大小、算力提供商、算力类型、地理位置等。算力资源数据库为算力资源查找模块提供数据支持，确保算力资源信息的准确性和完整性。

（2）算网资源选择功能模块根据算网资源收集功能模块提供的全局算网信息及用户的算网资源需求信息，选择最佳的算网资源组合，并将选择的资源组合发送给算网资源配置功能模块。算网资源选择功能模块包括算网资源需求接收模块、算力资源查找模块、网络路径计算模块、算网资源选择算法库、算网资源分配模块。

- 算网资源需求接收模块从算力网络控制器北向接口获取算力服务层的算网资源需求，并将需求信息发送给算力资源查找模块、网络路径计算模块和算网资源分配模块，每一次算网资源需求的接收都会触发一次算网资源的选择及算网信息的更新，在本次资源选择结束之前，不会接收下一个算网资源需求。

- 算力资源查找模块查找能够满足用户服务要求的资源池，并将其作为候选资源池。算力资源查找模块从算力资源数据库获取全局算力信息，并从算网资源需求接收模块获取用户算网资源需求信息。根据用户算力资源需求大小，查找能够满足需求的算力资源池并将资源池信息发送给网络路径计算模块。

- 网络路径计算模块从算力资源查找模块获取可供选择的算力资源池信息，从网络资源数据库获取全局网络信息，从算网资源需求接收模块获取用户网络位置信息及网络质量需求。网络路径计算模块根据用户的位置及可用算力资源的位置计算出用户到具体算力资源池的网络路径，形成可用算网资源信息表。

- 算网资源选择算法库提供不同场景下的算法选择，以满足成本需求、算力负载均衡需求和网络负载均衡需求等。算网资源选择算法由控制器配置人员指定，并发送给算网资源分配模块。

- 算网资源分配模块从网络路径计算模块获取可用的算网资源信息表，并从算网资源选择算法库获取指定的算网资源选择算法。算网资源分配模块结合可用的算网资源信息表和指定的算网资源选择算法，指定算网资源，并将指定的算网资源信息发送给算网资源配置功能模块。收到网络资源配置模块和算力资源配置模块反馈的网络资源、算力资源配置成功信息后，向算网资源需求接收模块反馈资源选择完成信息。

（3）算网资源配置功能模块根据算网资源选择功能模块最终生成的结果对算网基础资源进行实际配置，包括网络资源配置模块、算力资源配置模块及算网业务监控模块。

- 网络资源配置模块根据算网资源分配模块选定的网络资源信息，通过网络控制器向算网基础设施层的网络资源（该网络资源的管理系统）发起配置指令，主要包括：分配网络资源，包括端口、地址、带宽等；配置业务路径，包括路由、流表等；配置网络策略，包括访问控制列表（ACL）、QoS 策略、安全策略等。同时将资源占用信息发送给网络资源数据库，更新当前网络资源信息。网络资源配置模块同时从算网业务监控模块接收算网资源使用结束信息，向算网基础设施层的网络设备发送删除配置指令。删除指令下发成功后，将资源删除信息发送给网络资源数据库，更新当前网络资源信息。当接收到网络资源数据库更新完成的指令后，网络资源配置模块向算网资源分配模块反馈网络资源配置成功信息。

- 算力资源配置模块根据算网资源分配模块选定的算力资源信息，向算网基础设施层的算力资源（该算力资源的管理系统）发起配置指令，主要包括配置相应的虚拟机、容器、存储、操作系统等，例如，在应用的镜像数据库中，将镜像安装在该算力资源内。同时，将资源占用信息发送给算力资源数据库，更新当前算力资源信息。算力资源配置模块同时从算网业务监控模块接收算力资源使用结束信息，向算网基础设施层的算力资源（该算力资源的管理系统）发送删除配置指令。删除指令下发成功后，将资源删除信息发送给算力资源数据库，更新当前算力资源信息。当接收到算力资源数据库更新完成的指令后，算力资源配置模块向算网资源分配模块反馈算力资源配置成功信息。

- 算网业务监控模块从网络资源配置模块和算力资源配置模块接收业务所分配的算网资源信息并对业务和对应的算网资源信息对进行存储，通过算力网络控制器北向接口获取算网业务的执行状态。一旦业务终止，算网业务监控模块将向网络资源配置模块与算力资源配置模块发送业务所对应的算网资源使用结束信息。

算力网络控制器南向接口负责在算力网络控制器与算力网络基础设施层之间传递信息。所传递的信息包括算力网络控制器向算网基础设施层传送的算网资源配置信息及算网基础设施层向算力网络控制器传递的算网资源信息。

算力网络控制器北向接口负责算力网络控制器与算力网络服务层之间的信息传递。所传递的信息包括算力网络控制器向算力网络服务层传递的控制器服务能力开放信息及算力网络服务层向算力网络控制器发送的算网需求信息。

/ 5.5　通算一体服务 /

通算一体服务同时提供计算与通信服务，它突破了传统计算服务与通信服务单独提供的思路，根据用户的需求提供计算与通信服务套餐。当前能够提供计算与通信服务的典型平台是算力网络交易平台，通过算力网络交易平台，用户可以获得算网整体服务。

为提供计算与通信的一体化服务，算力网络交易平台应具有以下功能。

- 算力网络交易平台需要将算力消费者、算力提供者及算力网络控制层结合，以满足消费者提出的资源或业务需求；该平台制定分配策略，算力网络控制层根据分配策略，建立算力消费者与算力提供者之间的一体化服务。
- 不同消费者对资源与业务需求的分析能力不尽相同。算力网络交易平台还应提供对用户业务需求进行 AI 分析的能力，以提供更加智能的服务，满足不同用户对算力网络交易平台的使用需求。
- 算力网络交易平台还应提供可供应用开发者上传第三方应用的应用商店，实现从资源到应用的全生态服务。

算力网络交易平台的功能架构如图 5-11 所示。

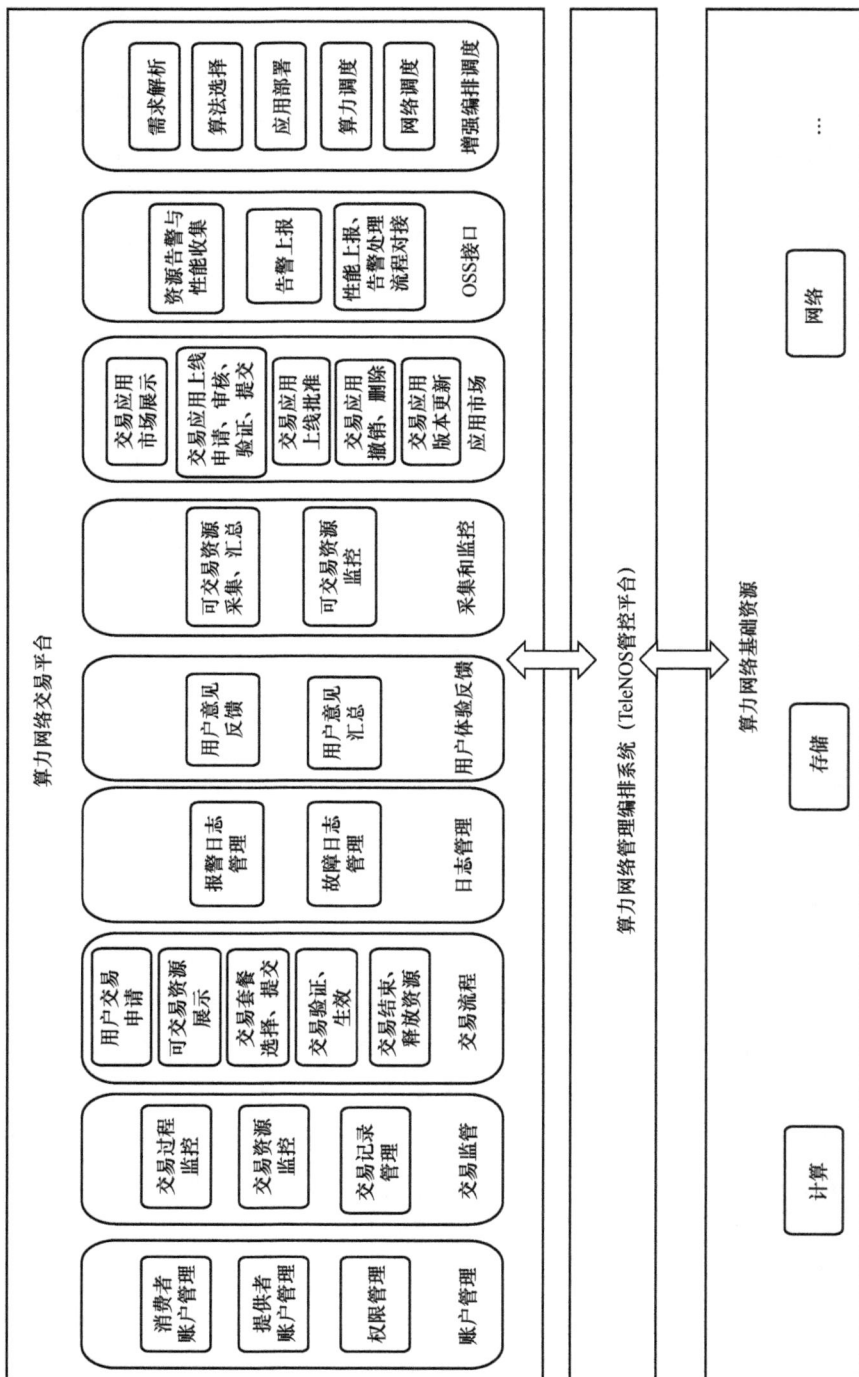

图 5-11 算力网络交易平台的功能架构

- 账户管理模块：对算力网络消费者账户、算力网络提供者账户，以及权限进行管理，包括账户申请注册、查询、登录、退出等功能。
- 交易监管模块：对交易过程（如交易合约的执行过程）、交易资源、交易记录进行监控和管理，确保交易过程的安全性，同时及时掌握资源的占用情况及输出交易记录。
- 交易流程模块：支持用户的交易申请、可交易资源的展示、交易套餐的选择和提交、交易的验证和生效，以及交易结束后的资源释放，处理用户从选择到购买的整个流程。
- 日志管理模块：对报警日志、故障日志进行管理，以便更好地对交易平台信息进行跟踪、管理，对报警、故障进行诊断和解决。
- 用户体验反馈模块：对用户意见进行反馈和汇总，以更好地提升交易平台的使用体验。
- 采集和监控模块：对可交易资源进行采集、汇总及监控，及时更新资源信息。
- 应用市场模块：支持交易应用市场展示，交易应用上线申请、审核、验证和提交，交易应用上线批准，交易应用撤销、删除及交易应用版本更新。对算力网络交易平台中准备上线的应用进行安全管理和交易。
- OSS 接口模块：支持算力网络控制面中的资源告警与性能收集，告警上报，性能上报、告警处理流程对接。
- 增强编排调度模块：支持需求分析、算法选择、应用部署、算力调度和网络调度，为算力网络交易平台提供资源管控服务。

/5.6　6G 中的通算一体系统–算力专网/

5G 时代的计算主要以云算力和边缘算力的形式存在。其中，云算力是位于云计算中心的大规模计算资源，拥有高性能的计算服务器和存储设备；边缘算力则是分布在网络边缘的计算资源，靠近终端设备的位置，可以提供较低的时延。云计算中心与边缘计算节点组成的分布式计算资源集合构成了云边资源池。在 5G 网络中，网络本身并不直接具备大规模的计算能力，终端用户通过基站访问互联网，从而实现对算力的使用。在 5G 时代，对算网资源的编排和管理主要在 IP 网络中实现，通过部署算力网关设备，实现了对网络中算力的统一编排管理，算力网关设备能够将感知到的算网信息通过网络协议在网络中进行通告以实现多方算力接入、算力感知、算力路由、算网调度等功能，并可按需灵活加载，赋能算力流通属性。

在 6G 时代，随着新兴业务的不断发展和复杂性的提升，业务对于算力的需求将达到更加极致的程度。为了满足这一需求，需要将算力下沉至更加边缘的位置，实现算力的泛在化，以支持各种业务场景的高效运作。而基站的极度边缘属性恰好满足该需求。因此可以在 6G 基站中增加算力引擎或算力板卡，从而将算力引入 6G 网络。与云算力、边缘算力共同形成一张 6G 泛在算力专网，如图 5-12 所示。在 6G 泛在算力专网中，在云算力、边缘算力出口，以及 6G 基站内放置算力网关，并分别连接对应的算力。算力网关之间通过 IP 网络互相连接，并通过标准化的网络协议互通信息，以获取全局的通信与计算资源信息。因此，当用户接入 6G 基站，并发起用户请求时，算力网关获取用户需求并将用户数据转发至合适的算力资源池内（基站算力或云算力、边缘算力）。

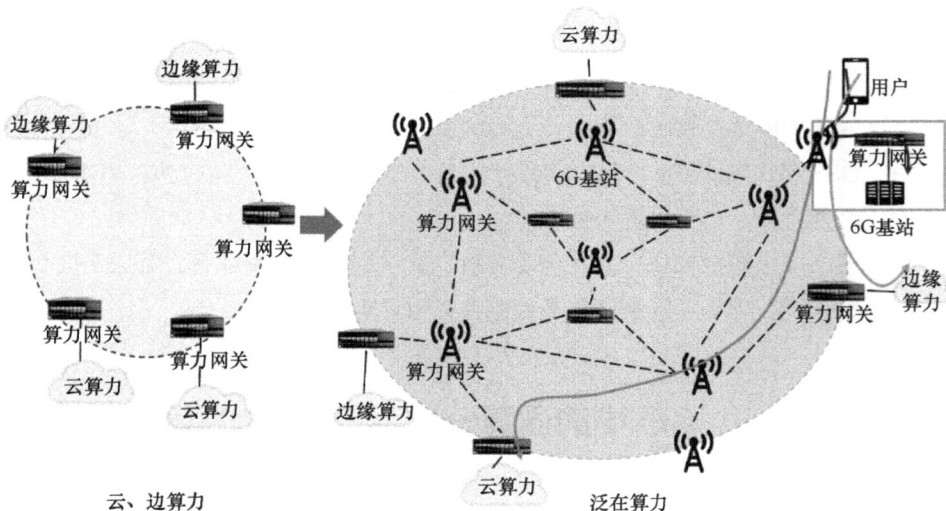

图 5-12 6G：云算力、边缘算力向泛在算力演进

在 6G 泛在算力专网中，6G 基站算力、云算力和边缘算力共同构成了一个高效的计算网络体系。6G 基站内嵌算力网关设备，承担着将基站算力、云算力和边缘算力进行连接和协同的重要任务。在算力基站中加入算力网关设备，可以使算力基站感知和调度其内部的算力资源。此外，算力网关通过建立高效的通信链路，能使算力基站实现与云端的远程计算资源连接，并灵活地调度边缘算力资源进行计算卸

载和任务协同处理。

6G 基站内嵌的算力网关利用算力协议与网络中的资源池进行通信，通过与资源池的交互获取全局算力与网络信息，感知和监控基站算力的实时状态和负载情况。因此，当用户向基站发起需求时，基站内的算力网关会根据用户需求的特点和网络资源池的状况进行最佳算力的分析匹配与动态调度，决定是在基站内执行算力计算还是将业务需求转发至合适的云、边缘算力资源池内计算。之前这种业务分流能力是由 UPF 来实现的，但是随着 6G 基站的出现，这种功能可以通过基站自身的算力网关来实现。

/5.7　6G 通算一体系统指标/

通算一体注重通信和算力资源的整合和管理，包括通算融合切片的生成、通算一体任务的调度和管理、状态监测和管理等。因此，6G 通算一体系统指标除原有的 6G 通信指标外（6G 通信指标在 6G 通信相关书籍中已有介绍，这里不赘述），还应具备算力指标及通算融合指标。

- 算力资源利用率：衡量算力资源利用效率的指标。它可以帮助评估算力资源的有效使用程度，优化资源配置和提升算力交易的效率。
- 算力业务服务效率：衡量算力业务服务效率和性能的指标。它可以帮助评估算力业务服务的运行情况，评估服务提供商的服务水平、监控服务性能，以及找到潜在的改进和优化的编排方向。
- 算力可靠性：衡量网络、算力和服务的可靠性和可用性，通过智能编排和冗余部署，提供可靠的服务和网络连接。
- 算力切换时间：衡量服务从一个资源池切换到另一个资源池的速度。在移动办公、移动游戏等场景中需要较快的切换速度。
- 可扩展性：通算编排需要具备可扩展性，以应对日益增长的设备数量和数据流量。其依据是 6G 时代将涉及更多设备、传感器和终端的连接，对通信、计算能力和资源调度能力提出更高要求。
- 弹性：衡量通信、算力和服务的弹性和可扩展性，通过智能编排和管理，灵活调整通信和算力资源配置，以满足不同应用和业务的需求。
- 端到端服务时延：衡量通信和计算任务的完成时间，降低时延可以提高用户体验和服务质量。

- 能耗：衡量资源的消耗情况，通过智能编排和调度，合理分配资源，降低能耗。
- 成本效益：衡量资源的成本效益，通过合理的规划和调度，优化资源使用，降低成本。
- 灵活性：指能够提供多少种通算融合切片能力。通算编排需要具备灵活性，能够根据不同应用和用户需求，动态分配算力和通信资源。其依据是 6G 时代将面临更多种类、更复杂的应用和服务，对资源需求的多样性要求网络能够快速响应和适应，以提供个性化、实时的服务。
- 安全性：通算编排必须确保安全性，以防止数据泄露、攻击和滥用。其依据是 6G 网络将涉及更多敏感的数据和更多关键应用，需要保障数据的机密性和完整性，确保网络的安全性。通过加密、认证和访问控制等安全机制，通算编排可以提升网络的安全性。

5.8　本章小结

　　随着信息基础设施的演进，资源供给模式从单点资源池单点应用，向多层次资源池协同计算发展。通算一体系统作为一种前沿的科技趋势，它将计算和通信深度融合，使得各种设备和组件能够高效地协同工作，实现通信计算资源的一体化供给。本章介绍了通算一体系统的 5 个关键组成部分，包括通算一体信道、协议、设备、管控和服务，覆盖了 6G 网络的基础设施层、控制层、服务层，并提出了 6G 中的通算一体系统-算力专网及 6G 通算一体系统指标。本章将为后续 6G 网络中通算一体的研究提供重要的理论依据，同时将对算力网络技术与 6G 的融合起到积极的促进作用。

参考文献

[1]　ŞAHIN A, YANG R. A survey on over-the-air computation[J]. IEEE Communications Surveys & Tutorials, 2023, 25(3): 1877-1908.

[2]　NAZER B, GASTPAR M. Computation over multiple-access channels[J]. IEEE Transactions on Information Theory, 2007, 53(10): 3498-3516.

[3]　JEON S W, WANG C Y, GASTPAR M. Computation over Gaussian networks with orthogonal components[C]//Proceedings of the 2013 IEEE International Symposium on Information Theory. Piscataway: IEEE Press, 2013: 2139-2143.

[4]　ZHU G X, XU J, HUANG K B, et al. Over-the-air computing for wireless data aggregation in massive IoT[J]. IEEE Wireless Communications, 2021, 28(4): 57-65.

[5]　CAO X W, ZHU G X, XU J, et al. Optimized power control for over-the-air computation in fading channels[J]. IEEE Transactions on Wireless Communications, 2020, 19(11): 7498-7513.

[6]　ITU-R. IMT 面向 2030 及未来发展的框架和总体目标建议书[R]. 2023.

[7]　孙杨军, 黎云华. 5G 算力基站, 构建算力网络的末梢神经[EB]. 2022.

[8]　孙杰, 马雷明, 杨爱东, 等. 通算一体驱动的算力内生网络技术与应用[J]. 电信科学, 2023, 39(8): 127-135.

[9]　中国电信. 中国电信新一代云网运营系统技术规范-总册 v3.0[Z]. 2020.

第 6 章

通算一体系统平台与应用

学术界为通信与算力新融合展开了大量的研究，同时产业界在通算一体关键技术落地和应用方面也有一些成果，本章主要介绍基于边缘智能的通算一体系统平台的实现，并从平台简介、平台体系架构、平台组成的原子能力模块和平台业务展示 4 个方面阐述平台的实现和应用。

本章基于 K8s 与微服务架构，实现了一种包含用户设备、边缘智能节点集群与云中央控制器的集中式计算协同与卸载系统，以及一种集群间分布式、集群内集中式的多集群协同的通算一体系统平台，设计了算力建模、算力感知、算力通告、任务调度等底座微服务。本章使用兼具计算密集与时延敏感特性的、基于 AI 智能推理的典型互联网服务评估所设计系统的综合性能，并引入经典的边缘计算协同调度范式，在业务响应时延、资源负载均衡性能、业务调度灵活性等多方面进行比较。

/6.1 平台简介/

自边缘计算被提出之后，一些边缘计算开源系统陆续出现，其中 StarlingX 平台是一个高可靠、可扩展的边缘云软件堆栈，我们可以认为其本身就是一种完整的边缘计算基础设施解决方案，它可以广泛地用于工业物联网视频交付、智能安防及电信等行业的边缘计算业务场景[1]；KubeEdge 构建在 K8s 之上，将 K8s 原生的容器编排能力扩展到了边缘节点上，并增加了对边缘设备的管理功能[2]，KubeEdge 由云端部分和边缘部分组成，核心基础架构提供了对网络、应用部署和云边之间元数据同步的支持，同时支持消息队列遥测传输（Message Queuing Telemetry Transport，MQTT），使得边缘设备可以通过边缘节点接入集群；EdgeGallery 是由华为、中国信息通信研究院、中国移动、中国联通、腾讯、九州云、紫金山实验室、安恒信息 8 家创始成员发起的一个移动边缘计算（Mobile Edge Computing，MEC）开源项目，目的是打造一个符合 5G 边缘"联接 + 计算"特点的边缘计算公共平台，实现网络能力（尤其是 5G 网络）开放的标准化和 MEC 应用开发、测试、迁移和运行等生命周期流程的通用化。

为了在系统平台层面使能通算一体，本章基于 K8s 开发了一个基于边缘智能的通算一体系统平台，并在平台上部署了一系列应用以验证平台中实现的关键技术的效用。

6.1.1　背景介绍

随着 5G、6G 时代的到来，急速增长的算力需求和广泛分布的未充分利用算力资源的失配成为限制用户需求与业务发展的一大阻碍。为了充分利用网络中的泛在资源，算力网络在近年来受到运营商和学术界的重点关注与研究。算力网络旨在融合端–边–云多层次的异构算力资源，实现网络资源的统一纳管和用户请求的灵活调度，实现网络和算力的相互感知和高度协作，提高网络和算力资源的利用率[3]。区别于传统的云计算、边缘计算、雾计算等概念，算力网络充分考虑了云、边、端分层多级的算力资源，融合了多种计算理念，实现云网的深度融合，实现了用户请求的多粒度多层次的按需调度与跨空间的算力协同，为用户提供了统一的服务，算力网络的体系架构如图 6-1 所示。

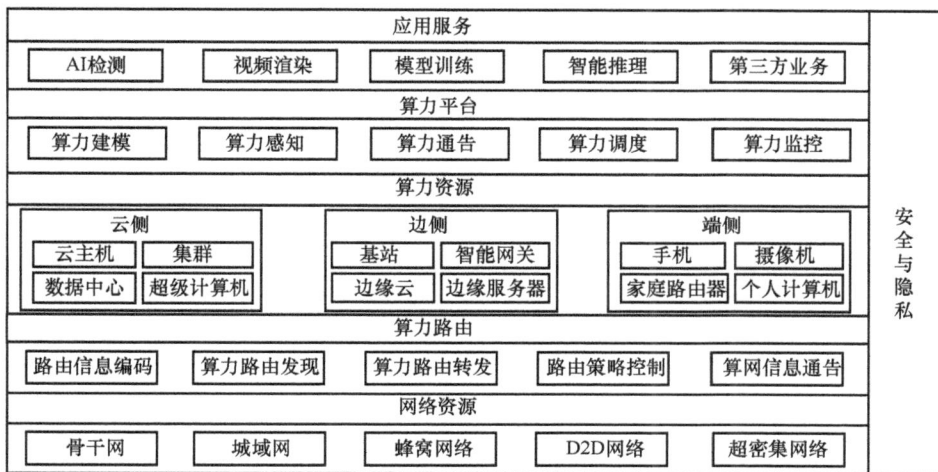

图 6-1　算力网络的体系架构

智慧城市、虚拟现实、元宇宙等概念的兴起使智能传感器、可穿戴式设备、VR 终端等智能设备数量急速增长。研究显示，到 2025 年年底，全球数据总量将以 20% 的年复合增长率攀升至 163ZB，数据中心设备和智能终端数量将分别以每年 4%

和 10%的速率不断上升。与此同时，用户业务需求也在变得多样化、复杂化，大量的时延敏感型和计算密集型任务使传统的网络架构难以有效承载。为了实现 6G 瞬时急速、沉浸全息、确定可靠的愿景，结合集中式架构的控制压力问题和分布式架构的维护数据一致性难度增加的问题，我们提出了一种混合分布式和集中式的多集群架构，并基于 K8s 研发了新一代的算力网络程序，构建了一个具有关键驱动技术、包含多种时延敏感型和计算密集型应用的原型测试平台。

我们的平台基于灵活部署微服务架构和服务网格，实现业务各功能模块间、模块业务功能与通信管理间的解耦，并利用 K8s 自动管理的基座，将微服务按需部署至各算力节点。我们面向不同需求开发了多种算法，实现了对无处不在的计算、存储、通信资源进行智能管控。为了评估平台的性能，我们以微服务的形式部署了多种业务，包括多目标检测、人脸识别、联邦学习和图像增强与渲染等，并使用链路跟踪技术来获取和分析各种服务的性能收益。

6.1.2 实现的关键技术

实现边缘智能的通算一体系统需要一些关键技术支持，其中包括多内网集群互联互通、去中心化数据同步、算力感知、算力通告、算力建模、基于边缘智能的任务调度、资源管控、链路追踪等。

- 多内网集群互联互通：在边缘计算场景下，边缘集群往往不具备公网服务能力，无法直接承载需求网络层互联互通的上层应用。该技术实现了多个边缘计算集群之间的相互感知与通信，使能了用户任务的跨集群调度，从而有利于缓解用户行为和业务的时间域-空间域-内容域的差异化导致的任务请求在全网分布不均衡问题，为集群间分布式任务调度提供了支持。
- 去中心化数据同步：去中心化数据同步可以在分布式系统中实现数据的高效共享和协同，提高数据的可用性和容错性、实现数据的分布式计算、加快数据访问速度、提高系统的可扩展性和性能。
- 算力感知：算力感知的主要目的是通过对全网多维资源的实时感知和监控，提高全网资源的利用率和性能，提供更好的计算服务，其中平台中感知的算力信息包括节点资源（即计算和存储的总资源）及实时资源利用率；链接质量即链接带宽和建立传输控制协议（Transmission Control Protocol，TCP）连接的时延。

- 算力通告：算力通告的主要目的是在分布式系统中实现资源的有效利用和任务的高效调度。通过向系统中的其他节点通告自己感知到的算力信息，并汇总其他边缘节点的算力信息，实现了分布式集群决策信息的同步。平台中设计了相关通告算法以减少网络中的信息通告量，加快了通算一体网络的信息收敛速度。

- 算力建模：算力建模是一种将系统中的资源、任务、节点等元素，以及它们之间的关系抽象成数学模型的方法。通过建立算力模型，可以帮助分析系统资源的性能和瓶颈以及各种应用的算力需求，并且可以用来指导系统的设计和优化。由于平台基于 K8s 开发，各种应用在容器中运行，其中容器被封装在 Pod 中，而 Pod 是 K8s 的最小单位，因此在平台中主要对各个 Pod 中包含的多维资源进行度量和建模。

- 基于边缘智能的任务调度：基于边缘智能的任务调度是一种将任务分发到边缘节点上进行处理的调度策略，平台中分别以最小化时延、最大化公平性指标、负载均衡为目标设计了任务调度算法，实现了满足不同任务的不同需求的优化资源配置。

- 资源管控：资源管控的目标是合理地分配和利用算力资源，并对算力资源的使用情况进行实时监控，从而可以通过对各种资源的使用情况和任务的执行情况进行分析，优化算力资源的分配和调度策略，提高全网资源的利用率和效率。平台中实现了多维资源的管控和配置，并可以实时监督任务流量的转发情况和各个 Pod 的运行状态，以保证平台的稳定运行。

- 链路追踪：链路追踪是分布式系统下的一个概念，是指将一次分布式请求还原成调用链路，并将一次分布式请求的调用情况集中展示，如各个服务节点上的耗时、请求具体到达哪台机器上、每个服务节点的请求状态等。通过该技术，可以将用户的一个任务从请求发出到结果返回的整个过程集中展示，从而对平台的性能进行分析，找出限制任务性能的问题，以不断优化平台的设计及用户的服务质量。

6.1.3　实现功能

本平台基于第 6.1.2 节介绍的各种关键技术实现了一些功能，根据使用这些功能的对象不同，主要分为用户侧功能和管控侧功能。

在用户侧，主要针对用户需求和使用场景提供一些应用服务，平台中提供了人脸识别、多目标检测、分布式模型训练、图像增强渲染等应用。这些应用程序被封装成镜像，存储在公用仓库中，在部署应用时将通过 K8s 生成容器，并为容器分配一些资源，然后将应用镜像从仓库中下拉到容器中运行。Service 是 K8s 中的一种抽象，它定义了一组逻辑上相关的 Pod 的访问方式。在 Service 中，可以通过 Label Selector 来选择一组 Pod，并为它们提供一个虚拟的 IP 地址和端口。通过 Service 和 Pod 可以唯一定位某个具体的应用运行容器，而来自用户的请求则基于边缘智能的任务调度策略被转发到某个特定的 Pod 中执行。

由于不同的业务具有不同的性能需求，如时延敏感、计算密集及高并发等。在平台中，为了满足各种不同应用的性能需求，可以通过不同的任务调度算法来为各种业务生成定制化的任务调度策略。平台中借助多泳道的思想实现了网络切片的功能。

首先介绍多泳道思想的产生背景，在研发过程中往往需要多套环境以满足不同阶段的研发需求，如开发、测试、预发布环境。好的环境方案可以提高开发调试、项目测试的效率，也可以降低上线的风险，从而缩短整个需求的交付周期，提高生产效率。在业务需求快速迭代的场景下，测试环境最核心的诉求是同一个服务在环境中能够多版本共存，因此提出了多泳道环境的构想。这里引入了环境泳道的概念，环境泳道的实现如图 6-2 所示。

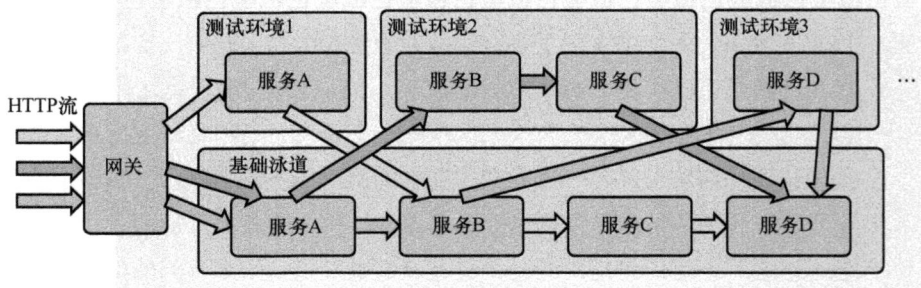

图 6-2　环境泳道的实现

环境泳道是逻辑而非物理上的概念，同一泳道的服务之间可以直接访问，跨泳道的访问需要携带对应标识，若访问的服务在泳道内不存在，请求也不携带标识，则默认路由到基础泳道。

在通算一体系统平台中，我们将不同的应用部署到了不同的泳道中并应用了不同的任务调度算法。基于多泳道思想实现切片功能如图 6-3 所示，在泳道中，用户应用请求基于该泳道中实现的任务调度算法被转发到特定的 Pod 中执行。

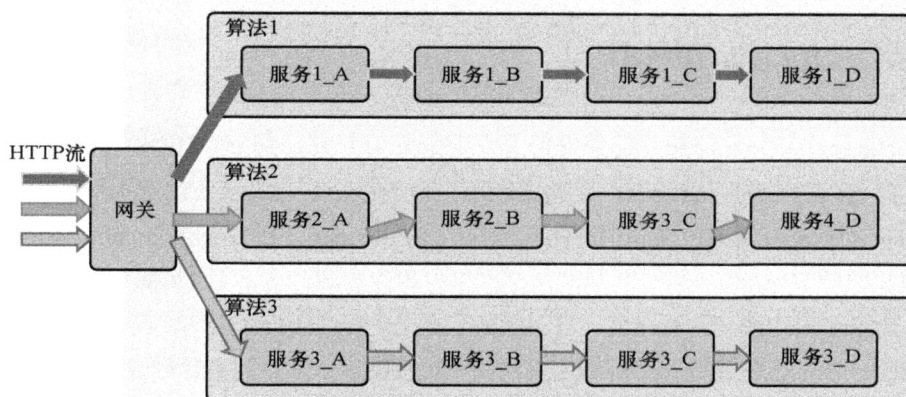

图 6-3　基于多泳道思想实现切片功能

而在管控侧，主要实现了以下功能。

- 资源管理：对通算一体网络中的计算资源、存储资源进行管理，包括资源的分配和监控等。资源管理考虑了多个因素，包括资源类型、容量、使用率、可靠性等。
- 任务管理：系统中同时运行着多种应用，用户侧只关注自己请求的业务的执行情况，而管控侧则需要从全局视角对通算一体网络中的任务进行管理。任务管理需要考虑多个因素，包括任务类型、优先级、执行时间、所需资源等。
- 网络管理：管控侧需要对整个系统的网络资源进行管理，包括网络拓扑、任务转发情况等，实现网络资源的优化配置和动态调整，以提高网络效率。
- 统计分析：对通算一体网络中各种业务的各种指标数据进行统计和分析，包括平均时延、公平性指数等。通过统计分析了解通算一体网络的状态和趋势，以便更好地管理和优化网络。

/6.2　平台体系架构/

本节主要介绍平台实现的体系架构，因为平台基于 K8s 开发，其中的业务以微服务的方式部署，因此，首先介绍 Docker 容器化技术和 K8s 容器编排技术；由于平台中还用到了服务网格的架构模式，因此接着介绍服务网格的相关概念；最后给出平台的具体架构，并介绍每个组件的功能。

6.2.1　Docker 和 K8s

Docker 是一个开源的应用容器引擎，开发者可以十分方便地将应用程序和所需的运行环境打包为容器镜像，以此实现跨平台的移植。对比传统的虚拟机技术，Docker 拥有更轻量的镜像和更高的资源利用率。Docker 使用 Docker Engine 层替换了虚拟机的 Hypervisor 层，直接利用宿主机的硬件资源，避免了资源隔离造成的损耗，降低了资源隔离的复杂度，进而提高了虚拟化程序运行的效率。当然，Docker 在获得较高的运行效率和资源利用率的同时也损失了一部分隔离程度。Docker 的轻量化、敏捷迅速特点使它在微服务架构平台中获得了大量应用。

K8s 是谷歌的一个开源大规模分布式容器编排与管理平台。作为目前微服务架构的通用解决方案，K8s 实现了服务实例的全自动化部署与运维，包括弹性伸缩、服务自动发现和负载均衡、滚动升级和一键回滚等功能。K8s 的前身 Borg 是谷歌内部使用的超大规模集群管理系统，基于容器技术实现了跨多个数据中心对数万台机器上的十万级任务和数千应用的自动化管理，并通过调度策略实现了应用的高可用性和高可靠性，提升了资源的利用率。2015 年，K8s 在总结 Borg 经验与教训的基础上，正式推出 v1.0 版本，并成立了云原生计算基金会（Cloud Native Computing Foundation，CNCF），助力云原生技术的发展。K8s 一经推出，迅速成为容器云平台的优选方案，并促进了服务网格、无服务架构等新的分布式架构的发展。

6.2.2　服务网格

随着现代业务的日趋复杂和业务体积的增加，在传统的单体架构下，业务开发、测试、维护的高昂成本促使产业界开始寻找更加灵活的架构，业务模块间的解耦势在必行。面对后台服务的"高并发、高性能、高可用"要求，2014 年 Martin Fowler 与 James Lewis 共同提出了微服务的概念，将单体程序拆解为一个个微服务，并通过 HTTP API 实现它们之间的通信与调度，自此实现了业务的快速开发交付，极大简化了运维过程。自微服务概念提出以来，各大厂商纷纷推出自己的解决方案，如 Spring Cloud、Dubbo，实现了微服务的自动注册、发现、路由等全自动的运维与管控。虽然这些解决方案的推出极大地降低了微服务的开发和管理难度，但仍然存在语言限制、平台侵入性高、技术栈单一等问题。在这样的背景下，为了实现业务逻辑与其他逻辑的进一步解耦，服务网格作为新一代的微服务架构被提出。

边车（Sidecar）模式出现在服务网格之前，其核心思想是控制和逻辑的分离。在传统微服务架构中，业务程序除了需要实现业务逻辑，还需要适配平台所提供的业务发现、协议转换、熔断、限流等通信和控制层面的功能。边车模式的出现将这部分与业务逻辑无关的功能从业务程序中抽离出来，作为单独的边车程序辅助业务程序，此时开发者只需要专注于业务的开发而无须担心控制、通信层面的内容。基于边车模式，服务网格会为每个运行的微服务部署一个轻量化的代理程序，通过边车程序之间连成的网络实现服务的注册、发现、转发，并运行各种复杂的通信和控制策略，解决了传统微服务架构面临的问题。

服务网格作为处理服务到服务之间通信的基础设施层，实现了业务逻辑与通信控制逻辑的解耦。Istio 作为服务网格最知名的实现，将整体框架分为数据面和控制面，如图 6-4 所示。边车代理作为应用服务的轻量级代理程序，主要负责管理服务间的通信并从控制面获取配置信息，实现了服务发现、负载均衡、身份鉴权、链路追踪等一系列功能。控制面则主要负责管理配置信息、配置规则、认证信息等。

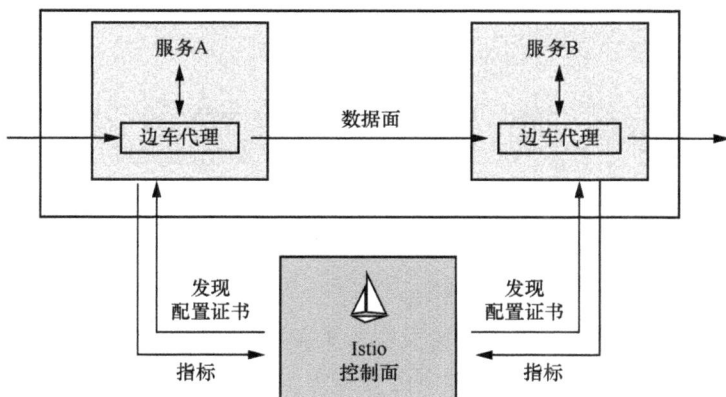

图 6-4 Istio 服务网格

面对算力网络动态复杂的场景和业务流量按需分配的目标，原生 Istio 无法实现智能化的卸载决策。为了充分利用算网信息进行业务请求的灵活调度，我们基于 Istio 的框架，沿用 Istio 提供的数据面代理程序，在控制面独立开发了 Proxyd 模块。Proxyd 模块通过感知与收集算网信息，结合多种智能算法，针对不同业务自动切换，实现了算力资源的动态负载均衡，提高了资源的利用率。在算法模块中，我们预留了对应接口用于开发者自定义算法的加入。同时，Proxyd 模块还支持对分布式多集群的智能管理，进一步拓宽了平台的应用场景。

6.2.3 具体架构展示

1. 集中式通算一体系统

图 6-5 给出了集中式通算一体系统架构，左侧为控制面，右侧为业务面。自下而上分别为端（智能终端设备）、边（异构计算节点）、云（集中式控制器）3 层，使用基于 Docker + K8s 的微服务架构，基于 K8s 进行容器化应用的分布式部署，集成设备接入、计算卸载、业务推理、网络监控、算力网络图、业务流可视化展示与一体化管控平台等功能。

下面分别从云、边、端 3 个层面对该系统进行介绍。

（1）端：包括不同的智能终端设备（物联网设备、计算机、虚拟机、树莓派等），可对计算任务进行预处理。

（2）边：相当于 K8s 中的 agent，负责设备接入、任务调度、智能推理、集群监控、数据导出等功能。

从控制面来讲，其基本功能如下。

① 集群管理：提供 Pod、服务、容器控制器等 K8s 资源可视化展示，以及节点管理、服务部署、容器管理、资源分配等可视化集群管理接口。

② 集群监控：收集算力通告模块获取到的节点资源、网络信息生成算力网络图，提供支持节点、微服务拓扑关系实时动态更新的集群网络拓扑，以及反映节点、容器实时资源使用情况的可视化图表。

③ 弹性伸缩：通过算力网络图模块感知集群、微服务的资源、网络、调用方面的状态信息，基于 K8s 的声明式 API 实现微服务实例弹性伸缩。

从业务面来讲，其基本功能如下。

① 业务接入：包括数据适配（设备数据适配与业务数据适配）、数据有效性验证、数据接入（基于 Client 实现借助库文件接入，基于 RESTful API 实现 HTTP接入）。

② 任务调度：算力建模模块基于节点汇聚的算力网络图，完成任务执行的时延预测，实现任务调度决策，并依据决策将任务数据传输至指定节点。

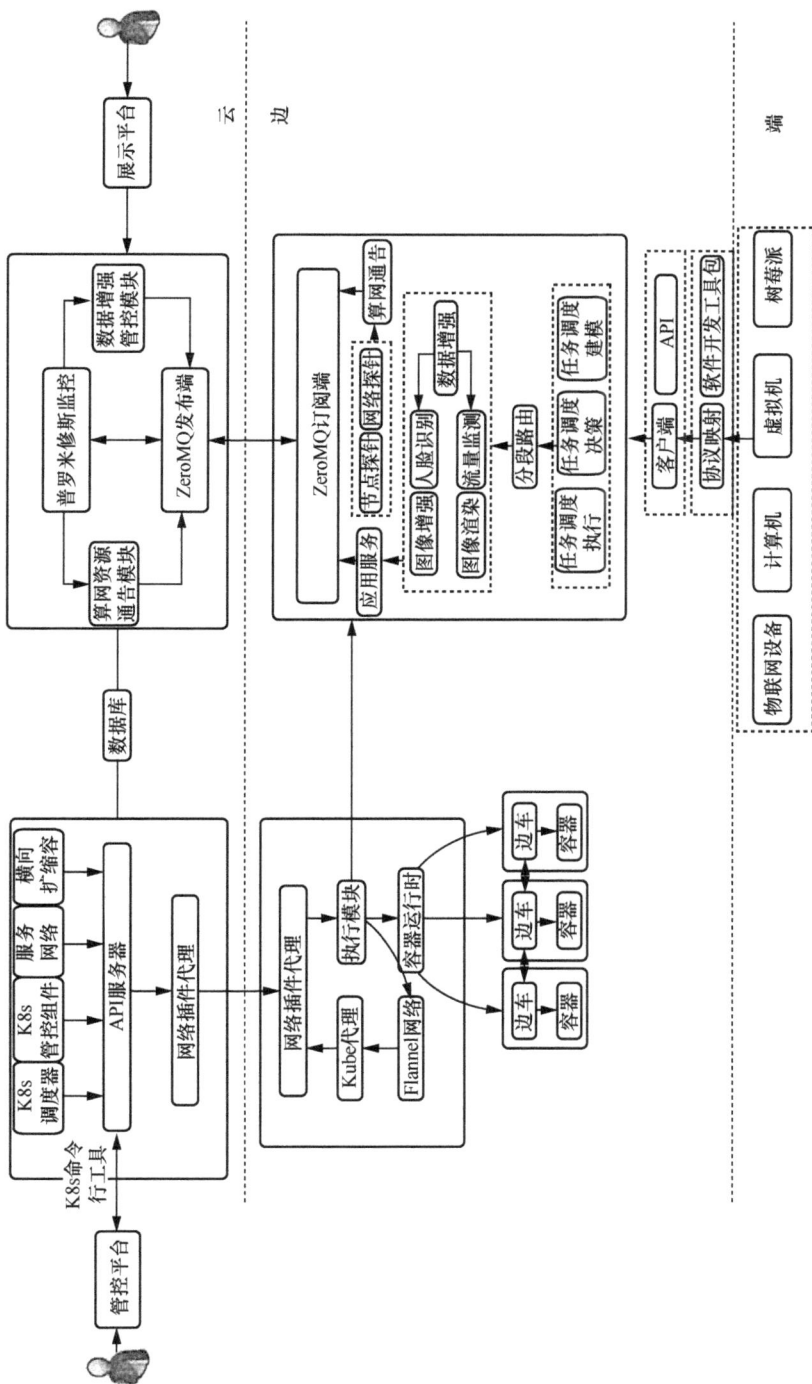

图 6-5　集中式通算一体系统架构

③ 智能推理：推理模块执行相关人工智能推理算法，如人脸识别（Face Recognition，FR）、流量监测（Traffic Monitoring，TM）等，可对视频流进行图像增强（Image Enhancement）与图像渲染（Image Rendering），还可提供神经网络分布式模型训练（Distributed Model Training for Neural Network）的服务。

④ 算力感知与通告：算力感知模块定期收集节点负载数据（包括节点的计算与存储资源负载）与链路质量数据（包括链路速率与建立连接时间）并传输给算力通告模块，算力通告模块将其封装为节点的算力信息，基于分布式一致性协议，完成节点对全网算力信息的汇聚同步，形成算力网络图，发送至云端与算力建模模块。

⑤ 数据导出：对智能推理的输出数据进行导出。

（3）云：相当于 K8s 中的 server，负责集群管控、性能监控、调度管理、界面展示等功能。

从控制面来讲，其基本功能如下。

① 容器互访：基于 Flannel 搭建集群内容器网络，为集群中不同节点上的容器统一分配虚拟 IP 地址，实现容器间的相互访问。

② 流量感知：通过服务网络为集群内 Pod 注入 Sidecar 容器，基于 Sidecar 容器的流量拦截机制实现 Pod 内容器的流量感知。

③ 容器化部署：基于 Kubelet 操作节点上的容器引擎，按照特定配置将容器镜像转化为对应的容器。

从业务面来讲，其基本功能如下。

① 管控平台：与 K8s 的 API 服务器进行交互，提供可视化的容器集群监控信息与全方位管理服务。

② 性能监控：收集汇总网络的性能监控数据，生成统一的网络性能监控日志。

③ 调度管理：抽象封装云端性能监控日志，为边缘端的任务调度提供支持。

④ 界面展示：分析业务执行日志与网络性能数据，提供可视化的业务展示与性能分析服务。

集中式通算一体系统场景示意图如图 6-6 所示。系统由端-边-云 3 层组成，云负责集群管理与性能监控，边流式处理智能终端设备发起的多种智能业务推理请求。

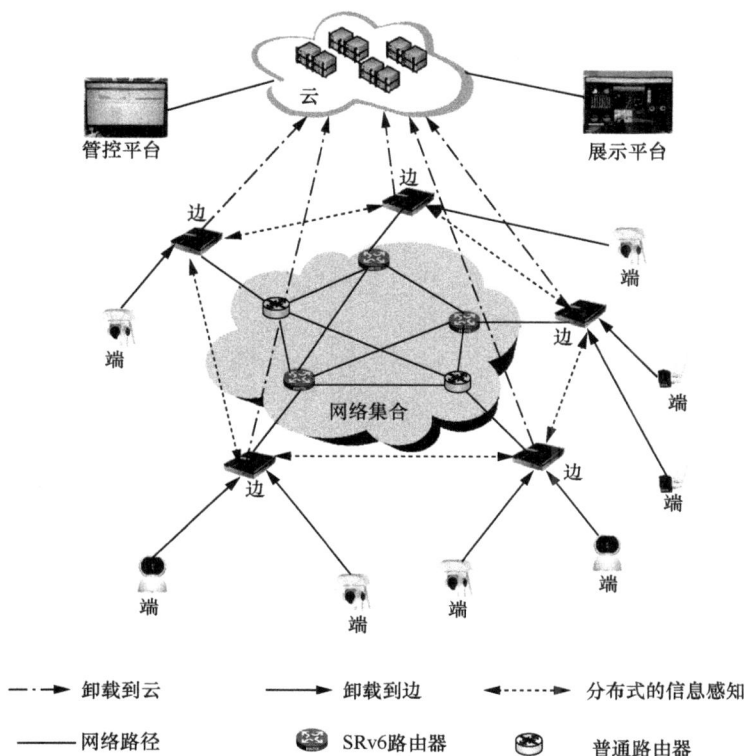

——▶ 卸载到云　　　　——▶ 卸载到边　　　　◀┅┅▶ 分布式的信息感知

——— 网络路径　　　　🖧 SRv6路由器　　　　🖧 普通路由器

图 6-6　集中式通算一体系统场景示意图

由上述场景可以看出，该系统的设计目标主要有 3 个方面。

① 低时延：终端设备的业务多为时延敏感型，平台必须具备提供低时延服务的能力。

② 分布式：所有微服务均部署在集群的各边缘节点上，节点间的数据同步、微服务间的稳定通信、面向业务的负载均衡策略均为需要考虑的内容。

③ 智能化：平台应实现任务智能推理、业务智能调度、服务智能编排、资源智能管控。

2. 混合式通算一体系统

集群内集中式控制、集群间分布式协同的混合式通算一体系统平台架构如图 6-7 所示，其中整个网络由多个 K8s 集群组成，不同的集群之间可以相互通信，当边缘集群不具备公网服务能力时，可以借助公有云作为中间转发节点，实现多个内网集群间的网络层互联互通。

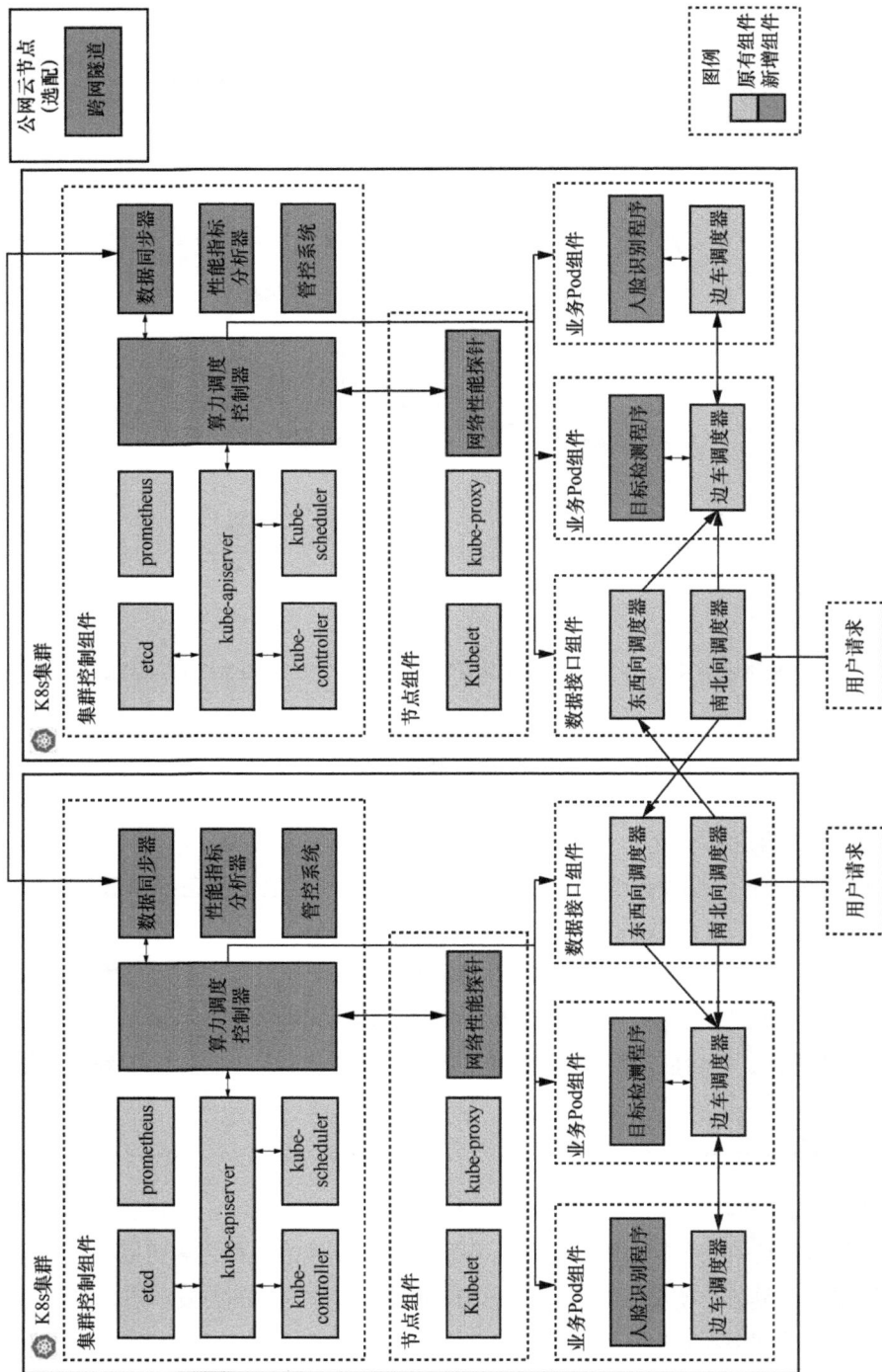

图 6-7　混合式通算一体系统平台架构

　　其中每个集群内主要分为 4 个部分，包括集群控制组件、节点组件、业务 Pod 和数据接口。

- 集群控制组件中除了 K8s 中的 etcd（etcd 是 K8s 集群中的核心组件之一，主要用于存储 K8s 集群的所有配置信息和状态信息）、prometheus（prometheus 是一种开源的监控系统，也是 K8s 集群中广泛使用的监控工具之一）、kube-apiserver（主要用于暴露 K8s API，以便于在集群中的各个组件之间进行通信和协调）、kube-controller（主要用于管理和调度 K8s 中的各种控制器）、kube-scheduler（主要用于实现 Pod 的自动化调度和分配），新增了算力调度控制器（为不同应用的算力调度执行不同的调度算法，计算出任务转发行为的概率，通过采样获得用户业务请求的转发路径）、数据同步器（同步各个集群的信息并为用户业务提供支持）、性能指标分析器（统计和分析各种业务的不同性能指标）和管控系统（为管控者管控整个系统提供图形化的操作方式）。

- 节点组件中除了 K8s 中的 Kubelet（运行在每个节点上，并负责管理该节点上的容器）、kube-proxy（运行在每个节点上，并负责维护节点上的网络规则），还新增了网络性能探针。该探针主要用于实时测量同一个集群中不同节点之间的通信链路带宽和建立 TCP 连接的时延，以及不同集群之间的通信链路质量信息。

- 业务 Pod 组件中主要包含各种业务的应用程序和边车调度器，通过边车调度器的自动化调度和管理，服务网格可以更加高效和可靠地管理应用程序和资源，提高应用程序的性能和可用性。同时，边车调度器还提供了丰富的插件接口，可以扩展和定制服务网格的功能和行为。

- 数据接口组件包括东西向调度器和南北向调度器，用户的请求首先会到达南北向调度器，然后根据算力调度控制器选择的动作，用户的请求会被转发到其他集群的东西向调度器或本集群内的某个业务 Pod 中执行。其中，到达东西向调度器的任务会根据其所在集群的算力调度控制器选择的动作将用户的请求转发到本集群中的某个业务 Pod 中执行。

　　混合式通算一体系统场景示意图如图 6-8 所示，该平台由 3 层组成：终端层、边缘集群层和网络层。终端层的用户设备可以选择要接入的边缘集群子网和发起任务请求。在一个边缘集群中，各种异构边缘节点可以自由组网，其中有一个边缘节点作为管控节点，其他作为工作节点，管控节点负责集群管理、算网资源监控并与其他集群的管控节点进行信息同步，工作节点则负责处理用户的任务请求。网络层负责各个边缘集群之间的通信和任务转发。

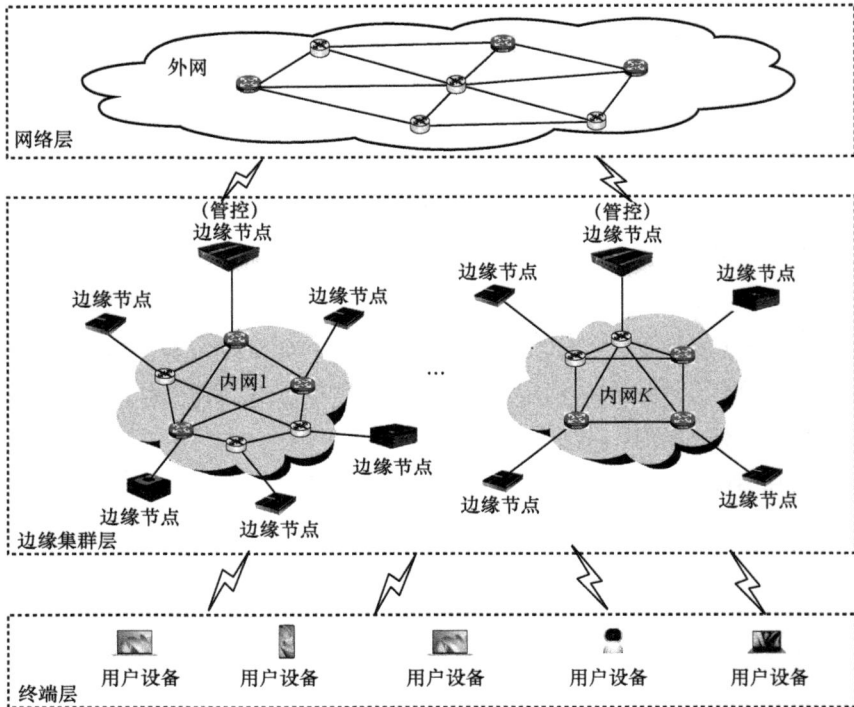

图 6-8　混合式通算一体系统场景示意图

/6.3　平台组成的原子能力模块 /

由于平台采用了微服务架构，因此整个系统由若干原子能力模块构成，这些模块共同作用，使能通信和算力融合，提升了全网资源的利用率并带来了更好的用户体验。本节主要介绍平台组成的一些关键原子能力模块，并阐述每个模块的作用和实现方案。

6.3.1　跨集群通信模块

在边缘计算场景下，边缘集群往往不具备公网服务能力，无法直接承载需要网

络层互联互通的上层应用，因此位于不同内网中的集群之间无法相互通信，会出现
"算力孤岛"，同时用户行为和业务在时间域–空间域–内容域的差异化，会导致全
网的负载情况不均衡。如果按照用户业务请求的峰值来配置集群资源，会导致大
量的资源浪费和能耗，跨集群通信模块将不同的集群互联互通，将实现全网资源
的按需调度、用户业务的降耗增效。跨集群的通算一体测试平台设计如图 6-9 所
示，平台中借助一台拥有公网服务能力的云主机，基于虚拟专用网（Virtual Private
Network，VPN）技术，实现多个内网集群间网络层的互联互通。

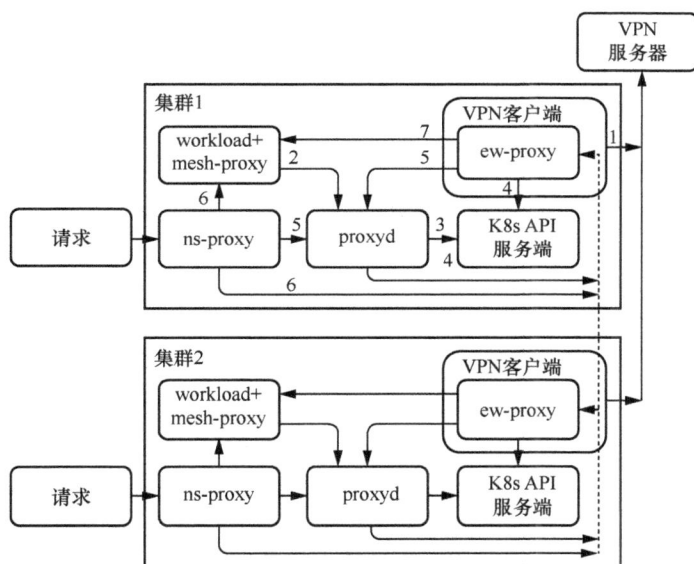

图 6-9　跨集群的通算一体测试平台设计

以下是基于 VPN 技术实现不同内网之间互联互通的一些关键步骤。

（1）部署 VPN 服务器：首先需要在具有公网服务能力的公有云中部署一个
VPN 服务器，用于提供安全的虚拟通道。可以选择使用商业 VPN 服务或搭建自
己的 VPN 服务器。

（2）配置 VPN 客户端：在需要访问其他内网资源的算力节点上安装并配置
VPN 客户端，以建立与 VPN 服务器的连接。不同的 VPN 客户端有不同的配置方
式，但通常需要提供 VPN 服务器的地址、用户名和密码等信息。

（3）建立 VPN 隧道：一旦 VPN 客户端成功连接到 VPN 服务器，就可以通过
VPN 隧道建立安全的连接。VPN 隧道将内网数据包加密，并通过公共网络传输到

公有云中的 VPN 服务器上，然后解密并交付给目标内网。

（4）配置内网路由：为了使不同内网之间能够互相访问，需要在每个内网的路由器上配置相应的路由规则。这些规则告诉路由器如何将内网数据包发送到其他内网，并通过 VPN 隧道进行加密和解密。

通过以上步骤，就可以实现不同内网之间的互联互通，使远程访问内网中的资源更加方便和安全。VPN 技术可以提供安全的虚拟通道，加密内网数据包，保护内网数据的隐私和安全。

6.3.2　信息感知与通告模块

该模块旨在实现对系统中各个部分网络、算力和负载等状态数据的实时感知和收集，其中网络状态是基于网络性能探针获取的，其他信息由 kube-apiserver 获取。kube-apiserver 是 K8s 集群中的一个组件，它是 K8s API 的前端组件，所有的 API 请求都会经过 kube-apiserver 进行处理。kube-apiserver 可以通过 K8s API Server 提供的 RESTful API 获取各个 Pod 的资源信息，包括但不限于以下信息：

- Pod 的名称和命名空间；
- Pod 所属的节点名称；
- Pod 的 IP 地址和端口号；
- Pod 所使用的容器镜像信息；
- Pod 中所有容器的运行状态和资源使用情况；
- Pod 中各个容器的环境变量、命令、参数等信息。

可以使用 K8s API Server 提供的 kubectl 命令行工具或者使用客户端库来访问 K8s API Server，从而读取各个 Pod 的资源信息。例如，可以使用 kubectl get pods 命令列出所有的 Pod，并查看它们的状态和资源使用情况；也可以使用客户端库（如 Python 的 kubernetes 库）来访问 K8s API Server，从而获取各个 Pod 的详细信息。

网络性能探针的工作流程如图 6-10 所示。该网络性能探针主要获取两个层次的网络状态信息：不同集群之间和不同节点之间。每个节点上都部署了一个网络性能探针的微服务，通过周期性地向其他节点的网络探针发送两次 HTTP 请求，两次请求发送的数据量互不相同，通过两次请求往返时延的差值以及两次发送的数据量可以获得网络的带宽和建立 TCP 连接的时延信息。

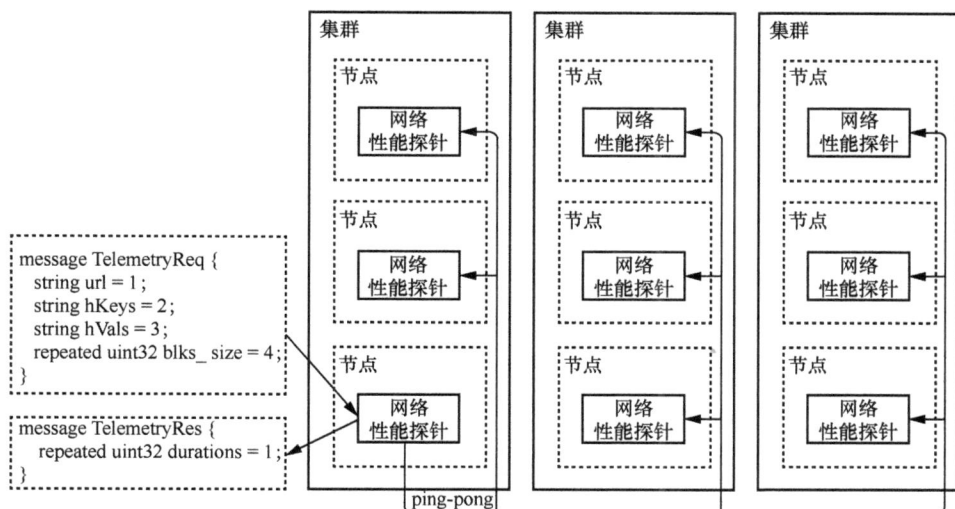

```
message TelemetryReq {
    string url = 1;
    string hKeys = 2;
    string hVals = 3;
    repeated uint32 blks_ size = 4;
}

message TelemetryRes {
    repeated uint32 durations = 1;
}
```

图 6-10　网络性能探针的工作流程

通过以上步骤,每个集群都可以感知到算力信息,接下来就需要各个集群之间相互通告算力信息,实现全网资源的协同感知。集群中的任务调度算法执行模块依据获得的全网资源信息,做出计算卸载决策,从而实现资源的协同配置。

在算力通告领域,业界目前提出的方案是将网络资源与算力资源进行深度融合,通过现有的路由协议携带算力信息,在路由表收敛的同时同步节点间的算力信息。但是,简单的扩展路由协议实现算力信息的通告存在较多问题,如传统路由表的收敛时间在分钟级,无法满足算力网络中对算力设备实时感知的需求;提高路由协议的通告频率会增大网络通告开销,导致路由振荡等问题,会严重影响网络质量。针对上述问题,本节设计了一种基于自组织神经网络的多径通告方案。

算力通告模块包含多径选路模块和通告报文转发模块,其中多径选路模块运行设计的多径选路算法,选出若干条时延较短的通告路径,并从算力感知模块中获取最新的算力网络图(ComNet),打包后发送给通告报文转发模块;通告报文转发模块依据多径选路模块生成的路径,转发通告报文。多径通告方案的具体步骤如下。

(1)算力感知模块利用感知到的算力资源信息更新本地算力网络图。同时,将最新的算力网络图发送给外部设备和多径选路模块。

(2)多径选路模块依据收到的算力网络图,运行设计的多径选路算法,找到若干条总往返时延较短的通告路径,并将这些路径放于算力网络图数据包的包头部位，发送给通告报文转发模块。

（3）通告报文转发模块根据从其他算力节点收到的算力网络图数据包更新本地算力网络图，同时依据包头的下一跳地址转发算力网络图数据包给其他算力节点。

该方案可以根据设备数量自适应地调整通告路径数量，同时兼顾通告开销和收敛时间两个评价指标，从而可以在较低的通告开销下，仅花费较短时间即可使全网算力节点达到算力信息同步状态。

算力通告微服务将感知的算力信息进行封装，形成单节点的算力信息数据；基于 ZeroMQ 协议与分布式一致性算法，在向其他节点发送本节点的算力信息数据的同时，获取其他节点的实时算力信息数据，通过整合数据实现对全网算力信息的汇聚同步，从而生成算力网络图。

算力网络图概念的提出是为了便于衡量网络中的全局资源情况，它是一种加权有向无环图模型，其结构如图 6-11 所示，图中的节点即边缘计算节点，边即边缘计算节点之间的链路。算力网络图以快照的方式周期性地保存当前的全网性能数据，对网络算力状态进行可视化展示，直观判断全网各节点的负载状况，为调度决策提供了有效的数据支撑。

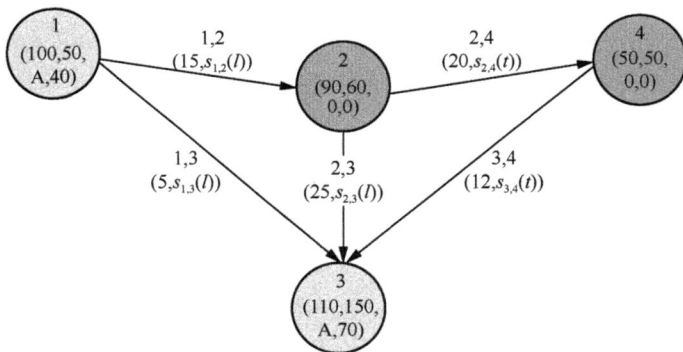

图 6-11　算力网络图结构

算力网络图的数据构成如图 6-12 所示，包括 id、origin、nodes、links 这 4 个部分，下面分别进行介绍。

- id：为算力网络图的快照 ID，当传输单节点的算力信息数据时，用版本号表示；当传输算力网络图时，用当前的时间戳（精确到毫秒）表示。

- origin：用于表示数据的来源信息，当传输单节点的算力信息数据时，用节点的 IP 地址表示，用于区分数据来源；当传输算力网络图时，可不填。

```
message ComNet {
  string id = 1;
  string origin = 2;
  message Node {
    string ip = 1;
    repeated double restComputing = 2;
    repeated double restStorage = 3;
  }
  repeated Node nodes = 3;
  message Link {
    string nodeFrom = 1;
    string nodeTo = 2;
    double rate = 3;
    double esDelay = 4;
  }
  repeated Link links = 4;
}
```

图 6-12　算力网络图的数据构成

- nodes：为边缘计算节点的资源负载数据，包括节点的 IP 地址、节点的计算资源负载（restComputing，包括节点的核数、主频与计算资源实时占用比例）、存储资源负载（restStorage，包括节点的存储资源总量与存储资源实时占用比例）。
- links：为边缘计算节点间的链路质量数据，包括链路的源节点与目的节点的 IP 地址、链路的平均速率、建立通信链路所需要的时间。

算力网络图的生成依赖通过 HTTP 调用资源管控模块的 RESTful API 获取实时资源负载，因此在实际的生产实践中，算力网络图的生成周期不宜太短，以秒为单位作为更新级别。

生成的算力网络图可发送至任务调度算法与执行模块进行算力建模，用于建模业务的处理时延情况，从而用于调度决策，也可发送至管控模块进行 Pod 调度管理，并交付于管控平台与展示平台进行可视化展示。

6.3.3　任务调度算法与执行模块

该模块主要根据信息感知与通告模块获取的全网的资源状态和用户业务的到达特征，通过算力建模和任务调度算法计算出用户请求到达某个边缘集群的南北向网关时各种任务调度行为的概率，然后通过采样决定将任务调度到其他某个集群还是调度到本集群的某个业务 Pod 中执行。如果用户请求被调度到其他集群，该用户请求到达目标集群的东西向调度器时，还会通过采样决定调度到目标集群的某个业务 Pod 中执行。因此，用户请求到达某个集群的南北向调度器后，或者被转发到本集群的某个业务 Pod 中，或者先转发到其他某个集群的东西向调度器，再转发到该集群的某个业务 Pod 中。接下来，介绍算力建模和算法执行的主要步骤。

（1）算力建模

当定义 Pod 时，可以选择性地为每个容器设定所需要的资源数量。最常见的可设定资源是 CPU 和 RAM 大小。CPU 资源的限制和请求以"cpu"为单位。当定义一个容器，将其 CPU 资源设置为 0.5 时，所请求的 CPU 是请求 1.0 CPU 时的一半。对于 CPU 资源单位，数量表达式 0.1 等价于表达式 100m，可以看作"100 millicpu"，也可以说成"一百毫核"。CPU 资源总是设置为资源的绝对数量而非相对数量值。例如，无论容器运行在单核、双核还是 48 核的机器上，500m CPU 表示的是大约相同的计算能力。内存资源的限制和请求以字节为单位。可以使用普通的整数，或者带有以下数量后缀的定点数字来表示内存，即 E、P、T、G、M、k，也可以使用对应的 2 的幂数，即 Ei、Pi、Ti、Gi、Mi、Ki。

定义好 Pod 后，该 Pod 只能运行特定的业务，因此 Pod 的资源将会和业务耦合，需要在服务部署前充分研究用户请求的各种业务在时域−空域−内容域的特征，定制化地部署各种业务 Pod，为每个 Pod 分配好各种资源，从而可以和业务特征相互适配，提升资源利用率。

为了建模每个业务 Pod 的算力资源，可以把每个业务 Pod 提供的实时计算能力看作一个黑箱，由于单个用户请求的处理时延与 Pod 性能、任务特征、任务并发数相关，因此可以通过采集不同 Pod 性能、任务特征、任务并发数下单个用户请求的处理时延，利用神经网络模型实现 Pod 提供的实时计算能力与时延之间关系的拟合，从而提前测定若干组不同容器状态下处理指定业务的时延（只包含处理）数据，通过预测单个用户请求的处理时延来表征每个业务 Pod 提供的实时计算能力。

其中，Pod 性能包括计算资源、存储资源与 I/O 资源，为计算与存储资源设置 3 个子参数（资源总量、任务到达时的资源占用比例、任务执行时的资源平均占用比例），为 I/O 资源设置两个子参数（任务到达时的 I/O 读写速度、任务执行时的 I/O 平均读写速度）。任务特征包括任务工作量、输入数据量，其中任务工作量与处理该任务所需算法的时间复杂度成正比；并发数（K）表示每个 Pod 允许同时执行任务的个数。

具体而言，算力建模微服务将各边缘节点能提供的实时算力视为黑盒，根据预测试的节点处理业务的时延情况，利用神经网络模型，评估该算力池针对主要的 AI 算法所能提供的算力资源的大小，实现基于预测的广义算力建模。

算力建模是目前学术界的研究新热点，可供直接参考的典型案例并不多。在实际的工程实践中，本节提出了一种针对具体业务的算力建模形式。由于系统中任务调度的优化目标是请求的响应时延最小，其中响应时延主要由传输时延与处理时延组成，可以分别对传输时延与处理时延的求解式进行分析，得出面向具体业务的算力建模方案。

首先对传输时延进行分析。由于在传输的过程中，信道的质量可被认为是恒定的，因此，可以认为传输时延与任务的数据量成正比。可以预先发送一些数据大小已知的单位数据包，获取传输单位数据包的时延，从而换算出传输数据量 D 的计算任务的时延。即从端侧设备 m 传输到边缘计算节点 n 的传输时延 $\tau_{m,n}^{\text{up}}$ 可以表示为

$$\tau_{m,n}^{\text{up}} = \frac{D}{r_{m,n}} = \frac{D}{D_0} \tau_{m,n}^{\text{up},0} \tag{6-1}$$

其中，D_0 为单位数据包的数据量，$\tau_{m,n}^{\text{up},0}$ 为传输单位数据包的时延。

接下来对处理时延进行分析。事实上，处理时延与节点性能、任务特征、并发数等多类参数相关，可以表示为

$$\tau_{\text{proc}}^{n} = G(P, S, K)(0 \leqslant U_{[\cdot]} \leqslant 1, K \geqslant 1, K \in \mathbb{Z}) \tag{6-2}$$

其中，$G(\cdot)$ 为关系函数，形式未知；P 为节点性能，可以展开为 $P = ([F_s, U_{F_0}, \overline{U_F}],$ $[C_s, U_{C_0}, \overline{U_C}], [E_0, \overline{E}])$，其包括计算资源 F、存储资源 C 与 I/O 资源 E。计算与存储资源由 3 个子参数表征，分别是资源总量（$[\cdot]_s$）、任务到达时的资源占用比例（$U_{[\cdot]_0}$）、任务执行时的资源平均占用比例（$\overline{U_{[\cdot]}}$）；I/O 资源由两个子参数表征，分别是任务到达时的 I/O 读写速度（E_0）、任务执行时的 I/O 平均读写速度（$\overline{E}$）。S 为任务特征，可以展开为 $S=[W, D]$，其包括任务工作量 W、输入数据量 D；其中，任务工作量与处理该任务所需算法的时间复杂度成正比；记 K 为并发数，表示每个节点允许同时执行任务的个数。

因此，我们可以通过提前测定一系列实际数据，借助神经网络建立任务处理时延与节点性能、任务特征、并发数的关系，从而绕过函数 $G(\cdot)$ 的具体形式，实现在给定网络状态下对任务处理时延的预测。

（2）算法执行

任务调度算法执行则是根据算力建模得到的全网资源状态和用户业务的特征求解出用户请求向各个业务 Pod 调度的最佳概率值，在执行任务调度时通过采样获得实际动作。

具体地，可以将任务调度问题转换为加权二部图匹配问题，将请求与容器看作

加权二部图的两个子集，将容器处理请求的响应时延的负数看作边的权重，进而基于改进的图论算法（经典 KM/改进 GS 系列）进行求解。然而，在实际场景中并不能总是保证请求数不多于容器数，因此需要对匹配算法进行改良，以支持请求并发数较高的情形。

记请求的总数为 R，容器的总数为 C。由于优化目标为响应时延最小化，为了保证每个请求优先完成，当 $R \leq C$ 时，每个请求会被优先调度到不同的容器执行（即每个容器在同一时刻倾向于只接收一个请求）；然而当 $R > C$（即请求并发数过大）时，如果每个容器仍只同时接收一个请求，将导致 $R-C$ 个请求被网络拒绝，导致业务交付率下降，影响用户体验，因此需要对原有策略进行改进，以支持每个容器为多个请求提供服务。在保证图论算法不变的前提下，可以对原加权二部图模型进行扩充，具体地，包括以下两种扩充策略。

① 最小扩充策略：在右部补充 $C\left\lceil \dfrac{R}{C} \right\rceil - C$ 个虚拟节点，再在左部补充 $C\left\lceil \dfrac{R}{C} \right\rceil - R$ 个虚拟节点，其矩阵较小，方便计算，但限制了每个容器能接收的最大请求数。具体的扩充示例如下。

$$
\begin{bmatrix} x_{11} & x_{12} \\ x_{21} & x_{22} \\ x_{31} & x_{32} \end{bmatrix} \rightarrow \begin{bmatrix} x_{11} & x_{12} & x_{11} & x_{12} \\ x_{21} & x_{22} & x_{21} & x_{22} \\ x_{31} & x_{32} & x_{31} & x_{32} \\ \infty & \infty & \infty & \infty \end{bmatrix} \tag{6-3}
$$

② 最大扩充策略：在右部补充 $R(C-1)$ 个虚拟节点，再在左部补充 $C(R-1)$ 个虚拟节点，其矩阵较大，计算复杂度相对高，但每个节点能接收的最大请求数无限制。具体的扩充示例如下。

$$
\begin{bmatrix} x_{11} & x_{12} \\ x_{21} & x_{22} \\ x_{31} & x_{32} \end{bmatrix} \rightarrow \begin{bmatrix} x_{11} & x_{12} & x_{11} & x_{12} & x_{11} & x_{12} \\ x_{21} & x_{22} & x_{21} & x_{22} & x_{21} & x_{22} \\ x_{31} & x_{32} & x_{31} & x_{32} & x_{31} & x_{32} \\ \infty & \infty & \infty & \infty & \infty & \infty \end{bmatrix} \tag{6-4}
$$

扩充后的虚拟节点与其他节点间边的权重的确定规则如下：左部实际节点 r 与右部虚拟节点 c 之间边的权值，与左部实际节点 r 与右部实际节点 $R\left\lceil \dfrac{C}{R} \right\rceil$ 之间的边的权值相等；左部虚拟节点 r 与右部实际节点 c 之间边的权值均为 ∞。

在实际的调度微服务设计中，我们采取最小扩充策略的模式，其加权二部图扩充原理示意图如图 6-13 所示。

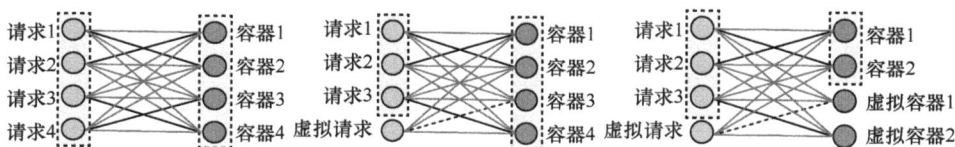

注：当 R= C 时，传统的匹配算法可以直接使用；当 R<C 时，可以增加 C–R 个虚拟请求后再使用传统的匹配算法；当 R>C 时，可以增加 C×ceil(R/C)–C 个（其中 ceil 表示向上取整）虚拟容器，然后增加一些虚拟请求使两边数量一致后再使用传统的匹配算法。

图 6-13　加权二部图扩充原理示意图

6.3.4　系统管控分析模块

该模块主要分为两个部分：管控和性能分析。管控部分面向系统管理者，综合系统各部分信息并展示图表数据大盘，管控平台展示界面如图 6-14 所示，该管控用户界面（User Interface，UI）左侧展示了各种业务性能指标；中上侧图表通过节点地理分布图展示各个算力节点的拓扑情况；中下侧图表展示了跨集群流量调度权重热力图，表示实时的算法执行结果；而右上角的图表展示了平台中所有Pod 的信息列表，用来实时监控 Pod 的运行状态；右下角的扇形图则展示了各个集群的负载情况。

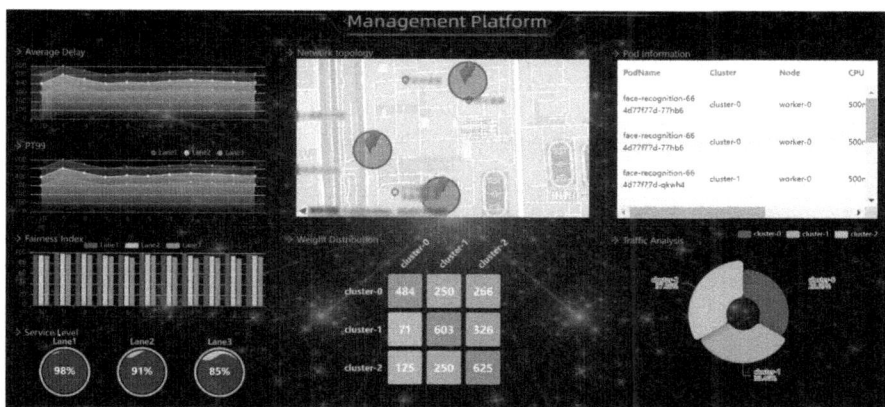

图 6-14　管控平台展示界面

作为管控者，仅仅观察平台的运行状况是不够的，还需要通过 UI 与平台进行交互操作。管控平台操作界面如图 6-15 所示，管控者通过该 UI 可以操作平台中运行的各个业务 Pod，当通过展示界面观察到某个业务 Pod 运行状态异常时，可以通过操作界面将该业务 Pod 销毁或者重启；同时可以通过该界面进行业务 Pod 的部署和资源分配，从而管控整个平台的运行。

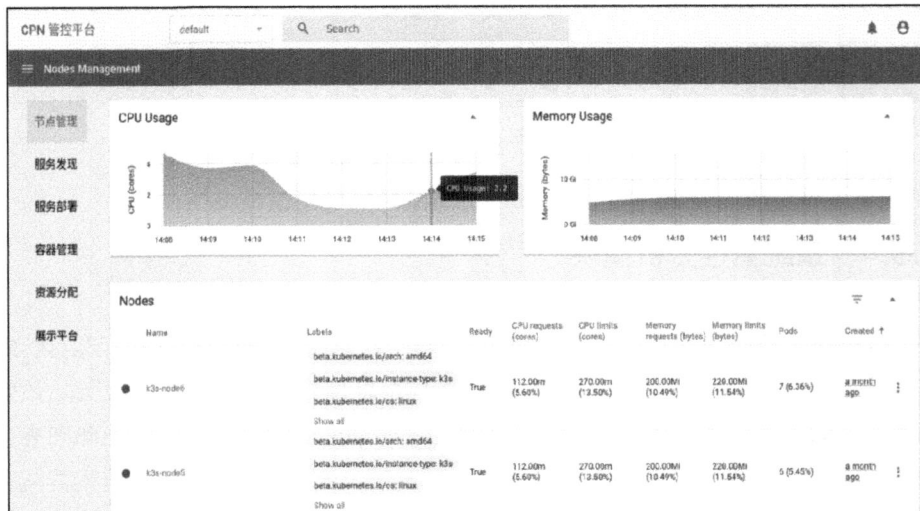

图 6-15　管控平台操作界面

/6.4　平台业务展示 /

本节主要展示在平台中运行的各种用户业务，通过对各种用户业务的性能指标分析来验证在通算一体系统平台中实现的各种关键技术。

6.4.1　人脸识别

人脸识别业务用户界面如图 6-16 所示，针对用户需求和平台关键技术验证效果展示，该用户界面主要分为 6 部分，左侧和中间这 4 个部分内容针对用户需求，右侧两部分针对业务性能。

其中，位于左上的模块包括 4 个按钮和 1 个展示信息框，其中 4 个按钮分别为摄像机开启按钮和 3 种模式切换按钮（包括传统模式、时延敏感模式和负载均衡模式），信息展示框内展示当前所选择的模式，该模块中的图像为摄像机捕捉到的实时图像。

位于中上的模块则是人脸识别业务的处理结果，当所识别的人脸信息已经被登记时，将会返回识别出的人的名字信息；而当所识别的人脸信息未被登记时，则返回预测的该人的性别和年龄信息。

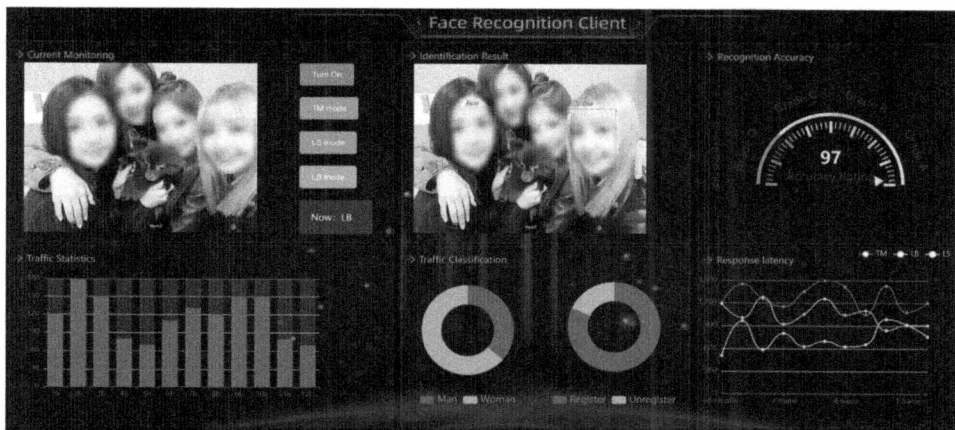

图 6-16　人脸识别业务用户界面

位于左下部分的图表展示的是各个时间段的人流量信息，位于中下的扇形图表示识别到的人流量分类统计，这两个业务均是基于人脸识别算法衍生出来的辅助应用，可以为用户提供更多的信息服务。

位于右上部分的图表展示的是每帧图像由人脸识别算法预测的准确率信息，位于右下部分的图表展示的是当前模式下每帧图像端到端的响应时延随图像帧的变化。

人脸识别业务是基于计算机视觉技术，通过图像或视频中的人脸来确定人物身份的一种应用。下面是一般的人脸识别业务的实现步骤。

（1）数据采集：需要采集人脸图像或视频，以建立人脸识别模型。数据可以从摄像机、图像库或视频文件中获取。在此阶段还可以对数据进行预处理，如裁剪、缩放、灰度化、亮度调整等。

（2）人脸检测：在采集到的数据中，需要使用人脸检测算法找到人脸的位置。常见的人脸检测算法包括 Haar 特征分类器、卷积神经网络等。

（3）人脸对齐：在检测到人脸后，需要将人脸对齐到一个标准的位置和大小，以便后续的特征提取和匹配。人脸对齐方法可以通过基于 3D 重建的方法或基于 2D

仿射变换的方法来实现。

（4）特征提取：提取人脸图像中的特征信息，将其转换为数字特征向量，以便于后续的匹配。常见的特征提取算法包括局部二值模式（Local Binary Pattern，LBP）、方向梯度直方图（Histogram of Oriented Gradient，HOG）、尺度不变特征变换（Scale-Invariant Feature Transform，SIFT）、加速稳健特征（Speeded Up Robust Feature，SURF）、DeepFace 等。

（5）特征匹配：将待识别的人脸特征与数据库中的人脸特征进行匹配，找到最相似的一组特征向量。匹配算法可以使用欧几里得距离、余弦相似度等计算相似度。

（6）身份识别：将匹配结果与数据库中的人脸信息进行对比，以识别身份。如果匹配结果超过一定阈值，则可以认为是同一人。

需要注意的是，不同的人脸识别应用有不同的需求和特点，实现细节和算法选择也会有所不同。

我们的人脸识别业务使用 Python/Golang 语言实现，它基于 Haar 分类器或 OpenCV-SSD 模型实现人脸检测，基于 FaceNet-TFLite 实现人脸识别，基于 gender-net 与 age-net 模型实现性别与年龄预测。在我们的人脸识别微服务中，无须引入 PyTorch 或 TensorFlow 包，仅需 TFLite 与 OpenCV 即可满足上述功能，模块足够轻量化。

具体地，所设计的人脸识别模块中，人脸检测的原理为满足 5 项 Haar 特征，或置信度大于 DETECT_THRESHOLD 则认定为人脸；人脸识别的原理为求解目标人脸特征与数据库人脸特征向量的欧几里得距离 np.linalg.norm()，取出距离最小的前 PEAKS 项，若前 PEAKS 项的距离平均值 np.mean() 大于 RKG_DIST_THRESHOLD，则认定为陌生人。

为促进云边协同，我们设计了 Redis 主从数据库，并将人脸特征生成与人脸识别拆分为两个微服务，人脸特征生成负责基于模型和数据集训练得到人脸特征并上传到 Redis-master 节点（云端部署），人脸识别负责从 Redis-slave 拉取得到的最新人脸特征完成人脸识别（边端部署），通过 Flask 服务器进行交互，保证边端的业务推理无状态性。

我们设计了简单的命令行交互以降低云端人脸特征数据的导入难度，业务推理云实现基于命令行的人脸特征数据处理示意图如图 6-17 所示，其中对人脸特征导入的常见操作（增加人脸特征、删除人脸数据、更新人脸特征）进行了演示。

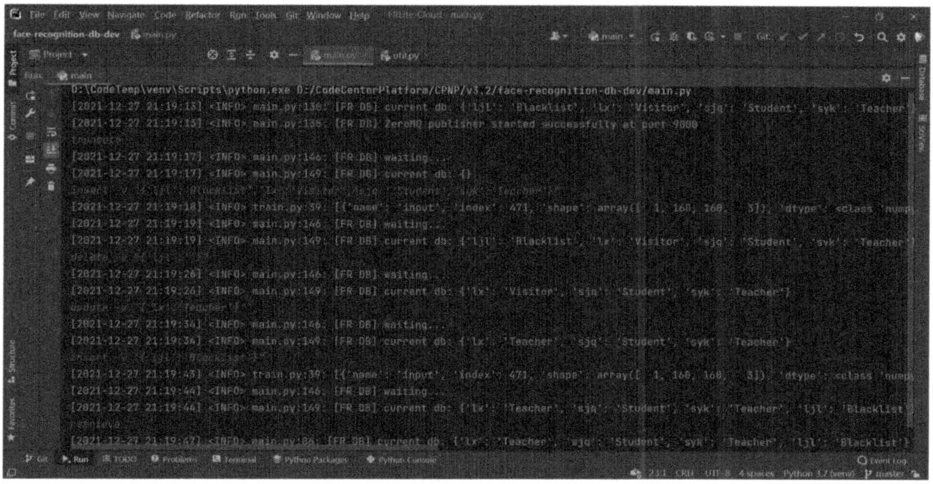

图 6-17 业务推理云实现基于命令行的人脸特征数据处理示意图

6.4.2 多目标检测

多目标检测业务的用户界面如图 6-18 所示，该用户界面主要包括 3 部分信息，分别为识别画面显示、实时摄像机信息以及识别时延信息。其中，识别画面显示会将所有识别到的物体采用不同颜色的框标注，并标注识别出的物体名称以及相应的概率。

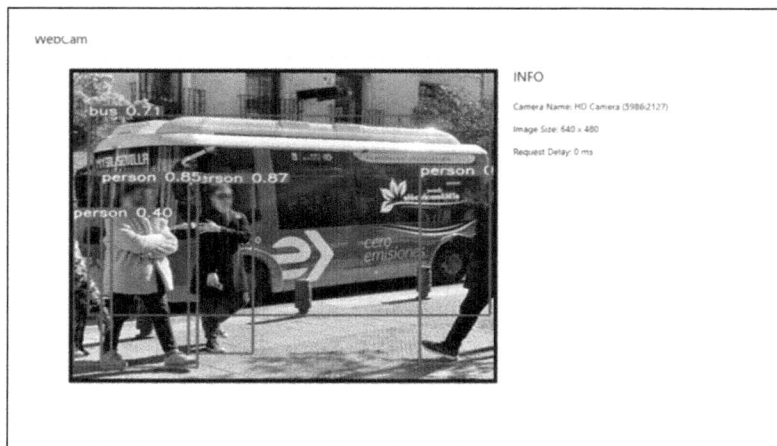

图 6-18 多目标检测业务的用户界面

多目标检测是计算机视觉领域的一项技术，其目标是在一张图像或一个视频中同时检测出多个不同的目标，并标注它们的位置和类别。在实际的业务场景中，多目标检测的应用非常广泛，如智能监控、自动驾驶、无人机航拍、安防等领域。

传统的目标检测方法通常只能检测一种目标，如人脸、车辆等。而多目标检测技术则能够在一张图像或一个视频中同时检测多种不同的目标，如人、车、交通信号灯等。多目标检测的目标检测器通常是基于深度学习的模型，如 Faster R-CNN、YOLO 和 SSD 等。在平台中，该业务使用 Python 语言编写，基于 gRPC + TensorFlow Lite 库实现，使用了 TensorFlow 物体识别 Model Zoo 的 SSD MobileNet v2 320x320 物体识别预训练模型，十分适合在小型设备上部署。该模块足够轻量化，充分利用了 Python asyncio 协程优化技术。

多目标检测技术的应用非常广泛。在智能监控领域，多目标检测技术可以用于监测多个行人、车辆和物品等，提高监控效果和安全性。在自动驾驶领域，多目标检测技术可以帮助车辆识别并跟踪周围的其他车辆、行人和障碍物等目标，从而实现智能驾驶。在无人机航拍领域，多目标检测技术可以用于识别建筑物、车辆和人员等。在安防领域，多目标检测技术可以用于识别和监测入侵者，提高安全性和预警效果。

需要注意的是，多目标检测技术仍然存在一些挑战，如在复杂场景中目标的遮挡、重叠和变形等问题。同时，多目标检测技术也需要在模型精度和运行速度之间做出平衡。

6.4.3 联邦学习与图像渲染

最后，我们的平台中还部署了联邦学习业务和图像渲染业务。联邦学习是一种新型机器学习范式，可以在一个聚合服务器的协调下实现多个客户端的并行模型训练。随着人工智能技术的发展，在算力网络中实现定制化的分布式 AI 模型训练成为用户的重要需求。为了解决用户数据的"数据孤岛"问题和隐私保护问题，联邦学习技术成为近年来分布式训练的研究和应用热点。为此，我们利用 MNIST 手写数字图片数据集，在平台中训练了一个自定义卷积神经网络（Convolutional Neural Network，CNN）模型，用于处理分类问题，对模型的评分进行监控，并分发给展示平台后端。

图 6-19 所示是联邦学习业务的流程，首先，客户端将当前模型状态参数与不同样本集打包成多个谷歌远程过程调用（Google Remote Procedure Call，gRPC）请求，并行发送给算力网络平台进行调度。之后平台控制层根据网络中的服务部署和

调度算法，将请求分发给各服务端实例进行计算，并返回梯度向量。最后，客户端
汇总各请求响应并更新模型状态参数，由此完成一轮迭代。

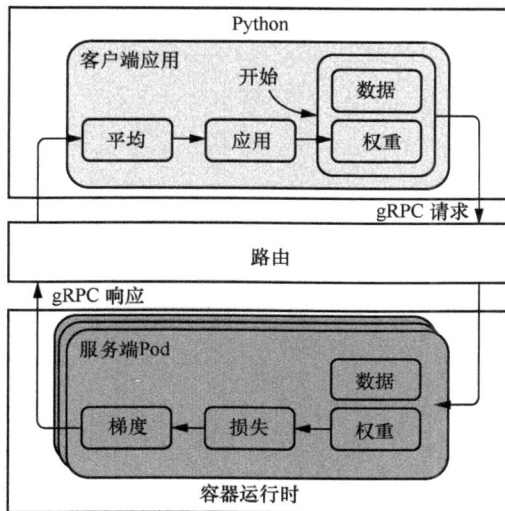

图 6-19　联邦学习业务的流程

　　随着移动端图像处理相关 App 的广泛推广，大量的图像增强和渲染业务需求
不断涌现。为了进一步降低设备端进行图像处理的能耗，我们将用户上传的图像处
理请求调度至算力平台中的图像渲染程序进行处理，降低了用户时延，提升了用户
体验。图 6-20 所示是图像增强与渲染业务的流程，图像渲染程序从业务转发模块
获取比特流，并将其解码成图像文件，基于对比度有限的自适应直方图均衡化
（Contrast Limited Adaptive Histogram Equalization，CLAHE）与滤波及二值化处理，
实现了图像增强与渲染，最后将结果编码为比特流，发送给展示平台后端模块。

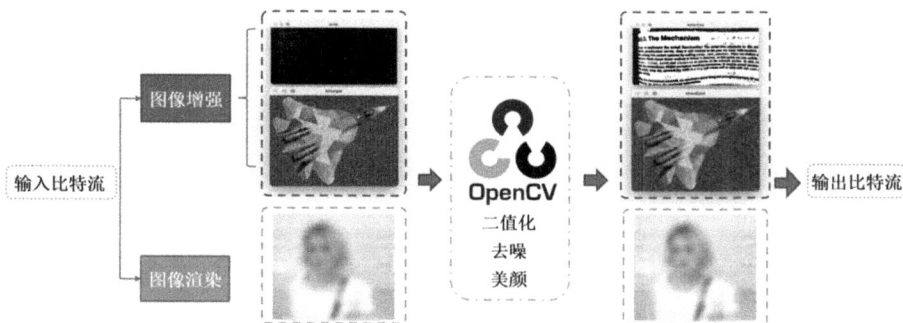

图 6-20　图像增强与渲染业务的流程

最后，通过关键技术验证平台，我们展示了联邦学习业务和图像渲染业务的效果与统计信息。关键技术验证 UI 如图 6-21 所示，在图 6-21 中，用户请求渲染图像的输出结果和联邦学习训练的实时精度、误差均可以通过验证平台进行实时监控，并在左上方服务统计中对比了本地执行业务和卸载执行业务的时延情况。通过算力平台对资源的统一管控与调度，将图像渲染业务和联邦学习业务的平均时延降低了一半以上，并在联邦学习模型上实现了约 97% 的准确率。

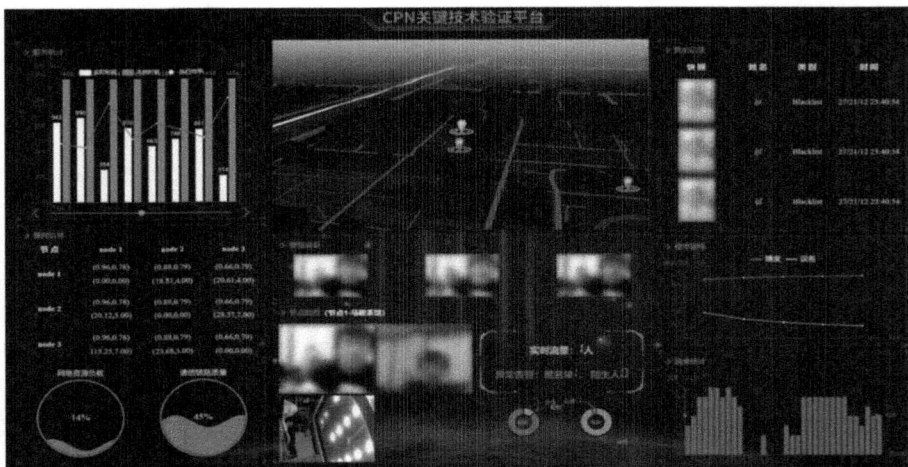

图 6-21　关键技术验证 UI

/6.5　平台研究展望/

未来的业务将越来越复杂，单体架构早已不适用，因此微服务架构被提出并广泛应用在各种应用程序的开发中。微服务是一种架构风格，旨在通过将一个大型应用程序拆分为多个小型服务来提高应用程序的可扩展性、可靠性和可维护性。每个服务通常是独立部署和运行的，可以使用不同的编程语言和技术栈，并通过网络接口进行通信，这使得服务之间可以独立地进行部署、升级和扩展，而不会影响到整个应用程序。

平台架构应该具有以下特点：模块化，将应用程序拆分为多个小型服务，每个服务都有自己的职责和功能；独立部署，每个服务都可以独立地部署和运行，从而提高了应用程序的可扩展性和可维护性；可替换性，每个服务都可以使用不同的编程语言和技术栈，从而增加了灵活性和可替换性；可伸缩性，可以独立地扩展每个服务，从而提高了整个应用程序的可伸缩性；高可用性，每个服务都可以通过多个实例进行部署，从而提高了应用程序的可靠性和可用性；易于维护，由于每个服务都比较小，因此更易于维护和更新。

在微服务架构中，用户业务请求将会在不同的微服务之间进行转发处理，如直播业务中捕捉到的用户图像帧可能先进行编码压缩处理，再进行图像渲染、图像增强，然后进行解码处理等一系列微服务，这些微服务独立地部署和运行。因此，每种微服务应该部署到哪些算力节点，并且每种微服务的业务 Pod 资源定义和数量都需要在服务部署阶段确定，这需要对用户和业务的特征进行捕捉和分析。

其次，每种微服务拥有多个业务 Pod，因此微服务之间的功能调用链存在多条路径，而当某个业务 Pod 处理完用户请求后转发给下一个微服务时应该选择哪个具体的业务 Pod，需要进一步研究并设计相关的算法以优化整条服务功能调用链的性能，这是因为用户的体验由整条调用链上所有的微服务性能共同决定。还可以构建调度微服务的动态激活策略，在若干边缘智能节点构成的边缘网络中，由于整体的算力资源有限，网络链路质量不稳定，故需要依托业务调度模块，保证用户的服务质量，实现网络的负载均衡。为了保证不同计算任务进行计算卸载决策时读取的网络状态的一致性，在同一时刻，在整个网络中只允许有一个节点开启业务调度模块，对全网络的计算任务提供业务调度服务。将业务调度服务部署到整个网络拓扑中位置最优的网络节点，可以实现其他网络节点请求业务调度服务的平均时延最小化，最大限度降低请求业务调度服务所造成的时延对计算任务截止期限的影响。

最后，还可以进一步增强计算协同与卸载系统落地实践能力，从多个角度综合提升系统的性能。我们可以针对不同的数据类型设计多样化的数据存储服务，构建高吞吐、低时延、稳定高效的数仓基座；可以设计高可用、自动重均衡、支持容灾备份的分布式文件存储系统，部署高吞吐、高可用、提供数据最终一致性保证的分布式数据库与缓存集群；进一步促进系统承载业务与容器集群的相互融合，对外提供 API，供其他相关开发者开发新的关联应用，形成可扩展的业务功能链；构建（或引入）全平台容器状态监控看板，整合实时资源负载、上下游请求流量、集群整体拓扑、错误日志聚合等必要监控信息；可建设（或引入）部署流水线，实现业务微服务的敏捷发布与快速部署，提升交付效率，优化产品整体开发节奏与使用体验。

/6.6 本章小结/

本章介绍了一个自行研发的通算一体系统平台，该平台基于 K8s 开发，首先介绍了该平台实现的功能以及关键技术，然后阐述了该平台的体系架构和应用场景，接着对平台中一些关键的原子能力模块的实现进行了详细描述，最后展示了在该平台中运行的一些代表性的业务，并提出了该平台未来的研究方向。总之，未来的通算一体系统平台需要不断优化和完善，以满足不同用户的需求并促进计算资源交易的发展，这需要各个方面的共同努力和不断创新。

/参考文献/

[1] 李振江, 吴杨阳, 李婷. 边缘计算 IaaS 平台架构 StarlingX 研究[C]//2019 全国边缘计算学术研讨会论文集, 2019: 19-31.

[2] WANG S A, HU Y X, WU J. Kube Edge. AI: AI platform for edge devices[J]. arXiv preprint, 2020, arXiv:2007.09227.

[3] SUN Y K, LEI B, LIU J L, et al. Computing power network: a survey[J]. China Communications, 2024, 21(9): 109-145.

缩略语	英文全称	中文释义
AD-PSGD	Alternating Direction Method of Multipliers-Parallel Stochastic Gradient Descent	交替方向乘子法与平行随机梯度下降法结合的算法
AFI/SAFI	Address Family Identifier/Subsequent Address Family Identifier	地址族标识符/后续地址族标识符
AIaaS	AI as a Service	人工智能即服务
API	Application Program Interface	应用程序接口
AR	Augmented Reality	增强现实
ARPANET	Advanced Research Project Agency Network	高级研究计划局网络
AS	Autonomous System	自治系统
ASIC	Application Specific Integrated Circuit	专用集成电路
B/O	Build/Operate	建设/运营
B5G	Beyond 5G	超越 5G
BBU	Baseband Unit	基带单元
BGP	Border Gateway Protocol	边界网关协议
CAPEX	Capital Expenditure	资本性支出
CDMA	Code Division Multiple Access	码分多址
CDN	Content Delivery Network	内容分发网络
CERN	European Organization for Nuclear Research	欧洲核子研究组织

续表

缩略语	英文全称	中文释义
CFITI	Computing Force Network Innovation Test Infra-structure	算力网络试验示范网
CGH	Computer-Generated Holography	计算机生成全息图
CLAHE	Contrast Limited Adaptive Histogram Equalization	对比度有限的自适应直方图均衡化
CNCF	Cloud Native Computing Foundation	云原生计算基金会
CNN	Convolutional Neural Network	卷积神经网络
CP-BGP	Computing Power- Border Gateway Protocol	算力边界网关协议
CPU	Central Processing Unit	中央处理器
C-RAN	Cloud Radio Access Network	云无线电接入网
CSI	Channel State Information	信道状态信息
DaaS	Desktop as a Service	桌面即服务
DBSCAN	Density-Based Spatial Clustering of Applications with Noise	基于密度的噪声应用空间聚类
DCOOS/EOP	Data Center Operations and Services/Enterprise Operations	数据中心运营与服务/企业运营
DGD	Distributed Gradient Descent	分布式梯度下降
DHCP	Dynamic Host Configuration Protocol	动态主机配置协议
DHCP-relay	DHCP Relay	DHCP 中继
DNN	Deep Neural Network	深度神经网络
DPU	Data Processing Unit	数据处理单元
DT	Digital Twin	数字孪生
DTC	Digital Twin City	数字孪生城市
EC2	Elastic Compute Cloud	弹性计算云
ECC	Elliptic Curve Cryptography	椭圆曲线密码学
eMBB	Enhanced Mobile Broadband	增强型移动宽带
ENIAC	Electronic Numerical Integrator and Computer	电子数字积分器和计算机
ETSI	European Telecommunications Standards Institute	欧洲电信标准组织

缩略语	英文全称	中文释义
EXTRA	Exact First-Order Algorithm	精确一阶算法
FAST	Five-hundred-meter Aperture Spherical Radio Telescope	五百米口径球面射电望远镜
FDMA	Frequency Division Multiple Access	频分多址
FEC	Forward Error Correction	前向纠错
FFT	Fast Fourier Transform	快速傅里叶变换
FL	Federated Learning	联邦学习
FLOPS	Floating-Point Operations Per Second	每秒浮点操作数
FPGA	Field Programmable Gate Array	现场可编程门阵列
FR	Face Recognition	人脸识别
FRR	Free Range Routing	自由范围路由
FTP	File Transfer Protocol	文件传输协议
GIS	Geographic Information System	地理信息系统
GPP	General Purpose Processor	通用目的处理器
GPU	Graphics Processing Unit	图形处理单元
gRPC	Google Remote Procedure Call	谷歌远程过程调用
GSM	Global System for Mobile Communications	全球移动通信系统
GT	Ground Terminal	地面终端
HMD	Head Mounted Display	头戴式显示器
HSPA	High-Speed Packet Access	高速分组接入
HTC	Holographic Type Communications	全息通信
HTTP	Hypertext Transfer Protocol	超文本传输协议
IaaS	Infrastructure as a Service	基础设施即服务
IANA	Internet Assigned Numbers Authority	因特网编号分配机构

缩略语	英文全称	中文释义
ICDCS	International Conference on Distributed Computing Systems	分布式计算系统国际会议
ICT	Information and Communication Technology	信息与通信技术
IEEE	Institute of Electrical and Electronics Engineers	电气电子工程师学会
IETF	Internet Engineering Task Force	因特网工程任务组
IGP	Interior Gateway Protocol	内部网关协议
IIoT	Industrial Internet of Things	工业物联网
INFOCOM	International Conference on Computer Communications	计算机通信国际会议
IoT	Internet of Things	物联网
IoTD	Internet of Things Device	物联网设备
ITER	International Thermonuclear Experimental Reactor	国际热核聚变实验堆
LAP	Low Altitude Platform	低空平台
LBP	Local Binary Pattern	局部二值模式
LDP	Label Distribution Protocol	标签分发协议
LHC	Large Hadron Collider	大型强子对撞机
LoS	Line of Sight	视线线路
LTE	Long Term Evolution	长期演进
LT-RDMA	Low-Latency Remote Direct Memory Access	低时延远程直接存储器访问
MADF-GS	Maximum Alternative Differences First	其他项差之和最大优先
MBO	Management by Objective	目标管理
MCC	Mobile Cloud Computing	移动云计算
MCN	Mobile Cellular Network	移动蜂窝网络
MDF-GS	Maximum Differentials First	各项差分和最大优先
MDNS/DNS-SD	Multicast DNS / DNS Service Discovery	多播 DNS / DNS 服务发现
MEC	Mobile Edge Computing	移动边缘计算

续表

缩略语	英文全称	中文释义
MIMO	Multiple-in Multipleout	多进多出
MLDF-GS	Maximum Local Difference First	本地差最大优先
mMTC	Massive Machine Type Communications	海量机器类通信
MPLS	Multi-Protocol Label Switching	多协议标签交换
MQTT	Message Queuing Telemetry Transport	消息队列遥测传输
MSDF-GS	Maximum Suboptimal Difference First	次优差最大优先
NFV	Network Functions Virtualization	网络功能虚拟化
NLRI	Network Layer Reachability Information	网络层可达信息
NMT	Nordic Mobile Telephone	北欧移动电话
NOS	Network Operating System	网络操作系统
NPU	Neural Processing Unit	神经处理单元
NRT-UE	Non-Real-Time User Equipment	非实时用户设备
NSF	National Science Foundation	美国国家科学基金会
OAC	Over-the-Air Computation	空中计算
OAM	Operation, Administration and Maintenance	运行、管理与维护
ODCC	Open Data Center Committee	开放数据中心委员会
ODE	ONIE Discovery and Execution	发现和执行
OFDM	Orthogonal Frequency Division Multiplexing	正交频分复用
OFDMA	Orthogonal Frequency Division Multiple Access	正交频分多址
ONIE	Open Network Install Environment	开源网络安装环境
ONL	Open Network Linux	开源网络 Linux
OPEX	Operating Expenditure	运营支出
OPS	Operations Per second	每秒操作次数
OSPF	Open Shortest Path First	开放最短路径优先

续表

缩略语	英文全称	中文释义
ORG-GS	Optimal Rank Generation	能耗值最小优先
OT	Operational Technology	运营技术
PaaS	Platform as a Service	平台即服务
PDCCH	Physical Downlink Control Channel	物理下行控制信道
PLC	Programmable Logic Controller	可编程逻辑控制器
PLC	Power Line Communication	电力线通信
PoC	Proof of Concept	概念验证
QoS	Quality of Service	服务质量
RAM	Random Access Memory	随机存储器
RB	Resource Block	资源块
RDMA	Remote Direct Memory Access	远程直接存储器访问
RE	Resource Element	资源单元
RESTful	Representational State Transfer	表述性状态传输
RIS	Reconfigurable Intelligent Surface	智能超表面
RNC	Radio Network Controller	无线网络控制器
RNN	Recurrent Neural Network	循环神经网络
Router-LSA	Router Link State Advertisement	路由器链路状态公告
RPC	Remote Procedure Call	远程过程调用
RRH	Remote Radio Head	远程无线电头端
RT-UE	Real-Time User Equipment	实时用户设备
SAI	Switch Abstraction Interface	交换机抽象接口
SDN	Software Defined Network	软件定义网络
SEC	ACM/IEEE Symposium on Edge Computing	边缘计算顶级会议
SID	Segment Identifier	段标识符

续表

缩略语	英文全称	中文释义
SIFT	Scale-Invariant Feature Transform	尺度不变特征变换
SIM	Subscriber Identity Module	用户标志模块
SIP	Segment Identifier Prefix	段标识符前缀
SLO	Service Level Objective	服务水平目标
SMS	Short Message Service	短消息业务
SNMP	Simple Network Management Protocol	简单网络管理协议
SPPP	Spatial Poisson Point Process	空间泊松点过程
SRv6	Segment Routing over IPv6	IPv6 分段路由
SURF	Speeded Up Robust Feature	加速稳健特征
SwSS	Switch Software Stack	开关软件堆栈
Syncd	Synchronization Daemon	同步守护进程
TCAN	Test Coverage Analysis Network	测试覆盖分析网络
TDMA	Time-Division Multiple Access	时分多址
TD-SCDMA	Time-Division-Synchronous Code Division Multiple Access	时分同步码分多址
Teamd	Team Daemon	团队守护进程
TPU	Tensor Processing Unit	张量处理单元
UAS	Unmanned Aerial System	无人机系统
UAV	Unmanned Aerial Vehicle	无人驾驶飞行器/无人机
UE	User Equipment	用户设备
ULA	Uniform Linear Array	均匀线性阵列
UMTS	Universal Mobile Telecommunications System	通用移动通信系统
URA	Uniform Rectangular Array	均匀矩形阵列
URLLC	Ultra-Reliable Low Latency Communications	超可靠低时延通信
UWB	Ultra-Wideband	超宽带

续表

缩略语	英文全称	中文释义
VEC	Vehicular Edge Computing	车辆边缘计算
VLAN	Virtual Local Area Network	虚拟局域网
VoLTE	Voice over LTE	LTE 语音
VPN	Virtual Private Network	虚拟专用网
VR	Virtual Reality	虚拟现实
WAP	Wireless Application Protocol	无线应用协议
W-CDMA	Wideband Code Division Multiple Access	宽带码分多址
WiMax	World Interoperability for Microwave Access	全球微波接入互操作性
WWW	World Wide Web	万维网
XGBoost	eXtreme Gradient Boosting	极限梯度提升
XR	Extended Reality	扩展现实